JN016793

第一次検定

管工事
施工管理技士
出題分類別問題集

一般基礎、電気、建築
空気調和・換気設備
給排水衛生設備
建築設備一般
施工管理法（知識）
設備関連法規
施工管理法（応用能力）

市ヶ谷出版社

まえがき

管工事業は建設業法で定める「指定建設業」で，特定建設業の許可業者の場合，営業所の選任技術者，工事現場ごとの監理技術者は「1級管工事施工管理技士」等の資格を取得した国家資格所有者に限定されております。

「1級管工事施工管理技士」の試験は，建設業法に基づき国土交通大臣が指定した試験機関である（一財）全国建設研修センターによって実施されます。試験は従来，学科試験と実地試験の構成で実施され，資格を得るためにはその両方に合格しなければなりませんでしたが，2021（令和3）年度より，「第一次検定」および「第二次検定」のそれぞれ独立した試験として実施されることになりました。第一次検定合格者には施工管理**技士補**の資格が付与され，第二次検定合格者には施工管理**技士**の資格が付与されます。なお，2級二次検定合格者は必要な実務経験がなくとも1級一次検定受験が可能となりました（二次検定には5年以上の実務経験が必要）。

「1級管工事施工管理技士」の資格取得は，本人のキャリアアップはもちろんのこと，所属する企業においても，経営事項審査において1級資格取得者には5点が与えられ，技術力の評価につながり，公共工事の発注の際の目安とされるなど，この資格者の役割はますます重要になってきております。ぜひ，本書を利用して実践的な知識を身に着けることにより，第一次試験の合格を確実なものにしていただきたい。

本書は，1級管工事施工管理技士の第一次検定合格を目指す皆様が，**効率よく，短期間に実力を身につけられる**よう，令和元年度～令和5年度（新試験制度）の**最近5年間に出題された問題を中心に**選定し，**その正答と解説を記述**し，ページの許す限り，試験によく出る重要事項を**ワンポイントアドバイスとして掲載**しています。

施工管理についての問題は，従来は17問出題されていましたが，令和3年度の試験制度の改正により，施工管理法（知識）10問と，施工管理法（応用能力）7問に分割しての出題となりました。施工管理法（応用能力）の問題は，4つの選択肢から適当でないもの2つを選んで解答する四肢二択方式となりました。

なお，本書の姉妹版として，専門分野ごとに体系的に要点を取りまとめた「1級管工事施工管理技士　要点テキスト」を発行しておりますので，本書と併わせてご利用いただければ幸いです。

本書を利用された皆様が，1級管工事施工管理技士「第一次検定」の試験に，必ず合格されますことをお祈り申し上げます。

令和6年3月　　　　執筆者一同

1級管工事施工管理技術検定　令和３年度制度改正について

令和３年度より，施工管理技術検定は制度が大きく変わりました。

●試験の構成の変更　（旧制度）　→　（新制度）
学科試験・実地試験　→　第一次検定・第二次検定

●第一次検定合格者に『技士補』資格
令和３年度以降の第一次検定合格者が生涯有効な資格となり，国家資格として『1級管工事施工管理技士補』と称することになりました。

●試験内容の変更・・・以下を参照ください。

●受験手数料の変更・・第一次検定・第二次検定ともに受験手数料が10,500円に変更。

試験内容の変更

学科・実地の両試験を経て，１級の技士となる旧制度から，施工技術のうち，基礎となる知識・能力を制定する第一次検定，実務経験に基づいた技術管理，指導監督の知識・能力を判定する第二次検定に改められました。

第一次検定の合格者には技士補，第二次検定の合格者には技士がそれぞれ付与されます。

第一次検定

これまで学科試験で求めていた知識問題を基本に，実地試験で出題していた施工管理法など能力問題が一部追加されました。

昨年度の第一次検定の解答形式は，これまで通りのマークシート方式で，四肢一択形式に加えて施工管理法の能力問題が四肢二択形式でした。

合格に求める知識・能力の水準は旧制度と同程度でした。

第一次検定の試験内容

検定区分	検定科目	検　定　基　準
第一次検定	機械工学等	1. 管工事の施工の管理を適確に行うために必要な機械工学，衛生工学，電気工学，電気通信工学及び建築学に関する一般的な知識を有すること。
		2. 管工事の施工の管理を適確に行うために必要な冷暖房，空気調和，給排水，衛生等の設備に関する一般的な知識を有すること。
		3. 管工事の施工の管理を適確に行うために必要な設計図書に関する一般的な知識を有すること。
	施工管理法	1. 監理技術者補佐として，管工事の施工の管理を適確に行うために必要な施工計画の作成方法及び工程管理，品質管理，安全管理等工事の施工の管理方法に関する知識を有すること。
		2. 監理技術者補佐として，管工事の施工の管理を適確に行うために必要な応用能力を有すること。
	法　規	建設工事の施工の管理を適確に行うために必要な法令に関する一般的な知識を有すること。

（1 級管工事施工管理技術検定　受検の手引より引用）

第一次検定の合格基準

・第一次検定（全体）　　得点が 60% 以上
　　　　　　　　　　　　かつ検定科目（施工管理法（応用能力））の得点が 50% 以上

（国土交通省 不動産・建設経済局建設業課「技術検定制度の見直し等（建設業法の改正）」より）

第二次検定

第二次検定は，施工管理法についての試験で知識，応用能力を問う記述式による筆記試験となります。

第二次検定の試験内容

検定区分	検定科目	検　定　基　準
第二次検定	施工管理法	1. 監理技術者として，管工事の施工の管理を適確に行うために必要な知識を有すること。
		2. 監理技術者として，設計図書で要求される設備の性能を確保するために設計図書を正確に理解し，設備の施工図を適正に作成し，必要な機材の選定，配置等を適切に行うことができる応用能力を有すること。

（1 級管工事施工管理技術検定　受検の手引より引用）

1級管工事施工管理技術検定の概要

1. 試験日程

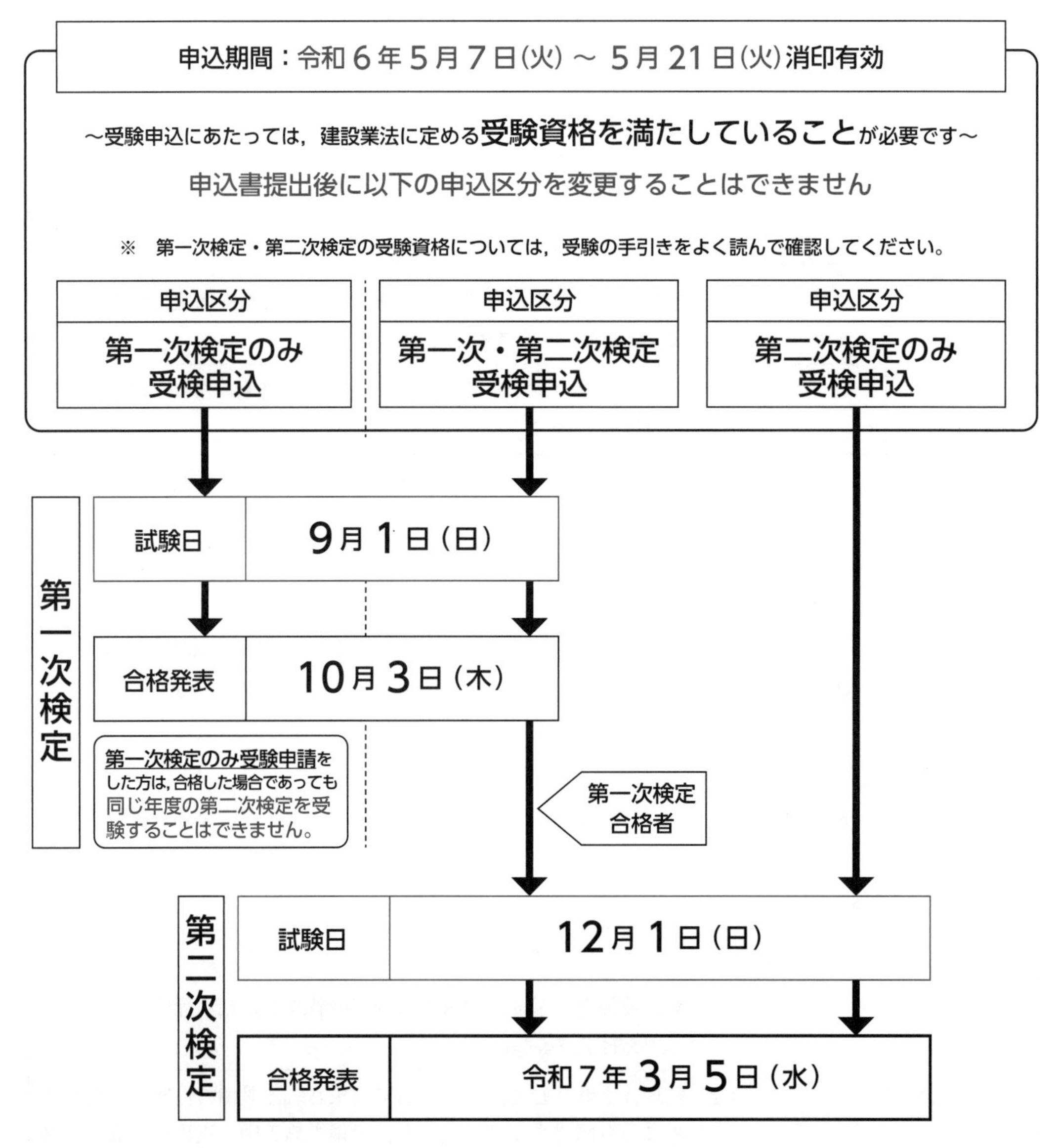

令和6年度1級管工事施工管理技術検定　実施日程
申込期間：令和6年5月7日(火) ～ 5月21日(火)消印有効
～受験申込にあたっては，建設業法に定める受験資格を満たしていることが必要です～
申込書提出後に以下の申込区分を変更することはできません
※　第一次検定・第二次検定の受験資格については，受験の手引きをよく読んで確認してください。
申込区分
第一次検定のみ受検申込
申込区分
第一次・第二次検定受検申込
申込区分
第二次検定のみ受検申込
第一次検定
試験日
9月1日(日)
合格発表
10月3日(木)
第一次検定のみ受験申請をした方は，合格した場合であっても同じ年度の第二次検定を受験することはできません。
第一次検定合格者
第二次検定
試験日
12月1日(日)
合格発表
令和7年3月5日(水)

2. 受検資格

受検資格に関する詳細については，必ず「受検の手引」をご確認ください。

(1) 第一次検定

① 新受験資格 19 歳以上

② 旧受験資格

受験資格区分(イ)，(ロ)，(ハ)，(ニ)，(ホ)のいずれかに該当する者が受検できます。

受検資格区分(イ)，(ロ)，(ハ)

<table>
<tr><th rowspan="2">区分</th><th rowspan="2" colspan="2">学歴と資格</th><th colspan="2">管工事施工管理に関する必要な実務経験年数</th></tr>
<tr><th>指定学科</th><th>指定学科以外</th></tr>
<tr><td rowspan="8">(イ)</td><td rowspan="2" colspan="2">学校教育法による
・大学
・専門学校の「高度専門士」*1</td><td>卒業後 3年以上
の実務経験年数</td><td>卒業後 4年6ヵ月以上
の実務経験年数</td></tr>
<tr><td colspan="2">1年以上の指導監督的実務経験年数が含まれていること。</td></tr>
<tr><td rowspan="2" colspan="2">学校教育法による
・短期大学
・高等専門学校（5年制）
・専門学校の「専門士」*2</td><td>卒業後 5年以上
の実務経験年数</td><td>卒業後 7年6ヵ月以上
の実務経験年数</td></tr>
<tr><td colspan="2">1年以上の指導監督的実務経験年数が含まれていること。</td></tr>
<tr><td rowspan="2" colspan="2">学校教育法による
・高等学校
・中等教育学校（中高一貫6年）
・専修学校の専門課程</td><td>卒業後 10年以上
の実務経験年数</td><td>卒業後 11年6ヵ月以上
の実務経験年数</td></tr>
<tr><td colspan="2">1年以上の指導監督的実務経験年数が含まれていること。</td></tr>
<tr><td rowspan="2" colspan="2">その他（学歴を問わず）</td><td colspan="2">15年以上の実務経験年数</td></tr>
<tr><td colspan="2">1年以上の指導監督的実務経験年数が含まれていること。</td></tr>
<tr><td rowspan="4">(ロ)
2級管工事施工管理技術検定合格者</td><td colspan="2">2級管工事施工管理技術検定合格者
（合格後の実務経験が5年以上の者）</td><td colspan="2">合格後 5年以上の実務経験年数
（本年度該当者は平成27年度までの2級管工事施工管理技術検定合格者）
1年以上の指導監督的実務経験年数が含まれていること。</td></tr>
<tr><td rowspan="3">2級管工事施工管理技術検定合格後，実務経験が5年未満の者
［卒業後に通算で所定の実務経験を有する者］</td><td rowspan="2">学校の学校教育法による
・高等学校
・中等教育学校（中高一貫6年）
・専修学校の専門課程</td><td>卒業後 9年以上
の実務経験年数</td><td>卒業後 10年6ヵ月以上
の実務経験年数</td></tr>
<tr><td colspan="2">1年以上の指導監督的実務経験年数が含まれていること。</td></tr>
<tr><td>その他
（学歴を問わず）</td><td colspan="2">14年以上の実務経験年数
1年以上の指導監督的実務経験年数が含まれていること。</td></tr>
<tr><td>(ハ)</td><td colspan="2">技能検定合格者
職業能力開発促進法による技能検定のうち検定職種を1級の「配管」とするものに合格した者</td><td colspan="2">10年以上の実務経験年数
この年数のうち，1年以上の指導監督的実務経験年数が含まれていること。
ただし，職業能力開発促進法施行規則の一部を改正する省令（平成15年12月25日厚生労働省令第180号）の施行の際，既に1級の「配管」を取得していた方は，実務経験の記載は不要です。（改正前の職業訓練法施行令（昭和48年政令第98号）による「空気調和設備配管」若しくは「給排水衛生設備配管」又は「配管工」を含む）</td></tr>
</table>

*1 「高度専門士」の要件
①修業年数が4年以上であること。
②全課程の修了に必要な総授業時間が3,400時間以上。又は単位制による学科の場合は，124単位以上。
③体系的に教育課程が編成されていること。
④試験等により成績評価を行い，その評価に基づいて課程修了の認定を行っていること。

*2 「専門士」の要件
①修業年数が2年以上であること。
②全課程の修了に必要な総授業時間が1,700時間以上。又は単位制による学科の場合は，62単位以上。
③試験等により成績評価を行い，その評価に基づいて課程修了の認定を行っていること。
④高度専門士と称することができる課程と認められたものでないこと。

受検資格区分(二)　専任の主任技術者の実務経験が１年（365日）以上ある者

<table>
<tr><th rowspan="2">区分</th><th rowspan="2" colspan="2">学歴と資格</th><th colspan="2">管工事施工管理に関する必要な実務経験年数</th></tr>
<tr><th>指定学科</th><th>指定学科以外</th></tr>
<tr><td rowspan="6">(二)</td><td colspan="2">２級管工事施工管理技術検定合格者
（合格後の実務経験が３年以上の者）</td><td colspan="2">合格後３年以上の実務経験年数
（本年度該当者は平成29年度までの，２級管工事施工管理技術検定合格者）</td></tr>
<tr><td rowspan="3">２級管工事施工管理技術検定合格後，実務経験が３年未満の者

〔卒業後に通算で所定の実務経験を有する者〕</td><td>学校教育法による
・短期大学
・高等専門学校（５年制）
・専門学校の「専門士」*2</td><td></td><td>卒業後　７年以上の実務経験年数</td></tr>
<tr><td>学校教育法による
・高等学校
・中等教育学校
（中高一貫６年）
・専修学校の専門課程</td><td>卒業後　７年以上の実務経験年数</td><td>卒業後　８年６ヵ月以上の実務経験年数</td></tr>
<tr><td>その他（学歴を問わず）</td><td colspan="2">12年以上の実務経験年数</td></tr>
<tr><td rowspan="2">その他</td><td>学校教育法による
・高等学校
・中等教育学校
（中高一貫６年）
・専修学校の専門課程</td><td>卒業後　８年以上の実務経験年数</td><td>卒業後　※9年６ヵ月以上の実務経験年数</td></tr>
<tr><td>その他
（学歴を問わず）</td><td colspan="2">13年以上の実務経験年数</td></tr>
</table>

※職業能力開発促進法による２級配管技能検定合格者，給水装置工事主任技術者に限ります（合格者の写しが必要です）。
２級配管技能検定，給水装置工事主任技術者の資格を取得していない場合は11年以上の実務経験年数が必要です。

受検資格区分(ホ)　指導監督的実務経験年数が１年以上，主任技術者の資格要件成立後専任の監理技術者の指導のもとにおける実務経験が２年以上ある者

<table>
<tr><th>区分</th><th>学歴と資格</th><th>管工事施工管理に関する必要な実務経験年数</th></tr>
<tr><td rowspan="2">(ホ)</td><td>２級管工事施工管理技術検定合格者
（合格後の実務経験が３年以上の者）</td><td>合格後３年以上の実務経験年数
（本年度該当者は平成29年度までの，２級管工事施工管理技術検定合格者）
※２級技術検定に合格した後，以下に示す内容の両方を含む３年以上の実務経験年数を有している者
・指導監督的実務経験年数を１年以上
・専任の監理技術者の配置が必要な工事に配置され，監理技術者の指導を受けた２年以上の実務経験年数</td></tr>
<tr><td>学校教育法による
・高等学校
・中等教育学校（中高一貫６年）
・専修学校の専門課程</td><td>指定学科を卒業後８年以上の実務経験年数
※左記学校の指定学科を卒業した後，以下に示す内容の両方を含む８年以上の実務経験年数を有している者
・指導監督的実務経験年数を１年以上
・５年以上の実務経験の後に専任の監理技術者の設置が必要な工事において，監理技術者による指導を受けた２年以上の実務経験年数</td></tr>
</table>

⑵　第二次検定

①　新受験資格

・1 級第一次検定合格後，実務経験 5 年以上

・2 級第二次検定合格後，実務経験 5 年以上（1 級第一次検定合格者に限る）

・1 級第一次検定合格後，特定実務経験 1 年以上を含む実務経験 3 年以上

・2 級第二次検定合格後，特定実務経験 1 年以上を含む実務経験 3 年以上（1 級第一次検定合格者に限る）

・1 級第一次検定合格後，監理技術者補佐としての実務経験 1 年以上

②　旧受験資格

a．令和 3 年度以降の「第一次検定・第二次検定」を受検し，第一次検定のみ合格した者

b．令和 3 年度以降の「第一次検定」のみを受検して合格し，所定の実務経験を満たした者

c．技術士試験の合格者（技術士法による第二次試験のうち指定の技術部門に合格した者（平成 15 年文部科学省令第 36 号による技術士法施行規則の一部改正前の第二次試験合格者を含む））で，所定の実務経験を満たした者

※上記の詳しい内容につきましては，「受検の手引」をご参照ください。

3. 試験地

札幌・仙台・東京・新潟・名古屋・大阪・広島・高松・福岡・那覇

※試験会場は，受検票でお知らせします。

※試験会場の確保等の都合により，やむを得ず近郊の都市で実施する場合があります。

4. 試験の内容等

「1 級管工事施工管理技術検定　令和 3 年度制度改正について」をご参照ください。

受検資格や試験の詳細については受検の手引をよく確認してください。

不明点等は下記機関に問い合わせしてください。

5. 試験実施機関

国土交通大臣指定試験機関

一般財団法人　全国建設研修センター　管工事試験部

〒 187-8540　東京都小平市喜平町 2-1-2

TEL　042-300-6855

ホームページアドレス　https://www.jctc.jp/

電話によるお問い合わせ応対時間　9：00～17：00

土・日曜日・祝祭日は休業日です。

本書の利用のしかた

本書は，試験問題の出題順にあわせ，次の第１章～第９章に分類し，その中を専門分野ごとに細分化し，過去５年間の問題を中心に，体系的にとりまとめてあります。

第１章　一般基礎　　第２章　電気設備　　第３章　建築工事
第４章　空気調和・換気設備　　第５章　給排水衛生設備
第６章　建築設備一般　　第７章　施工管理法（知識）
第８章　設備関連法規　　第９章　施工管理法（応用能力）

試験問題のうち，第４章空気調和・換気設備と第５章給排水衛生設備（23問中12問），第８章設備関連法規（12問中10問）は**選択問題**です。それ以外は**必須問題**となります。まず，必須問題を重点的に学習してください。

特に施工管理法については，試験制度の改正により令和３年度からは，全17問を施工管理法（知識）10問と，施工管理法（応用能力）７問に分割しての出題となりました。施工管理法（応用能力）については，解答方式が四肢二択方式に変更となっていますので注意が必要です。

選択問題は，専門分野ごとに問題を取りまとめてありますので，総花的に解答にトライしようとせずに，自分の得意な分野に限定して確実に得点できるようにしてください。限られた時間を有効に利用するためにも，取捨選択も大事な受験技術です。必要正答数60問（出題73問）に対し合格ラインは正答率60％以上であるので，正答率80％以上を目標に効率的に学習してください。

1.　各章のはじめに，過去５年間の出題内容と出題傾向の分析を掲載しています。出題範囲を含め出題傾向がある程度把握しやすい試験であるので，本年度の出題の可能性を確認しながら学習を進めていってください。また，紙面構成を左ページに問題・右ページを正答と解説とし，見開きで見やすく学習しやすいように工夫しています。最新の問題にはスミアミをかけてあります。
2.　解説文の中で，試験によく出題される重要な用語は，太字で記述しております。重要な解説，設問に対する正しい用語・文章にはアンダーラインで示していますので，合格するための最低限の知識として覚えてください。また，受験者が正答肢として誤って選択しやすい設問について，**間違いやすい選択肢**として示していますので参考にしてください。
3.　問題番号の前の□□□は，問題に目を通すごとにチェックするためのもので，重要な問題・不得意な問題は２度，３度と繰り返し学習効果を高めてください。

なお，本書では解説の記述は正答肢に対する内容の説明に限定し，受験書として受験者の理解に必要な最小限の記述にとどめましたので，詳しく学習される方は，本書の姉妹品「1 級管工事施工管理技士　要点テキスト（令和 5 年度版）：市ヶ谷出版社刊」の該当箇所を併わせて学習してください。

合格の七ヶ条

1.　過去 5 回分の出題傾向分析により，出題者の意図（傾向）をつかむ。

毎年出題・隔年に出題される，などの傾向がかなりはっきりしているので，勉強のポイントを外さないこと。敵を知れば百戦危うからず。

2.　得意な（理解できる）分野から勉強を始める。

試験勉強が途中で挫折しないように，一般基礎や電気設備などが不得意なら後まわしにする。

3.　正答率 70% をめざして得点計画を立てる（満点を取る必要はなし）。

全解答 60 問に対し 36 問正解（60%）なら合格ラインです。受験勉強は毎年必ず出る問題を中心に得意・不得意分野を取捨選択し，正答率 70% 以上をめざそう。

4.　選択問題（空調設備，衛生設備，法規）でも賢く得点する。

苦手分野でも，数問は正答肢がわかるものです。また，例えば空調が苦手でも，ほぼ毎年出題される換気や排煙の計算問題などにもトライしてみよう。

5.　過去問題の正しい選択肢文を，繰り返し勉強・復習する。

過去の出題問題からの類似出題が多いので，数多くの問題を学習し出題のポイントを復習することが有効です。誤りの文は正しい文に直して覚える。

6.　試験直前で他の図書に手を出さない。

本書でしっかり実力をつけ，自信を持って試験に臨もう。

7.　実力が十分に発揮できるように，受験の心得を確認する。

得意な分野の問題から解く。

最後に全体を見直す時間を確保できるように，時間配分に注意する。

学科試験はすべて四肢択一問題なので，最後まであきらめずに正答肢を見つけよう。

目　次

第8章 設備関連法規

第9章 施工管理法（応用能力）

1級管工事施工管理技士試験　分野別出題数と必要解答数

（令和５年度の例）

	出題分類	出題数	必要解答数	備考
機械工学等	一般基礎	10問	10問	必須問題
	（環境工学）	(3)		
	（流体工学）	(3)		
	（熱力学）	(3)		
	（その他）	(1)		
	電気設備	2問	2問	
	建築工事	2問	2問	
	空気調和・換気設備	11問	12問	選択問題 23問の中から任意に12問を選び，解答してください。 余分に解答すると，減点されます。
	（空気調和設備）	(5)		
	（熱源設備）	(2)		
	（換気設備）	(2)		
	（排煙設備）	(2)		
	給排水衛生設備	12問		
	（上水道）	(1)		
	（下水道）	(1)		
	（給水設備）	(2)		
	（給湯設備）	(1)		
	（排水・通気設備）	(3)		
	（消火設備）	(1)		
	（ガス設備）	(1)		
	（浄化槽）	(2)		
	建築設備一般	7問	7問	必須問題
	（共通機材）	(3)		
	（配管・ダクト）	(2)		
	（設計図書）	(2)		
施工管理法	施工管理法（知識）	10問	10問	必須問題
	（工事の申請届出書類の提出先と提出時期）	(1)		
	（工程管理）	(1)		
	（建設工事における品質管理）	(1)		
	（建設工事における安全管理）	(1)		
	（機器の据付け）	(1)		
	（配管の施工）	(1)		
	（ダクトの施工）	(1)		
	（保温・保冷・塗装工事）	(1)		
	（その他施工管理）	(2)		
法規	設備関連法規	12問	10問	選択問題 12問の中から任意に10問を選び，解答してください。 余分に解答すると，減点されます。
	（労働安全衛生法）	(2)		
	（労働基準法）	(1)		
	（建築基準法）	(2)		
	（建設業法）	(2)		
	（消防法）	(2)		
	（廃棄物の処理及び清掃に関する法律）	(1)		
	（その他の法令）	(2)		
施工管理法	施工管理法（応用能力）	7問	7問	必須問題
	（施工計画と工程管理）	(2)		
	（建設工事における品質管理と安全管理）	(2)		
	（機器・配管・ダクトの施工）	(3)		
	合計	73問	60問	

第1章
一般基礎

過去の出題傾向

- 一般基礎は，必須問題が10問出題される。
- 例年，各設問はある程度限られた範囲（項目）から繰り返しの出題となっているので，過去問題から傾向を把握しておくこと。令和5年度も大きな出題傾向の変化はなかったので，令和6年度に出題が予想される項目について重点的に学習しておくとよい。

●過去５年間の出題内容と出題箇所●

出題内容・出題数 ＼ 年度（和暦）		令和 5	令和 4	令和 3	令和 2	令和 1	計
1・1　環境工学	1. 気象・日射			1		1	2
	2. 温熱環境の評価・代謝	1		1			2
	3. 外壁の結露		1		1		2
	4. 排水の水質				1	1	2
	5. 地球環境	1	1		1		3
	6. 室内の空気環境	1	1	1		1	4
1・2　流体工学	1. 流体の性質・運動	1	1	1	1	1	5
	2. 直管路の圧力損失	1		1		1	3
	3. 流体の用語	1	1	1	1	1	5
	4. ベルヌーイの定理と静圧・流速の計算		1		1		2
1・3　熱力学	1. 熱に関する原理と用途	1	1		1	1	4
	2. 燃焼に関する原理と用途		1	1		1	3
	3. 湿り空気		1		1	1	3
	4. 伝熱	1		1	1		3
	5. 冷凍・カルノーサイクル	1		1			2
1・4　その他（音・腐食）	1. 音・振動		1		1		2
	2. 金属材料の腐食	1		1		1	3

●出題傾向分析●

1・1　環境工学

① 温熱環境の評価や代謝に関する用語は，**有効温度，等価温度，予想平均申告 PMV，作用温度，基礎代謝，エネルギー代謝，met，OT，clo，新有効温度（ET）**などについて理解しておく。

② 日照・日射に関する用語は，**大気の透過率，天空日射量，日射のエネルギー，太陽定数，日射の吸収量**について理解しておく。

③ 地球環境に関する用語は，**地球温暖化係数（GWP），オゾン層破壊による影響，酸性雨，大気・環境汚染，温室効果，ZEB，二酸化炭素排出量，指定フロンの生産・輸出入，アンモニア自然冷媒，SDGs** などについて理解しておく。

④ 室内空気環境に関する用語は，**不完全燃焼，燃焼と酸素濃度，ホルムアルデヒドと致死量，CO，CO_2 の濃度と人体への影響，臭気，シックハウス症候群，浮遊粉じんの量・粒径・濃度表示**・発生原因と環境基準などについて理解しておく。

⑤ 外壁の結露に関する事項は，**表面結露，窓ガラス表面の結露対策，防湿層の位置，発生原因，発生部位・防止策，水蒸気圧・気流と結露，断熱材の熱貫流抵抗，室内温度と結露**など

について理解しておく。

⑥ 水環境や排水の水質に関する用語は，**水質汚濁防止法と有害物資，BOD，COD，DO，SS，TOC，ノルマルヘキサン抽出物質，富栄養化，大腸菌**などについて理解しておく。

1・2 流体工学

① 流体の性質と用語は，**水の粘性係数，空気の粘性係数と温度，粘性と摩擦応力，粘性とせん断応力，動粘性係数，水・空気の圧縮性，容器内の圧力，水の圧力の伝達，流体の密度と水撃圧，ニュートン流体，水の密度，表面張力，キャビテーション，カルマン渦，レイノズル数と乱流・層流水の密度，毛管現象，パスカルの原理**などについて理解しておく。

② 流体の用語は，**ダルシー・ワイスバッハの式，ベンチュリー管，ピトー管，トリチェリの定理，ウォータハンマー，非圧縮性の完全流体の定常流，レイノズル数，ベルヌーイの定理**などについて理解しておく。

③ 直管路の圧力損失は，**ダルシー・ワイスバッハの式，流速・粘性と圧力損失，管径と摩擦損失**の関係について理解しておく。

④ **ベルヌーイの定理と圧力損失（静圧）・流速**の計算を理解しておく。

1・3 熱力学

① 熱に関する原理と用語は，**ボイル・シャルルの法則，比熱比・定圧比熱・定容比熱，気体の断熱圧縮，潜熱・顕熱，体積膨張係数と線膨張係数，圧縮式冷凍サイクルの成績係数，熱起電力，気体の状態式，ゼーベック効果，熱力学の第一法則，熱力学の第二法則，クロジュース（クラウジウス）の原理，カルノーサイクル，エンタルピー・エントロピー，断熱膨張・断熱圧縮**などについて理解しておく。

② 燃焼に関する用語は，**理論空気量と完全燃焼，空気過剰率，不完全燃焼，高発熱量・低発熱量，窒素酸化物の量，不完全燃焼時の燃焼ガス成分，固体燃料と気体燃料，ウォッベ指数**などについて理解しておく。

③ 湿り空気・湿り空気線図に関する関連用語である，**相対湿度，相対湿度と乾球温度，絶対湿度，顕熱比，熱水分比，露点温度，露点温度と絶対湿度，水蒸気分圧，水スプレーによる加湿，蒸気スプレーの加湿，固体吸収材による除湿，熱水分比，加熱と相対湿度，飽和湿り空気，相対湿度アスマン通風乾湿計**などについて理解しておく。特に，**空気線図における状態変化**に関する問題についても理解しておく。

④ 伝熱に関する用語は，**固体内部の熱電導による熱移動量，自然対流，熱放射，熱伝達，自然対流，熱電導，フーリエの法則，ステファン・ボルツマン定数**など理解しておく。

⑤ 冷凍・カルノーサイクルは，**冷凍，冷媒による冷凍，冷媒の種類，冷凍サイクル・モリエ線図，等温膨張，断熱膨張，等温圧縮，断熱圧縮**について理解しておく。

1・4 その他（音・腐食）

① 音に関する特性と用語は，**音の大きさ，音の強さ，音の速さ，音圧レベル，可聴範囲，音の吸収，音の合成，マスキング効果，騒音計，音の合成，人の可聴範囲の音の強さ，NC 曲線・音圧レベル許容値，音源距離と音圧レベル，音の吸収（ロックウール・グラスウール）**などについて理解しておく。

② 金属の腐食・防食や環境に関する用語は，**イオン化傾向と腐食，炭素鋼の腐食における水温や pH の影響，異種金属接触腐食（ガルバニック腐食），マクロセル腐食，不動態皮膜，開放系の腐食速度，流速と腐食速度，すきま腐食，選択腐食，かい食**などについて理解しておく。

1・1　環境工学

●1・1・1　気象・日射

1

日射に関する記述のうち，**適当でないもの**はどれか。

(1)　大気の透過率は，主に大気中に含まれる二酸化炭素の量に影響される。

(2)　日射のエネルギーは，紫外線部よりも赤外線部及び可視線部に多く含まれている。

(3)　天空日射とは，大気成分により散乱，反射して天空の全方向から届く太陽放射をいう。

(4)　日射の影響を温度に換算し，外気温度に加えて等価な温度にしたものを相当外気温度という。

《R3-A1》

2

日射に関する記述のうち，**適当でないもの**はどれか。

(1)　日射の大気透過率は，大気中に含まれる水蒸気の量に影響される。

(2)　天空日射とは，大気を通過して直接地表に到達する日射をいう。

(3)　日射のエネルギーは，紫外線部よりも赤外線部及び可視線部に多く含まれている。

(4)　太陽定数とは，大気上端で，太陽光線に対して垂直な面で受けた単位面積当たりの太陽放射エネルギーの強さをいう。

《R1-A1》

3

日射に関する記述のうち，**適当でないもの**はどれか。

(1)　日射のエネルギーは，紫外線部より赤外線部に含まれる量の方が大きい。

(2)　大気における日射の吸収量は，大気中に含まれる水蒸気の多いときに増大する。

(3)　大気を通過して直接地表に到達する日射を，天空日射という。

(4)　大気の透過率は，地表に到達する日射と大気層の入り口における日射の強さの比である。

《基本問題》

▶解説

1 (1) **大気透過率**は，大気が清浄なところや水蒸気の少ない冬に大きく，水蒸気に影響し，二酸化炭素に影響されない。したがって，適当でない。

2 (2) **天空日射**は，太陽からの放射熱が大気中に散乱したものが全天空から放射として地上にくる日射をいう。したがって，適当でない。

間違いやすい選択肢▶(3) **日射のエネルギー**は，そのほとんどが可視線部と赤外線部に分布しており，波長が短い紫外線部にはほとんど含まれない。

3 (3) **太陽からの放射熱**は，大気を透過して地表に到達するまでに大気に吸収され散乱して弱まり，透過して直接地表に到達するものを直達日射という。したがって，適当でない。

ワンポイントアドバイス　1・1・1　日射に関する用語

日射に関する用語を理解する。

① **直達日射と天空日射**

太陽から放射熱は，大気を通過して地表に到達するまでに大気に吸収され散乱して弱まり，透過して直接地表に到達するものを**直達日射**という。大気中で散乱したものが全天空から放射として地上にくるものが**天空日射**という。直達日射量は，冬より夏の方が多い。

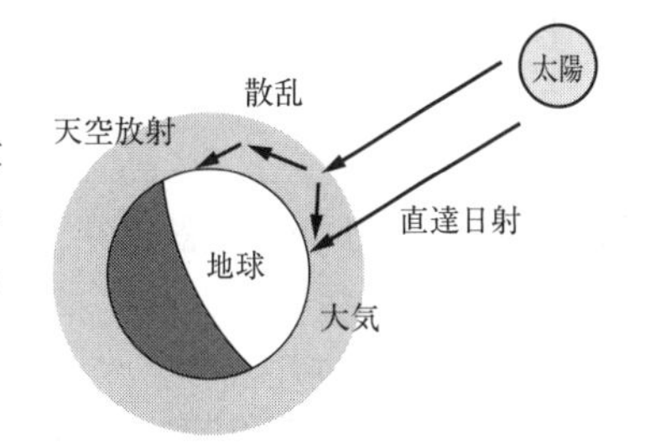

直達日射と天空日射

② **大気の透過率**

太陽が天頂にあるとしたときの地表面の直達日射の強さと大気外の日射の強さの比で表され，約 0.6～0.8 である。大気透過率は，大気が清浄なところや水蒸気の少ない冬に大きく，水蒸気に影響され，大気の二酸化炭素には影響されない。

太陽定数とは，大気圏外の日射の強さで，一般に約 1,362 w/m^2 である。

③ **日射による遠赤外線**

日射により加熱された地表から放射される遠赤外線は，大気中の二酸化炭素などの温室効果ガスに吸収される。

●1・1・2　温熱環境の評価・代謝

4

温熱環境に関する記述のうち，**適当でないもの**はどれか。

(1)　クロ（clo）とは，衣服の断熱性を示す単位で，事務室の執務状態では，夏が6 clo，冬が10 clo程度である。

(2)　メット(met)とは，人体の代謝量を示す単位で，椅座安静状態が1.0 metである。

(3)　予想平均申告（PMV）とは，人体の熱的中立に近い状態の温冷感を予測する指標である。

(4)　暑さ指数（WBGT）とは，暑熱環境下の熱ストレスを評価する指数で，熱中症の予防の判断に使われ単位は℃である。《R5-A2》

5

温熱環境に関する記述のうち，**適当でないもの**はどれか。

(1)　予想平均申告（PMV）とは，人体の熱的中立に近い状態の温冷感を予測する指標である。

(2)　met（メット）とは，人体の代謝量を示す指標であり，椅座安静状態の代謝量1 metは，単位体表面積当たり100 Wである。

(3)　clo（クロ）は，衣服の断熱性を示す単位で，1 cloは約0.155 m・℃/Wである。

(4)　人体は周囲空間との間で対流と放射による熱交換を行っており，これと同じ量の熱を交換する均一温度の閉鎖空間の温度を作用温度（OT）という。《R3-A2》

6

温熱環境の評価に関する用語の説明として，**適当でないもの**はどれか。

(1)　met（メット）とは，人体の代謝量を示す指標である。

(2)　clo（クロ）とは，衣服の断熱性を示す指標である。

(3)　PMVは，予想平均申告といわれ，人間の温冷感を示す指標である。

(4)　エネルギー代謝率とは，作業時の代謝量を安静時の代謝量で除した値をいう。

《基本問題》

7

温熱環境に関する記述のうち，**適当でないもの**はどれか。

(1)　有効温度（ET）は，ヤグローが提唱したもので，乾球温度，湿球温度及び気流速度に関係する。

(2)　作用温度（OT）は，乾球温度，気流速度及び周囲の壁からの放射温度に関係するもので，実用上は周壁面の平均温度と室内温度との平均値で示される。

(3)　等価温度（EW）は，乾球温度，気流速度及び周囲の壁からの放射温度に関係するもので，実用上はグローブ温度計により求められる。

(4)　予想平均申告（PMV）は，大多数の人が感ずる温冷感を＋5から－5までの数値で示すものである。

《基本問題》

〈p.4の解答〉 **正解**　**1**(1)，**2**(2)，**3**(3)

▶解説

4 (1) クロ(clo)は,衣服の断熱性を示す単位である。男女でも異なるが夏は薄着となるため1 clo以下程度で,冬は厚着をするため1～2 clo程度である。ちなみに,裸は0 cloである。したがって,適当でない。

5 (2) **基礎代謝量**は,人体が生命を保持するための最低の必要エネルギーで人体表面積1 m^2当たりの1時間の必要熱量を表す。1 metは,いす座安静時における代謝量で58 W/m^2である。したがって,適当でない。

6 (4) 作業をしたときのエネルギー代謝量と安静時の代謝量との差を基礎代謝量で割った値をエネルギー代謝率(RMR)で表す。したがって,適当でない。

7 (4) **予想平均申告(PMV)**は,温冷感の指標で,+3～−3までの数値で示すものである。したがって,適当でない。

ワンポイントアドバイス 1・1・2 代謝・温熱環境・暖冷感に関する用語

(1) 代謝に関する用語及び数値と単位を理解する。

① **基礎代謝(量)** 人間の生命維持のために最低限必要な熱量をいい,体表面積当たりの1時間の必要熱量で示す。安静時の代謝量は,基礎代謝量の20%増で,標準は58 W/m^2であるが,これを1 metという。

② **エネルギー代謝率(RMR)** 作業時の代謝量と基礎代謝量の比[(作業時代謝量−安静時代謝量)/基礎代謝量]であり,作業強度・呼吸量・酸素要求量・心拍数と関係する。人間の温熱感覚や人体からの放熱量は着衣の断熱性にも関係し,その断熱性の熱抵抗はclo(クロ)で表される。

$$1\,\text{clo}=0.155\ (\text{m}^2\cdot\text{K})/\text{W}$$

(2) 温熱環境・暖冷感に関する用語について理解する。

① **温度と湿度** 一般建築では夏は25～27℃・50%,冬は23～25℃・35%程度に設定される。

② **有効温度(ET)** 乾球温度,湿球温度,風速の3要素の組合せによる温熱環境指標の1つである。

③ **修正有効温度(CET)** 空気温度と周辺表面温度に差があるとき,暖房用放熱面があるときなどに放射の影響を加えて表したものである。

④ **新有効温度(ET)** 気温・湿度・気流・放射熱・作業強度・着衣量の6要素により計算された環境を総合的に評価したものである。

⑤ **効果温度(OT)** **作用温度**ともいい,室内の乾球温度・気流・周壁からの冷放射を総合したもので,放射の効果を重視した暖房時の暖冷感を表す。

⑥ **等価温度(EW)** 空気温度・放射温度・気流速度の3要素より算出され,実用的にはグローブ温度計の測定温度で表される。

⑦ **平均放射温度(MRT)** 暑さを示す体感指標の1つで,周囲の全方向から受ける熱放射を平均化して温度表示したものである。

⑧ **予想(予測)平均申告(PMV)** 温熱感覚に関する6要素(環境側の乾球温度,相対湿度,放射熱,気流,人体側の代謝量,着衣量)をすべて考慮した温冷感の指標である。快適な状態を0として,暑い(+3)～寒い(−3)の7段階で示している。

●1・1・3　外壁の結露

8

冬季における外壁の結露に関する記述のうち，**適当でないもの**はどれか。

(1)　室内空気の流動が少なくなると，壁面の表面温度が低下し，結露を生じやすい。

(2)　外壁に断熱材を用いると，熱通過率が小さくなり結露を生じにくい。

(3)　多層壁の構造体の内部における各点の水蒸気分圧を，その点における飽和水蒸気圧より低くすることにより，結露を防止することができる。

(4)　暖房をしている室内では，一般的に，天井付近に比べて床付近の方が結露を生じにくい。

《R4-A2》

9

冬期暖房時における外壁の室内側表面結露及び内部結露に関する記述のうち，**適当でないもの**はどれか。

(1)　室内側より屋外側の面積が大きくなる建物出隅部分は，他の部分に比べ室内側の表面温度が低下するため，表面結露を生じやすい。

(2)　窓ガラス表面の結露対策として，カーテンを掛け，窓ガラスを露出させないことが有効である。

(3)　繊維系断熱材を施した外壁における内部結露を防止するため，断熱材の室内側に防湿層を設ける。

(4)　外壁を構成する仕上げ材の内部空隙における水蒸気分圧を，その点における飽和水蒸気圧より低くすると，内部結露を防止することができる。

《R2-A2》

10

冬季における外壁の結露に関する記述のうち，**適当でないもの**はどれか。

(1)　外壁に断熱材を用いると，熱貫流抵抗が大きくなり，結露を生じにくい。

(2)　外壁の室内側に繊維質の断熱材を設ける場合は，断熱材の室内側に防湿層を設ける。

(3)　多層壁の構造体の内部における各点の水蒸気分圧を，その点における飽和水蒸気圧より低くすることにより，結露を防止することができる。

(4)　暖房している室内では，一般的に，天井付近に比べて床付近の方が，結露を生じにくい。

《基本問題》

11

冬期における外壁の結露に関する記述のうち，**適当でないもの**はどれか。

(1)　室内空気の流動が大きくなると，壁面の表面温度が低下し、結露を生じやすい。

(2)　外壁に断熱材を用いると，熱貫流抵抗が大きくなり，結露を生じにくい。

(3)　外壁の室内側に繊維質の断熱材を設ける場合は，断熱材の室内側に防湿層を設ける。

(4)　多層壁の構造体の内部における各点の水蒸気圧を，その点における飽和水蒸気圧より低くすることにより，結露を防止することができる。

《基本問題》

〈p.6 の解答〉 **正解**　**4** (1)，**5** (2)，**6** (4)，**7** (4)

▶解説

8　(4)　暖房している室内は，天井付近に比べて床付近の方が，表面温度が低いため，床付近の方が結露を生じやすい。したがって，適当でない。

9　(2)　窓ガラスの**表面結露防止**は，室内側の窓ガラスの表面温度を低下させないことで，カーテンを掛けると窓ガラスの表面温度が低下する。ガラスを露出させることが結露防止に有効である。したがって，適当でない。

間違いやすい選択肢▶カーテンは，遮光，ある程度断熱にはなるが，湿度分は透過するので，結露防止にはならない。

10　(4)　**8**に同じ。したがって，適当でない。

11　(1)　室内空気の流動が大きくなると気流が確保され，室内側の熱伝達率が大きくなり，壁面の表面温度が高くなって．結露は生じにくい。したがって，適当でない。

ワンポイントアドバイス　1・1・3　内部結露・表面結露の原理と防止等

(1)　内部結露の原理とその防止を理解する。

多層壁など壁の内部の温度が水蒸気分圧の飽和温度，すなわち露点温度以下になると内部結露を起こして断熱材料をぬらし，断熱材料の熱伝導率 λ が大きくなり，熱抵抗を減じて，結露がますます促進される。

内部結露の防止には，次のような方法がある。

①　多層壁の構造体の内部における各点の水蒸気圧を，その点における飽和水蒸気圧より低くする。

②　外壁の室内側に断熱材を設ける場合は，断熱材に水蒸気を含ませないため，防湿層は断熱材の屋外側より室内側に設ける。

③　結露防止の断熱材は，グラスウールよりポリスチレンフォームがよい。

(2)　**表面結露の防止**には，次のような方法がある。

①　表面結露を防止するには，断熱材を用いて，室内側の壁体表面温度を高くする。

②　冬期は，室内空気の温度を高くして，室内空気の相対湿度を低くする。

③　冬期は，室内空気の気流を確保して，室内側の熱伝達率を大きくし，壁体表面温度を高くする。

④　厨房など水蒸気の発生する部屋は，十分に換気を行い，相対湿度を高くしない。

(3)　結露に関する用語を理解する。

露点温度，水蒸気分圧及び飽和水蒸気圧の用語を理解する。

一般基礎

●1・1・4　排水の水質

12

排水の水質に関する記述のうち，**適当でないもの**はどれか。

(1)　ヒ素，六価クロム化合物等の重金属は毒性が強く，水質汚濁防止法に基づく有害物質として排水基準が定められている。

(2)　BOD は，河川等の水質汚濁の指標として用いられ，主に水中に含まれる有機物が酸化剤で化学的に酸化したときに消費する酸素量をいう。

(3)　ノルマルヘキサン抽出物質含有量は，油脂類による水質汚濁の指標として用いられ，ヘキサンで抽出される油分等の物質量をいう。

(4)　TOC は，水の汚染度を判断する指標として用いられ，水中に存在する有機物中の炭素量をいう。

《R2-A3》

13

排水の水質に関する記述のうち，**適当でないもの**はどれか。

(1)　COD は，主に水中に含まれる有機物を酸化剤で化学的に酸化したときに消費される酸素量である。

(2)　DO は，水中に存在する有機物に含まれる炭素量のことで，水中の総炭素量から無機性炭素量を差し引いて求める。

(3)　大腸菌は，病原菌が存在する可能性を示す指標として用いられている。

(4)　SS は，浮遊物質量のことで，水の汚濁度を視覚的に判断する指標として使用される。

《R1-A3》

14

排水の水質に関する記述のうち，**適当でないもの**はどれか。

(1)　COD は，主に水中に含まれる有機物を，酸化剤で化学的に酸化したときに消費される酸素量で表される。

(2)　DO は，水中に溶存する酸素量のことで，生物の呼吸や溶解物質の酸化などで消費される。

(3)　窒素及びりんは，湖沼，海域などの閉鎖性水域における富栄養化の主な原因物質である。

(4)　SS は，水中に存在する有機物質に含まれる炭素の総量で表される。

《基本問題》

〈p.8 の解答〉 **正解**　**8** (4)，**9** (2)，**10** (4)，**11** (1)

▶解説

12　(2)　BOD（生物化学的酸素要求量）は，水質汚濁の指標として用いられ，主に水中に含まれる有機物が微生物によって酸化分解されるときに消費される酸素量で表される。したがって，適当でない。

間違いやすい選択肢▶ 同じような言葉でCODがあるが，CODは，化学的酸素要求量で水中の有機物及び無機性亜酸化物の量を示し，水中に含まれる有機物が過マンガン酸カリウムなどの酸化剤で化学的に酸化したときに消費される酸素量で表される。

13　(2)　DOは，水中に溶存する酸素量のことで，生物の呼吸や溶解物質の酸化などで消費される。したがって，適当でない。

間違いやすい選択肢▶ DOは，Dissolved Oxygenの略である。

14　(4)　SSは，水中に浮遊して溶解しない懸濁性の物質の量のことをいう 。したがって，適当でない。

ワンポイントアドバイス　1・1・4　排水の水質

①　**BOD（生物化学的酸素要求量）**

河川等の水質汚濁の指標として用いられ，水中に含まれる有機物が**微生物によって酸素分解**される際に消費される**酸素量**〔mg/L〕で表され，この値が大きいほど河川等の水質は，有機物による汚染度が高い。この指標は，1Lの水を20℃で5日間放置して，その間に微生物によって消費される酸素量として表される。

②　**COD（化学的酸素要求量）**

湖沼や海域の水質汚濁の指標として用いられ，主に水中に含まれる有機物が過マンガン酸カリウムなどの酸化剤で**化学的に酸化**したときに消費される**酸素量**〔mg/L〕で表され，水中の有機物及び無機性亜酸化物の量を示す。

③　**TOC（総有機炭素量）**

排水中の有機物を構成する炭素（有機炭素）の量を示すもので，水中の総炭素量から無機性炭素量を引いて求め，**有機性汚濁の指標**として用いられる。

④　**SS（浮遊物質）**

水の汚濁度を判断する指標として用いられ，水中に存在する浮遊物質〔mg/L〕で表される。SSは水中に溶解しないで浮遊または懸濁しているおおむね粒子径1 μm以上2 mm以下の有機性，無機性の物質で，水の**汚濁度を視覚的に判断**する。

⑤　**ノルマルヘキサン抽出物質含有量**

排水中に含まれる**油脂類**による**水質汚濁**の指標として用いられ，水中に含まれる油分等がヘキサンで抽出される量〔mg/L〕で表される。油脂類は比較的揮発しにくい炭化水素，グリースなどである。建築設備においては，厨房排水などで問題となる。

⑥　**窒素・リン**

窒素やリンは，湖沼・海域等の閉鎖性水域において，植物プランクトンや水生生物が異常発生する**富栄養化**の主な原因物質で，湖沼においてはアオコの，海域においては赤潮の発生原因となる。

⑦　**DO**

水中に溶存する酸素量〔mg/L〕で，生物の呼吸や溶解物質の酸化などで消費される。

●1・1・5　地球環境

15

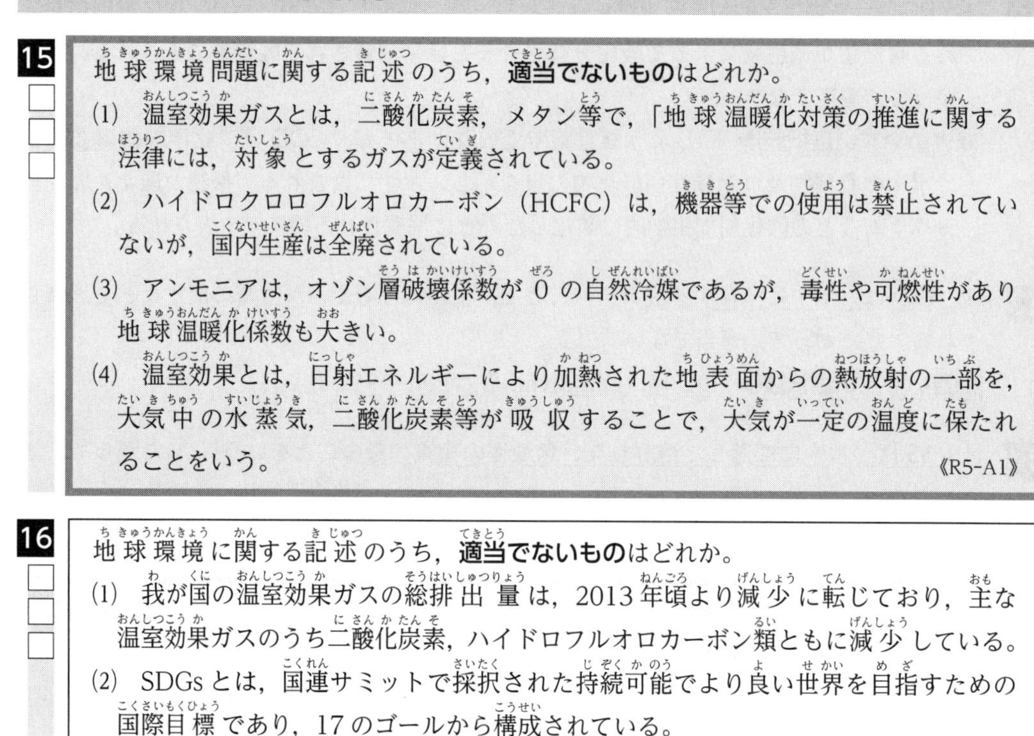

地球環境問題に関する記述のうち，**適当でないもの**はどれか。

(1)　温室効果ガスとは，二酸化炭素，メタン等で，「地球温暖化対策の推進に関する法律」には，対象とするガスが定義されている。

(2)　ハイドロクロロフルオロカーボン（HCFC）は，機器等での使用は禁止されていないが，国内生産は全廃されている。

(3)　アンモニアは，オゾン層破壊係数が 0 の自然冷媒であるが，毒性や可燃性があり地球温暖化係数も大きい。

(4)　温室効果とは，日射エネルギーにより加熱された地表面からの熱放射の一部を，大気中の水蒸気，二酸化炭素等が吸収することで，大気が一定の温度に保たれることをいう。

《R5-A1》

16

地球環境に関する記述のうち，**適当でないもの**はどれか。

(1)　我が国の温室効果ガスの総排出量は，2013年頃より減少に転じており，主な温室効果ガスのうち二酸化炭素，ハイドロフルオロカーボン類ともに減少している。

(2)　SDGsとは，国連サミットで採択された持続可能でより良い世界を目指すための国際目標であり，17のゴールから構成されている。

(3)　酸性雨は，大気中の硫黄酸化物や窒素酸化物が溶け込んで，一般的に，pH値が5.6以下の酸性となった雨等のことで，湖沼や森林の生態系に悪影響を与える。

(4)　オゾン層を保護するため，フロン類の製造から廃棄までに携わる全ての主体に法令の順守を求めるフロン類の使用の合理化及び管理の適正化に関する法律が平成27年に施行されている。

《R4-A1》

17

環境に配慮した建築計画及び地球環境に関する記述のうち，**適当でないもの**はどれか。

(1)　事務所用途の建築物の二酸化炭素排出量をライフサイクルでみると，一般的に，設計・建設段階，運用段階，改修段階，廃棄段階のうち，設計・建設段階が全体の過半を占めている。

(2)　代替フロンであるHFCは，オゾン層を破壊しないが，地球の温暖化に影響を与える程度を示す地球温暖化係数（GWP）は二酸化炭素より大きい。

(3)　酸性雨は，大気中の硫黄酸化物や窒素酸化物が溶け込んで酸性となった雨のことで，湖沼や森林の生態系へ悪影響を与えるほか，建築構造物にも被害を与える。

(4)　ZEBとは，大幅な省エネルギー化の実現と再生可能エネルギーの導入により，室内環境の質を維持しつつ年間一次エネルギー消費量の収支をゼロとすることを目指した建築物のことである。

《R2-A1》

〈p.10の解答〉 **正解**　**12**(2)，**13**(2)，**14**(4)

▶解説

15 (3) アンモニアは，自然冷媒でオゾン層破壊係数・地球温暖化係数は，ともに0である。したがって，適当でない。

16 (1) 温室効果ガスである大気中の二酸化炭素は，化石燃料の消費，森林破壊などにより増加しており，我が国は脱炭素社会を掲げ，2030年度までに2013年度比で26%削減の温室効果ガス削減目標を掲げている。したがって，適当でない。

17 (1) **ライフサイクル二酸化炭素排出量（$LCCO_2$）**は，建築物など製品のライフサイクルにおける二酸化炭素の発生量を定量化したもので，設計・建設段階，運用段階，廃棄段階のうち，運用段階が全体の過半を占めている。したがって，適当でない。

ワンポイントアドバイス 1・1・5 地球環境問題

地球環境問題の基本事項や用語を理解する。

① **大気汚染の主な物質**　**浮遊粒子状物質，硫黄酸化物（SO_x），一酸化炭素（CO），窒素酸化物（NO_x），炭化水素類（HC）**などである。

NO_xは，特殊な条件が伴うと光化学スモッグの発生の原因ともなる。NO_xやSO_xなどが酸性雨の主原因となっており，湖沼や森林の生態系のほかに，金属の腐食などにも悪影響を与えている。

② **オゾン層破壊と地球温暖化への影響物質**　フロンは分解するとClが発生し，オゾン層破壊の主な要因といわれており，オゾン層破壊により有害な紫外線による悪影響が生じる。

フロン系冷媒と自然冷媒

冷媒名	番号	法規制名など	オゾン破壊係数 ODP	地球温暖化係数 GWP
CFC11	R11	特定フロン	1	4,750
CFC12	R12	特定フロン	1	10,900
HCFC123	R123	指定フロン	0.02	77
HCFC22	R22	指定フロン	0.05	1,810
HFC134a	**R134a**	**代替フロン**	**0**	**1,430**
HFC32/HFC125	R410A	代替フロン（混合）	0	2,090
二酸化炭素	**R744**	**自然冷媒**	**0**	**1**
アンモニア	**R717**	**自然冷媒**	**0**	**<1**
水	R718	自然冷媒	0	<1

（注） GWP：IPCC第4次報告書（2007）に基づく積分値100年値

（出典 環境省資料より作成）

●1・1・6　室内の空気環境

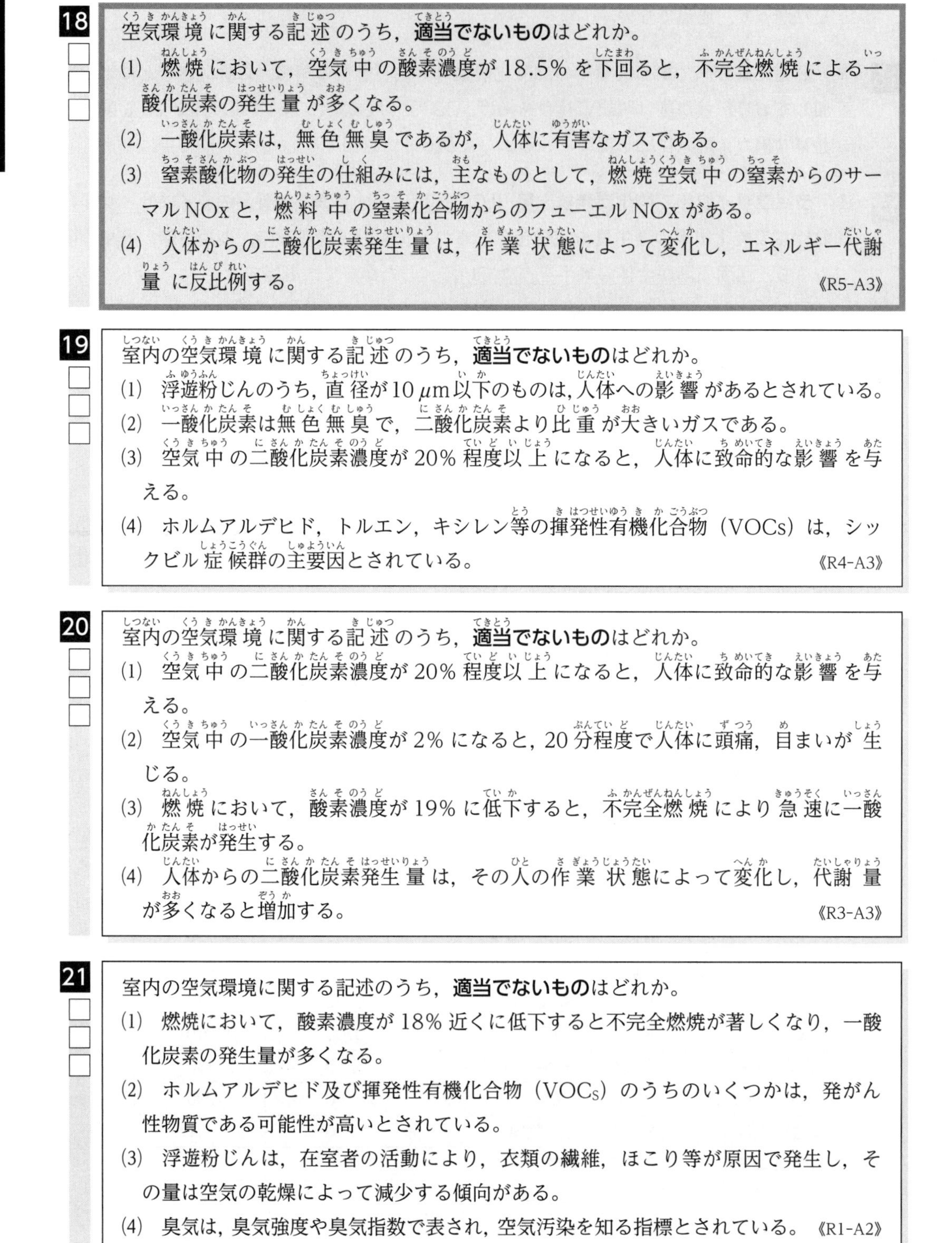

18

空気環境に関する記述のうち，**適当でないもの**はどれか。

(1)　燃焼において，空気中の酸素濃度が 18.5% を下回ると，不完全燃焼による一酸化炭素の発生量が多くなる。

(2)　一酸化炭素は，無色無臭であるが，人体に有害なガスである。

(3)　窒素酸化物の発生の仕組みには，主なものとして，燃焼空気中の窒素からのサーマル NOx と，燃料中の窒素化合物からのフューエル NOx がある。

(4)　人体からの二酸化炭素発生量は，作業状態によって変化し，エネルギー代謝量に反比例する。　《R5-A3》

19

室内の空気環境に関する記述のうち，**適当でないもの**はどれか。

(1)　浮遊粉じんのうち，直径が 10 μm 以下のものは，人体への影響があるとされている。

(2)　一酸化炭素は無色無臭で，二酸化炭素より比重が大きいガスである。

(3)　空気中の二酸化炭素濃度が 20% 程度以上になると，人体に致命的な影響を与える。

(4)　ホルムアルデヒド，トルエン，キシレン等の揮発性有機化合物（VOCs）は，シックビル症候群の主要因とされている。　《R4-A3》

20

室内の空気環境に関する記述のうち，**適当でないもの**はどれか。

(1)　空気中の二酸化炭素濃度が 20% 程度以上になると，人体に致命的な影響を与える。

(2)　空気中の一酸化炭素濃度が 2% になると，20 分程度で人体に頭痛，目まいが生じる。

(3)　燃焼において，酸素濃度が 19% に低下すると，不完全燃焼により急速に一酸化炭素が発生する。

(4)　人体からの二酸化炭素発生量は，その人の作業状態によって変化し，代謝量が多くなると増加する。　《R3-A3》

21

室内の空気環境に関する記述のうち，**適当でないもの**はどれか。

(1)　燃焼において，酸素濃度が 18% 近くに低下すると不完全燃焼が著しくなり，一酸化炭素の発生量が多くなる。

(2)　ホルムアルデヒド及び揮発性有機化合物（VOCs）のうちのいくつかは，発がん性物質である可能性が高いとされている。

(3)　浮遊粉じんは，在室者の活動により，衣類の繊維，ほこり等が原因で発生し，その量は空気の乾燥によって減少する傾向がある。

(4)　臭気は，臭気強度や臭気指数で表され，空気汚染を知る指標とされている。　《R1-A2》

〈p.12 の解答〉 **正解**　**15** (3)，**16** (1)，**17** (1)

▶解説

18 (4)　人体からの二酸化炭素発生量は，運動量とともに，増加する。すなわち，エネルギー代謝量に比例する。したがって，適当でない。

19 (2)　一酸化炭素は，無色・無臭で空気に対する比重は 0.967 と二酸化炭素よりも小さい。したがって，適当でない。

20 (2)　**空気中の一酸化炭素濃度**が，0.16% 程度になると 20 分で頭痛，目まい，吐き気が生じ，2 時間で致死，1.28% になると 1～3 分で致死となる。したがって，適当でない。

間違いやすい選択肢 ▶ (1) 二酸化炭素濃度が，18% 程度になると人体に致命的になる。

21 (3)　**室内の浮遊粉塵**は，在室者の活動による衣服や紙の繊維，工場の排出ガスやディーゼル車の排出ガスなどを含む外気の大気じん，人間が持ち込む土砂の粒子，喫煙や燃焼によるものなどがあり，空気が乾燥したときに多い。したがって，適当でない。

間違いやすい選択肢 ▶ **浮遊粉塵の濃度表示**には，一般的に，個数濃度または重量（質量）濃度が使われる。

ワンポイントアドバイス　1・1・6　室内の空気環境，環境基準

(1)　室内空気環境の汚染に影響を与える物質・指標などを理解する。

① **酸素**（O_2）　空気中に約 21% 含まれる。19% 以下になると燃焼器具は不完全燃焼を起こしやすくなり，18% 以下では酸欠状態となる。

② **二酸化炭素**（CO_2）　自然の空気中に約 0.03% 含まれる。建築物衛生法などによる室内環境基準は 0.1%（1,000 ppm）以下としている。

③ **一酸化炭素**（CO）　不完全燃焼などにより発生する有害ガスである。建築物衛生法の基準は 10 ppm 以下としている。

④ **浮遊粉じん**　建築物衛生法の基準は重量濃度で 0.15 mg/m^3（空気）以下とされ，10 μm 以下を対象としている。浮遊粉じん濃度表示は，個数濃度または重量濃度を使う。

⑤ **揮発性有機化合物**（VOC）　シックハウス症候群の原因物質とされ，ホルムアルデヒド・トルエン・キシレンなど多くの種類がある。これらの物質の室内空気汚染より低濃度でもシックハウス症候群のような障害を起こし，高濃度では人体にいろいろな急性中毒，慢性中毒などの障害を起こすとされている。厚生労働省では，VOC（13 種類）について毒性指標及び室内濃度指針値を示している。

⑥ **ホルムアルデヒドの室内濃度の指針値**は 0.1 mg/m^3（＝100 mg/m^3）である。この値は，健常な人が長期間暴露されても健康への影響がないか，危険性が極めて小さいとして定められた値である。

⑦ **結露**　表面結露は，壁表面の温度が露点温度以下になると発生する。室内空気の湿度が高いほど，また室内空気の乾球温度と壁表面の温度との差が大きいほど結露しやすい。外壁内側の断熱材の防湿層は，室内側（高温側）に設けたほうが結露防止に効果がある。

(2)　室内環境基準（法規制）の内容を理解する。

建築基準法や建築物における衛生的環境の確保に関する法律（**建築物衛生法**）では，中央管理方式の空調用設備の持つべき性能として，室内空気環境管理基準を定めている。室内空気環境管理基準は，浮遊粉塵の量，一酸化炭素の含有量，二酸化炭素の含有量，温度，相対湿度，気流，ホルムアルデヒドの基準値が定められている。それぞれの基準値を覚えておく。

1・2 流体工学

●1・2・1 流体の性質・運動

1 □□□

流体が直管路を流れている場合，流速が3倍となったとき，摩擦による圧力損失の変化後の倍率として，**適当なもの**はどれか。

ただし，圧力損失は，ダルシー・ワイスバッハの式によるものとし，流速以外は同じとする。

(1) $\frac{1}{9}$倍　(2) $\frac{1}{3}$倍　(3) 3倍　(4) 9倍

《R5-A5》

2 □□□

流体に関する記述のうち，**適当でないもの**はどれか。

(1) 管種以外の条件が同じ場合，硬質塩化ビニル管は鋼管よりウォーターハンマーが発生しやすい。

(2) キャビテーションとは，流体の静圧が局部的に飽和蒸気圧より低下し，気泡が発生する現象をいう。

(3) 流体の粘性による摩擦応力の影響は，一般的に，壁面近くで顕著に現れる。

(4) 液体の自由な表面で，その液面を縮小しようとする性質により表面に働く力を，表面張力という。

《R4-A4》

3 □□□

流体に関する記述のうち，**適当でないもの**はどれか。

(1) ニュートン流体では，摩擦応力は境界面と垂直方向の速度勾配に動粘性係数を乗じたものとなる。

(2) 空気の粘性係数は，一定の圧力のもとでは，温度の上昇とともに大きくなる。

(3) レイノルズ数は，流体に作用する慣性力と粘性力の比で表される無次元数で，流体の平均流速に比例する。

(4) 任意の点の速度，圧力等のすべての状態が時間的に変化しない流れを定常流という。

《R3-A4》

〈p.14の解答〉 **正解** **18**(4)，**19**(2)，**20**(2)，**21**(3)

▶解説

1　(1)　動粘性係数は，粘性係数を流体の密度で除した値である。したがって，適当でない。

2　(1)　管路閉止時の水撃圧力は，流体の密度が大きいほど高く，伝搬速度は管材のヤング率が大きいほど管壁の厚いほど大きくなる。鋼管は，硬質塩化ビニル管に比べて，管材のヤング率が大きいため，弁の急閉止時に配管にかかる水撃圧は大きくなるのでウォーターハンマーは発生しやすい。したがって，適当でない。

3　(1)　**ニュートン流体**は，粘性による摩擦応力が，境界面と垂直方向の速度勾配に比例する。したがって，適当でない。

ワンポイントアドバイス　1・2・1　水の性質や用語

水の性質や用語を理解する。

①　**粘性は**，運動する流体内の２つの部分が，互いに力を及ぼす性質をいい，粘性係数は，流体固有の定数である。流体の運動に及ぼす影響は，粘性係数よりも動粘性係数で決定され，動粘性係数は，粘性係数を流体の密度で除した値である。

②　**液体の粘性係数**は，温度が上昇すると減少する。一方，気体の粘性係数は温度が上昇すると増加する。

③　密度とは，物質の単位体積の質量をいい，ρ［kg/m^3］で表す。
　水の密度：1 気圧，4℃ で 1,000［kg/m^3］と最大となる。

④　**毛管現象**は，液中に立てた細管の中の液体が上昇（濡れの起きる場合）または下降（濡れの起きない場合）する現象で，表面張力による。

⑤　密閉容器内の静止している液体の一部に加えた圧力は，液体のすべての部分にそのまま均等に伝わる（**パスカルの原理**）。

⑥　**ニュートン流体**は，粘性による摩擦応力が，境界面と垂直方向の速度勾配に比例する。

⑦　**カルマン渦**は，液体中を適当な速度範囲で運動する柱状体の背後にできる，回転の向きが反対の２列の渦となっている。

⑧　**流体摩擦応力**は，流体のもつ粘性により生じ，一般的に境界層の近くで顕著に現れるが，粘性係数及び境界面に垂直方向の速度勾配に比例する流体を**ニュートン流体**といい，次式が成立する。

$$\tau = \mu \frac{dv}{dy}$$

τ：流体摩擦応力［Pa］　dv/dy：速度勾配［−］　μ：粘性係数［Pa・s］

⑨　**ウォーターハンマー**　管内を流れていた流体を弁などにより急閉止した場合などに，ウォーターハンマーによる急激な圧力上昇により，管の振動と騒音を発生させることがある。

⑩　**キャビテーション**　キャビテーションは，ポンプの羽根車入口部などで発生しやすく，流れの中で圧力がその液体の飽和蒸気圧以下になると，その部分の液体が局部的に蒸発して気泡を生じることで発生する。キャビテーションが発生すると，振動や騒音，あるいは発生部の金属侵食が生じることがある。

⑪　**乱流・層流**　管路内の流れは，レイノルズ数（Re）が臨界レイノズル数より大きいときに**乱流**，小さいときに**層流**となる。

●1・2・2　直管路の圧力損失

4

流体に関する記述のうち，**適当でないもの**はどれか。

(1)　動粘性係数は，粘性係数を流体の速度で除した値であり，粘性の流体運動に及ぼす影響を示す。

(2)　ベルヌーイの定理は，流体の持っている運動エネルギー，重力による位置エネルギー及び圧力によるエネルギーの和が流線に沿って一定であることを示している。

(3)　水の粘性係数は，圧力が一定の場合，水温の低下とともに大きくなる。

(4)　空気の粘性係数は，圧力が一定の場合，温度の低下とともに小さくなる。《R5-A4》

5

流体が直管路を流れている場合，流速が $\frac{1}{2}$ 倍となったときの摩擦による圧力損失の変化の割合として，**適当なもの**はどれか。

ただし，圧力損失は，ダルシー・ワイスバッハの式によるものとし，管摩擦係数は一定とする。

(1)　$\frac{1}{4}$ 倍　　(2)　$\frac{1}{2}$ 倍　　(3)　2倍　　(4)　4倍　　《R3-A5》

6

管路内の流体に関する文中，[　　　] 内に当てはまる用語の組合せとして，**適当なもの**はどれか。

流体が水平管路の直管部を流れている場合，[A] のために流体摩擦が働いて，圧力損失を生じる。

この圧力損失は，ダルシー・ワイスバッハの式から，[B] に反比例することが知られている。

	(A)		(B)
(1)	慣性	────	管径
(2)	慣性	────	平均流速の2乗
(3)	粘性	────	管径
(4)	粘性	────	平均流速の2乗

《R1-A5》

7

管路内の流体に関する文中，[　　　] 内に当てはまる数値として，**適当なもの**はどれか。

流体が管路の直管部を流れる場合において，管径が2倍で流速が等しいとき，摩擦による圧力損失は [　　　] 倍になる。

ただし，圧力損失はダルシー・ワイスバッハの式によるものとし，管摩擦係数は一定とする。

(1)　$\frac{1}{4}$　　(2)　$\frac{1}{2}$　　(3)　2　　(4)　4　　《基本問題》

〈p.16の解答〉 **正解**　**1**(1)，**2**(1)，**3**(1)

▶解説

4　(4)　管路に流体が流れると，流体の粘性による流体内部の摩擦や流体と管壁などの摩擦による圧力損失が生じる。直管路でのその圧力損失 ΔP は**ダルシー・ワイスバッハの式**を用いて求められる。その式で，圧力損失 ΔP は，管径 d に反比例し，管長 L，管摩擦係数 λ，流体の密度 ρ に比例し，流速の 2 乗に比例する。

ダルシー・ワイスバッハの式に流速 3 倍 $v=3v$ を代入すると次式となり圧力損失 ΔP は，9 倍となる。

$$\Delta P=\lambda\cdot\left(\frac{L}{d}\right)\cdot\left(\frac{\rho(3v)^2}{2}\right)=\lambda\cdot\left(\frac{L}{d}\right)\cdot\left(\frac{\rho v^2}{2}\right)\cdot 9$$

したがって，適当である。

5　(1)　**4**に同じ，**ダルシー・ワイスバッハの式**に流速 1/2 倍　$v=1/2v$ を代入すると次式となり，圧力損失 ΔP は，1/4 となる。

$$\Delta P=\lambda\cdot\left(\frac{L}{d}\right)\cdot\left(\frac{\rho\frac{1}{2}v2}{2}\right)=\lambda\cdot\left(\frac{L}{d}\right)\cdot\left(\frac{\rho v2}{2}\right)\cdot\left(\frac{1}{4}\right)$$

したがって，適当である。

間違いやすい選択肢▶ 圧力損失と，管径・流速の変化を理解する。

6　(3)　**4**に同じ。したがって，適当である。

7　(2)　ダルシー・ワイスバッハの式に管径 2 倍　$d=2d$ を代入すると次式となり，圧力損失 ΔP は，1/2 となる。

$$\Delta P=\lambda\cdot\left(\frac{L}{2d}\right)\cdot\left(\frac{\rho v2}{2}\right)=\lambda\cdot\left(\frac{L}{d}\right)\cdot\left(\frac{\rho v2}{2}\right)\cdot\left(\frac{1}{2}\right)$$

したがって，適当である。

ワンポイントアドバイス　1・2・2　ダルシー・ワイスバッハの式

ダルシー・ワイスバッハの式を正しく覚える。特に，管径 d と流速 v が圧力損失 ΔP に影響することを理解する。

$$\Delta P=\lambda\cdot\left(\frac{L}{d}\right)\cdot\left(\frac{\rho v^2}{2}\right)$$

ΔP：圧力損失［Pa］　　d：管内径［m］
λ：管摩擦係数［−］　　ρ：流体の密度［kg/m³］
L：管長［m］　　v：流速［m/s］

管摩擦係数 λ は，ムーディ線図によって求められる。滑らかな円管の層流域においては，ハーゲン・ポアズイユの式 $\left(\lambda=\frac{64}{Re}\right)$，乱流域においては，レイノルズ数 Re と管の相対粗さ（管内表面粗さ ε［m］／管内径 d［m］）とから求めることができる。

直管以外の継手・弁などの局部摩擦損失も動圧 $\left(\frac{\rho v^2}{2}\right)$ に比例する。

●1・2・3　流体の用語

8

ウォーターハンマーに関する記述のうち，**適当でないもの**はどれか。

(1)　流体の流速と圧力上昇は反比例する。

(2)　ジュコフスキーの式により圧力上昇は求められる。

(3)　鋼管より硬質塩化ビニル管の方が発生しにくい。

(4)　流体の密度が大きいほど，圧力上昇は大きくなる。

《R5-A6》

9

下図は流速を計測する器具の原理を説明したものである。

その「器具の名称」と「流速 (v) と高さ (h) の関係」の組合せとして，**適当なもの**はどれか。

	(器具の名称)		(v と h の関係)
(1)	ピトー管	――――	v は h に比例
(2)	ピトー管	――――	v は $\sqrt{h}$ に比例
(3)	ベンチュリー管	――――	v は h に比例
(4)	ベンチュリー管	――――	v は $\sqrt{h}$ に比例

《R4-A6》

10

下図に示す断面積の大きい開放水槽において，流出孔における流速を求めるときに適用できる「定理の名称」と「流速値」の組合せとして，**適当なもの**はどれか。

ただし，g は重力加速度，ρ は流体の密度，H は流出孔から水面までの高さとする。

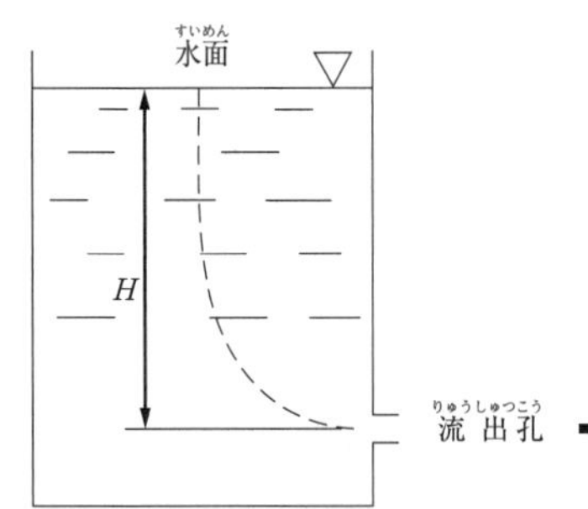

	(定理の名称)		(流速値)
(1)	パスカルの定理	――――	$\sqrt{2gH}$
(2)	トリチェリの定理	――――	$\sqrt{2gH}$
(3)	パスカルの定理	――――	$\sqrt{2\rho gH}$
(4)	トリチェリの定理	――――	$\sqrt{2\rho gH}$

《R3-A6》

▶解説

8　(1)　ウォーターハンマーの圧力上昇の最大値 P_{max} は，ジュコフスキーの公式によって求められる。

〈p.18 の解答〉 **正解**　**4** (4)，**5** (1)，**6** (3)，**7** (2)

$P_{max}=\rho a v_0$

ρ：水の密度，a：圧力波の伝播速度，v_0：流れていたときの流速

これより，圧力上昇は流速に比例する。したがって，適当ではない。

9 (2)　図は，ピトー管による流速を測定するもので，マノメーターを有する特徴があり，側面に静圧孔を，先端に全圧孔を有する管で静圧と全圧の差から，動圧を求めて流速を算出する。マノメーターの液体高さの差 h，動圧 Pv，静圧 Ps，水銀の流体の密度 p，マノメーターに入れた流体密度 p' とすると，流速 v は

$Ps+Pv+p'gh=Ps+pgh$

$Pv=(p'-p)gh=1/2pv^2$　　$v=\sqrt{2}(p'-p)/p\cdot\sqrt{h}$

て求めることができる。したがって，適当である。

10 (2)　水槽の側面の一定の水面までの高さ H にある小孔から水が噴出するときの速度 v は，水面までの高さ H の 1/2 乗に比例する。($\sqrt{2gH}$)，(**トリチェリの定理**)，密度に無関係である。したがって，適当である。

ワンポイントアドバイス　1・2・3　流体の用語

(1)　**トリチェリの定理**

水槽の側面の一定の水面までの高さ H にある小孔から水が噴出するときの速度 v_2 は，水面までの高さ H の 1/2 乗に比例する。

水深 H の面を基準にして**ベルヌーイの式**をたてると

$$\frac{1}{2}\rho v_1{}^2+P_1+\rho gH=\frac{1}{2}\rho v_2{}^2+P_2$$

$v_1=0$　$P_1=P_2=$大気圧であるため小穴から噴出するときの流速 v_2 は，

$$H=\frac{v_2{}^2}{2g}\qquad v_2=\sqrt{2gH}$$

となる。

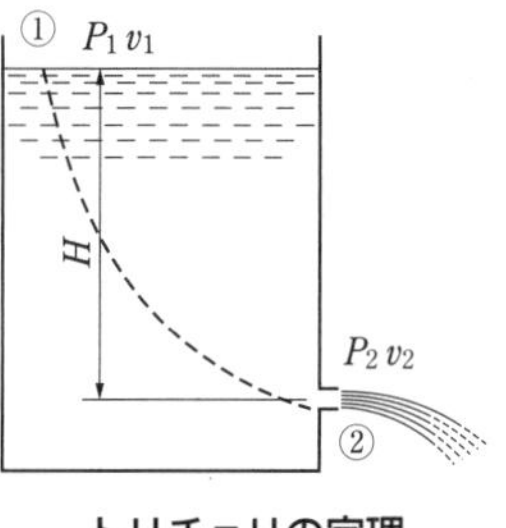

トリチェリの定理

(2)　**パスカルの定理**

一定の容器内部に液体を満たして，ある面に圧力を掛けると，重力の影響がなければ，その内部のあらゆる部分に均等に加わることをパスカルの定理という。

(3)　**ベンチュリー管（計）**

大口径部と小口径部との静圧の差を計って流速を求め，流速から流量を求める計量器である。

(4)　**ウォーターハンマー**

管内を水が流れるときに，管の端にある弁を急閉止すると，流れが急に減少して弁の上流側まで水を圧縮するので，急激な圧力の上昇や振動を生じ，ウォーターハンマーといい，水柱分離を生じる。

(5)　**ベルヌーイの定理**

完全流体の定常流の場合，流体のもっている運動エネルギー，圧力のエネルギー及び重力による位置エネルギーの総和は一定である。この定理をベルヌーイの定理という。くびれた水平管路で断面積が最小となる場合，流体の流速は最大となり，動圧が最大となる。また，全圧はどこでも一定であるため，静圧が最小となる。

(6)　**毛管現象**

細いガラス管を液中に入れると，ぬれの起こる場合にはガラス管内の液面が外の液面よりも上昇し，その液面は上部に凹となり，ぬれが起こらない場合はガラス管内の液面は外の液面より降下し，その液面は上部に凸となる。毛管現象による管内の高さ H は，液体の表面張力及び接触角の余弦に比例し，管の内径及び液の密度に反比例する。

一般基礎

●1・2・4　ベルヌーイの定理と静圧・流速の計算

11

下図に示す水平な管路内を空気が流れる場合において，A点とB点の間の圧力損失 ΔP の値として**適当なもの**はどれか。

ただし，A点の流速は10 m/s，A点の静圧は30 Pa，B点の全圧は70 Pa，空気の密度は1.2 kg/m^3 とする。

(1)　10 Pa

(2)　15 Pa

(3)　20 Pa

(4)　25 Pa

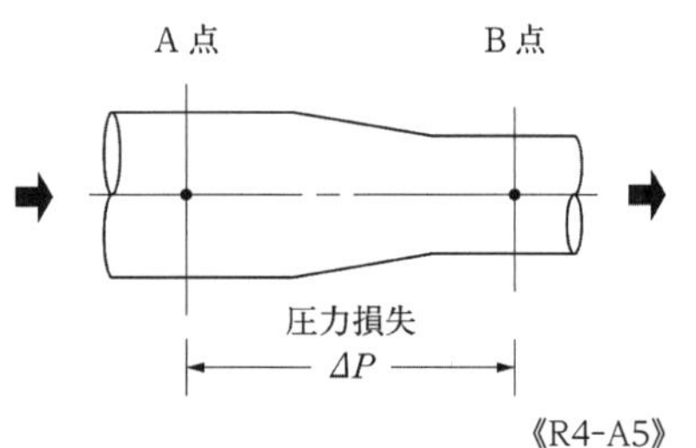

《R4-A5》

12

図に示す水平な管路内を空気が流れる場合において，A点とB点の間の圧力損失 ΔP の値として**適当なもの**はどれか。

ただし，A点における全圧は80 Pa，B点の静圧は10 Pa，B点の流速は10 m/s，空気の密度は1.2 kg/m^3 とする。

(1)　5 Pa

(2)　10 Pa

(3)　15 Pa

(4)　20 Pa

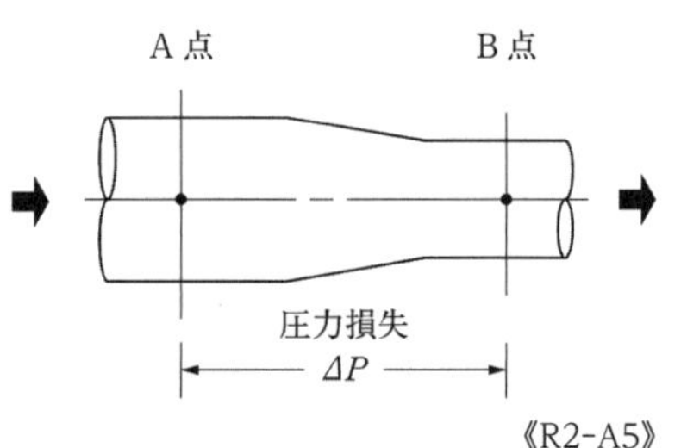

《R2-A5》

13

図に示す水平な管路内を空気が流れる場合，B点の流速として**適当なもの**はどれか。

ただし，A点における全圧は40 Pa，B点の静圧は20 Pa，A点とB点の間の圧力損失は5 Pa，空気の密度は1.2 kg/m^3 とする。

(1)　3 m/s

(2)　5 m/s

(3)　10 m/s

(4)　15 m/s

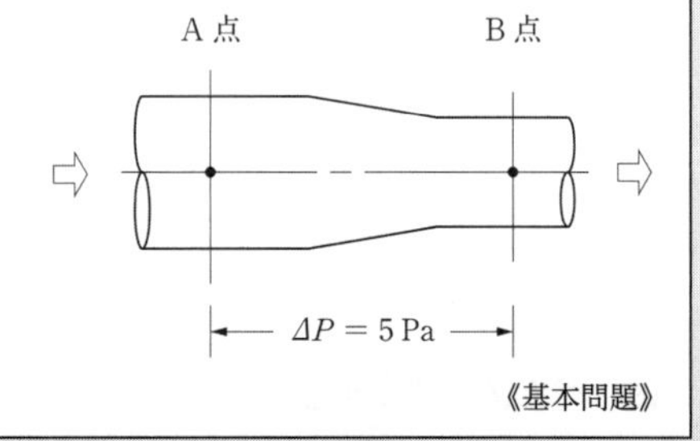

《基本問題》

▶解説

11　(3)　**ベルヌーイの定理**に摩擦による圧力損失を考慮すると，A点とB点の間には次の式が成り立つ。

A点の**全圧**を P_{TA}，**動圧**を Pv_A，**静圧**を Ps_A，B点の**全圧**を P_{TB}，**動圧**を Pv_B，**静圧**を Ps_B，A点とB点の間の**圧力損失**を ΔP，A点の流速を V_A とすると，

$P_{TA}=P_{TB}+\Delta P$

が成り立つ，変形すると

$\Delta P=P_{TA}-P_{TB}$

また，$P_{TA}=Pv_A+Ps_A$ が成り立つ

したがって

$\Delta P=Pv_A+Ps_A-P_{TB}$

ここで，$Pv_A=\frac{(\rho\cdot V_A{}^2)}{2}$ であるため

$$\Delta P=\frac{(\rho\cdot V_A{}^2)}{2}+Ps_A-P_{TB}$$

それぞれ与えられた条件を代入すると

$$\Delta P=\frac{(1.2\times10^2)}{2}+30-70$$

$\Delta P=60+30-70$

$\Delta P=20$ [Pa]

ここで，与えられた条件は
P_{TB}：B点の**全圧**（70 Pa）
Ps_A：A点の**静圧**（30 Pa）
V_A：A点の流速（10 m/s）
ρ：空気の密度（1.2 kg/m^3）

となり，A点とB点の間の圧力損失 ΔP は，20 [Pa]　　したがって，適当である。

---

12 (2) **ベルヌーイの定理**に摩擦による圧力損失を考慮すると，A点とB点の間には次の式が成り立つ。

A点の**全圧**を P_T，**動圧**を Pv_A，**静圧**を Ps_A，B点の**動圧**を Pv_B，**静圧**を Ps_B，A点とB点の間の**圧力損失**を ΔP とすると，

$P_T=Pv_A+Ps_A=Pv_B+Ps_B+\Delta P$

$$Pv_B=\frac{(\rho\cdot V_B{}^2)}{2}$$

とすると，圧力損失 ΔP は

ここで，P_T：A点の**全圧**（80 Pa）
Pv_A：A点の**動圧** [Pa]　Ps_A：A点の**静圧** [Pa]
Pv_B：B点の**動圧** [Pa]　Ps_B：B点の**静圧**（10 Pa）
ΔP：A点とB点との間の**圧力損失**
ρ：空気の密度（1.2 kg/m^3）　V_B：B点の流速 [10 m/s]

$$Ps_B=P_T-Pv_B-\Delta P=80-\frac{1.2\times10^2}{2}-10=80-60-10$$

$$\Delta P=P_T-Pv_B-Ps_B=80-\frac{1.2\times10^2}{2}-10=10\ \text{[Pa]}$$

となり，A点とB点との間の圧力損失 ΔP は 10 [Pa]　　したがって，適当である。

---

13 (2) A点の**全圧**を P_T，B点の**動圧**を Pv_B，**静圧**を Ps_B，A点とB点の間の**圧力損失**を ΔP とすると，

$P_T=Pv_B+Ps_B+\Delta P$

B点の流速を V_B とすると

$$Pv_B=\frac{(\rho\cdot V_B{}^2)}{2}$$

ここで，P_T：A点の**全圧**（40 Pa）
Ps_B：B点の**静圧**（20 Pa）
ΔP：**圧力損失**（5 Pa）
ρ：空気の密度（1.2 kg/m^3）

とすると，Pv_B（B点の動圧）は

$Pv_B=P_T-(Ps_B+\Delta P)=40-(20+5)=15$ [Pa]

となり，V_B（B点の流速）は

$$V_B=\sqrt{\frac{2\cdot Pv_B}{\rho}}=\sqrt{\frac{2\times15}{1.2}}=\sqrt{25}=5\ \text{[m/s]}$$

となり，B点の流速 V_B は 5 [m/s]　　したがって，適当である。

1・3　熱力学

●1・3・1　熱に関する原理と用途

1

熱に関する記述のうち，**適当でないもの**はどれか。

(1)　比熱比とは，定圧比熱を定容比熱で除した値で，気体では常に1より大きい。

(2)　エンタルピーは，物質の持つエネルギーの状態量で，その物質の内部エネルギーに，外部への体積膨張仕事量を加えたもので表される。

(3)　エントロピーは，不可逆変化が生じると必ず減少する。

(4)　カルノーサイクルは，等温膨張，断熱膨張，等温圧縮，断熱圧縮の4つの過程からなる。

《R5-A7》

2

熱に関する記述のうち，**適当でないもの**はどれか。

(1)　気体の定容比熱と定圧比熱を比べると，常に定容比熱の方が大きい。

(2)　熱放射とは，物体が電磁波の形で熱エネルギーを放出・収吸する現象をいう。

(3)　膨張係数とは，物質の温度が1℃上昇したときに物質が膨張する割合である。

(4)　圧縮式冷凍サイクルでは，凝縮温度が一定の場合，蒸発温度を低くすれば，成績係数は小さくなる。

《R4-A7》

3

熱に関する記述のうち，**適当でないもの**はどれか。

(1)　固体や液体では，定圧比熱と定容比熱はほぼ同じ値である。

(2)　気体を断熱圧縮させた場合，その温度は上昇する。

(3)　結晶が等方性を有する固体の体膨張係数は，線膨張係数のほぼ3倍である。

(4)　圧縮式冷凍サイクルでは，蒸発温度を低くすれば，成績係数は大きくなる。

《R2-A7》

4

熱に関する記述のうち，**適当でないもの**はどれか。

(1)　異なる2種類の金属線を両端で接合した回路において，2つの接合点に温度差を与えると，熱起電力が生じる。

(2)　エンタルピーは，物質の持つエネルギーの状態量の一つで，その物質の内部エネルギーに，外部への体積膨張仕事量を加えたもので表される。

(3)　融解熱，気化熱等のように，状態変化のみに費やされる熱を潜熱という。

(4)　気体の定圧比熱と定容比熱を比べると，常に定容比熱の方が大きい。

《R1-A7》

〈p.22の解答〉 **正解**　**11**(3)，**12**(2)，**13**(2)

▶解説

1　(3)　エントロピーは，不可逆変化を生じると必ず増大する。したがって、適当でない。

2　(1)　比熱には，定圧比熱と定容比熱がある。気体の比熱は，定圧比熱＞定容比熱である。したがって、適当でない。

3　(4)　冷凍機の凝縮温度と蒸発温度の温度差は，水ポンプの揚程に相当し，蒸発温度が高くなれば冷凍能力は大きくなって圧縮動力は小さくなる。蒸発温度が低くなれば冷凍能力は小さくなり圧縮動力は大きくなる。したがって，できるだけ蒸発温度を高く，凝縮温度を低くすれば，同じ冷却熱量に対する圧縮動力を減少させることができる。つまり，冷凍効率は大きくなる。

したがって，適当でない。

4　(4)　**比熱**には，**定圧比熱**と**定容比熱**がある。**気体の比熱**は，**定圧比熱＞定容比熱**である。固体や液体は，温度による容積の変化が少なく定圧比熱と定容比熱の差はほとんどない。

したがって，適当でない。

ワンポイントアドバイス　1・3・1　熱に関する用語

①　熱エネルギーを仕事のエネルギーに変換するには，熱機関が必要であり，高温源から低温源に熱が移動する途中でその一部を仕事に変えて取り出している。その動作の基本サイクルがカルノーサイクルである。

②　**エンタルピー**は，物質のもつエネルギーの状態量の１つで，その物質の内部エネルギーに外部への体積膨張仕事量を加えたもので表わされる。

③　**エントロピー**　系の乱雑さ・無秩序さ・不規則さの度合を表す量で，物質や熱の出入りのない系ではエントロピーは減少せず，負可逆変化するときには，常に増大する。

④　**比熱**　比熱とは，物体の単位質量の熱容量で，質量 1 kg の物質の温度を 1℃ 高める熱量［J/(kg・K)］である。比熱には，定圧比熱 Cp と定容比熱 Cv とがある。気体の比熱は，定圧比熱 Cp＞定容比熱 Cv である。すなわち，気体の比熱比（定圧比熱 Cp／定容比熱 Cv）の大きさは，気体の種類により異なるが，常に１より大きい。固体や液体は，温度による容積の変化が少なく，定圧比熱と定容比熱の差はほとんどない。

⑤　**熱膨張**　等方性の物質の体膨張係数は，線膨張係数の３倍である。

⑥　**ゼーベック効果**　異なる２種類の金属線で作った回路の２つの接点に，温度差が生じると熱起電力を生じて電流が流れる（熱電温度計に利用）。

⑦　**ペルチェ効果**　ゼーベック効果の逆現象で，異種金属の回路に直流を流すと，一方の接点の温度が下がり他方の接点の温度が上がる。電流の流れを逆にすると，温度の上がり下がりも逆になる。

⑧　**顕熱と潜熱**　物体に熱を加えると，その熱量は，内部エネルギーとして物体の温度が上昇し，一部は膨張によって外部に押除け仕事をする。この温度の変化に使われる熱を**顕熱**という。また，温度変化を伴わないで，状態の変化のみに費やされる熱を**潜熱**という。

⑨　**ステファン・ボルツマンの法則**は，熱・放射に関するものである。熱伝導は，フーリエの法則に関係する。

●1・3・2　燃焼に関する原理と用途

5

燃焼に関する記述のうち，**適当でないもの**はどれか。

(1)　燃料を完全燃焼させるために理論的に必要な空気量を理論空気量という。

(2)　燃料が理論空気量で完全燃焼した際に生じる燃焼ガス量を理論燃焼ガス量（理論廃ガス量）という。

(3)　空気過剰率が大きすぎると，廃ガスによる熱損失が増大する。

(4)　固体燃料は，空気と接する燃料の表面が大きいため，理論空気量に近い空気量で完全燃焼する。

《R4-A8》

6

燃焼に関する記述のうち，**適当でないもの**はどれか。

(1)　気体燃料，液体燃料，固体燃料のうち，燃料に最も多く空気を必要とするのは固体燃料である。

(2)　高発熱量とは，燃焼ガスに含まれる水蒸気が凝縮したときに得られる潜熱を含めた発熱量をいい，低発熱量とは，潜熱を含まない発熱量をいう。

(3)　燃焼ガス中の窒素酸化物の量は，高温燃焼時より低温燃焼時のほうが多い。

(4)　空気過剰率が大きすぎると廃ガスの持ち去る熱による損失が多くなる。

《R3-A9》

7

燃焼に関する記述のうち，**適当でないもの**はどれか。

(1)　ボイラーの燃焼において，空気過剰率が大きいほど熱損失は小さくなる。

(2)　燃焼ガス中の窒素酸化物の量は，低温燃焼時よりも高温燃焼時の方が多い。

(3)　不完全燃焼時における燃焼ガスには，二酸化炭素，水蒸気，窒素酸化物のほか，一酸化炭素等が含まれている。

(4)　低発熱量とは，高発熱量から潜熱分を差し引いた熱量をいう。

《R1-A8》

8

燃焼に関する記述のうち，**適当でないもの**はどれか。

(1)　高発熱量とは，燃料が完全燃焼したときに放出する熱量で，燃焼によって生じた水蒸気の潜熱分を含んでいる。

(2)　ガスの単位体積当たりの総発熱量をガスの比重の平方根で除したものを，ウォッベ指数という。

(3)　気体燃料より固体燃料の方が，一般的に，理論空気量に近い空気量で完全燃焼する。

(4)　単位量の燃料が理論空気量で完全燃焼したときに生成するガス量を，理論燃焼ガス量という。

《基本問題》

〈p.24の解答〉 **正解**　**1**(3)，**2**(1)，**3**(4)，**4**(4)

▶解説

5 (4)　固体燃料は，表面だけで空気と接触するため，気体燃料や液体燃料に比べ完全燃焼がしにくい。したがって，適当でない。

6 (3)　燃焼温度が高ければ（高温燃焼），一般に効率は高くなるが，反面では排ガス中の窒素酸化物 NOx の量は多くなる。低温燃焼時では多くならない。したがって，適当でない。

7 (1)　燃料を完全燃焼に十分近づけるためには，理論空気量以上に空気を供給する必要があり，この割り増し率を**空気過剰率**（空気比）という。空気過剰率が小さいほど，熱損失は小さくなる。したがって，適当でない。

8 (3)　燃料を完全燃焼させるために理論的に必要な最小の空気量を理論空気量という。実際に完全燃焼させるためには，理論空気量に割り増しをした空気量が必要となり，実際の燃焼ガス量も理論燃焼ガス量よりも多くなる。空気過剰率は，空気（酸素）と混合しやすい気体燃料が最も小さく，次に蒸発しやすい液体燃料，表面だけで空気と接触する固体燃料の順で大きくなる。したがって，適当でない。

ワンポイントアドバイス　1・3・2　燃焼に関する用語

(1)　燃料を完全燃焼させるために理論的に必要な最少の空気量を，**理論空気量**という。実際に完全燃焼させるためには，理論空気量に割増しをした空気量が必要となり，実際の燃焼ガス量も理論燃焼ガス量よりも多くなる。

(2)　**高発熱量・低発熱量**　**高発熱量**とは，燃料が完全燃焼したときの発生熱量で燃焼によって発生した水蒸気（潜熱）も含んでいる。

低発熱量とは，高発熱量から熱機関では利用できない水蒸気がもつ潜熱を除外した熱量をいい，実際に利用できる熱量に近い。

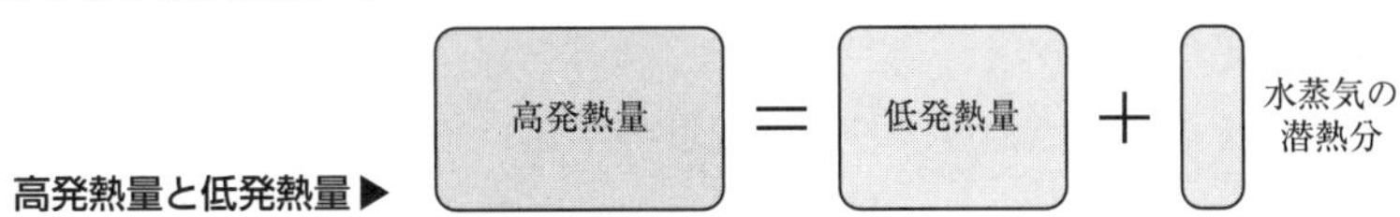

高発熱量と低発熱量▶

(3)　**空気過剰率**　完全燃焼に近づけるための理論空気量への割増しを空気過剰率 m といい，次式で表される。

$$m=\frac{\text{実際の空気量}}{\text{理論空気量}}$$

m は空気比ともいい，その値は，一般的に気体燃料（1.1～1.2）・液体燃料（1.2～1.3）・固体燃料（1.4～1.6）の順で大きくなる。

(4)　**理論燃焼ガス量（理論廃ガス量）**　理論空気量で完全燃焼したと仮定した場合の燃焼ガス量（廃ガス量）のことをいう。

不完全燃焼時の燃焼ガスには，二酸化炭素，水蒸気，窒素のほか一酸化炭素などが含まれる。

(5)　**窒素酸化物**　燃焼温度が高ければ，一般に効率は高くなるが，反面では排ガス中の窒素酸化物 NOx の量が多くなり，燃焼ガスの温度が低いとボイラの低温腐食なども起こってくる。また，窒素酸化物 NOx は，燃料中の窒素成分が燃焼により酸素と結びついて発生するほか，高温下では空気中の窒素と酸素が結合しても発生する。

●1・3・3　湿り空気

9

湿り空気に関する記述のうち，**適当でないもの**はどれか。

(1)　飽和湿り空気の温度を上げても，絶対湿度は変わらない。

(2)　湿り空気をその露点温度より高い温度の冷却コイルで冷却すると，絶対湿度は上がる。

(3)　湿り空気を水スプレーで加湿しても，湿球温度はほとんど変わらない。

(4)　湿り空気を蒸気スプレーで加湿すると，絶対湿度と相対湿度は上がる。　《R4-A9》

10

湿り空気に関する記述のうち，**適当でないもの**はどれか。

(1)　湿り空気を固体吸着減湿器（シリカゲル）で減湿する場合，湿り空気の状態変化は，一般的に，乾球温度一定の変化としてよい。

(2)　湿り空気を水噴霧加湿器で加湿する場合，湿り空気の状態変化は，近似的に湿球温度一定の変化としてよい。

(3)　湿り空気を蒸気加湿器で加湿する場合，湿り空気の状態変化における熱水分比は，水蒸気の比エンタルピーと同じ値としてよい。

(4)　熱水分比とは，湿り空気の状態変化における比エンタルピーの変化量の絶対湿度の変化量に対する比をいう。　《R2-A9》

11

湿り空気に関する記述のうち，**適当でないもの**はどれか。

(1)　飽和湿り空気の温度を上げると，相対湿度は低下する。

(2)　飽和湿り空気の温度を下げると，絶対湿度は低下する。

(3)　湿り空気を蒸気スプレーで加湿すると，絶対湿度と相対湿度はともに上昇するが，湿球温度は変わらない。

(4)　湿り空気をその露点温度より高い温度の冷却コイルで冷却しても，絶対湿度は変わらない。　《R1-A9》

12

湿り空気に関する記述のうち，**適当でないもの**はどれか。

(1)　電気加熱器で加熱した場合，相対湿度は変化しない。

(2)　飽和湿り空気では，乾球温度と湿球温度は等しい。

(3)　比エンタルピーを一定に保ちながら相対湿度を上げた場合，乾球温度は下降する。

(4)　シリカゲルを用いた固体吸着減湿を行った場合，吸着熱が発生するため乾球温度は上昇する。　《基本問題》

〈p.26 の解答〉 **正解**　**5** (4)，**6** (3)，**7** (1)，**8** (3)

▶解説

9　(2)　露点温度より低い温度の冷却コイルで冷却すると，絶対湿度は下がる。露点温度より高い温度の冷却コイルで冷却しても露点温度以下にはならないので，絶対湿度は変わらない。したがって，適当でない。

10　(1)　**化学吸着吸収剤（シリカゲル）**で除湿した場合，絶対湿度は下がり，乾球温度が上がる。したがって，適当でない。

11　(3)　**蒸気スプレーで加湿**すると，絶対湿度と相対湿度はともに上昇し，湿球温度も上昇する。したがって，適当でない。

12　(1)　**電気加熱器で加熱**すると，乾球温度が上がり，絶対湿度は変化しないで相対湿度が変化する。したがって，適当でない。

ワンポイントアドバイス　1・3・3　湿り空気の用語

(1)　**水蒸気分圧**　湿り空気中の水蒸気の多少を示す。飽和湿り空気中の水蒸気分圧は，その温度の飽和蒸気圧に等しい。

(2)　**絶対湿度**　乾き空気 1 [kg] を含む湿り空気中の水蒸気量が x [kg] のとき，絶対湿度 x [kg/kg(DA)] と表示する。

(3)　**飽和空気（飽和湿り空気）**　空気中に水蒸気として存在できる最大の水蒸気濃度である。水蒸気が飽和空気より少ない空気を，不飽和空気という。

(4)　**露点温度**　ある湿り空気の水蒸気分圧に等しい水蒸気分圧をもつ飽和空気の温度をいう。不飽和湿り空気を絶対湿度一定のまま冷却していくと，相対湿度が次第に増加していき，100％に飽和する温度である。

(5)　**エンタルピー [kJ]**　ある物質がもっているエネルギーをいう。比エンタルピー（h [kJ/kg(DA)]）とは，1 kg の物質がもっているエンタルピーのことをいい，湿り空気の比エンタルピーは，1 kg の乾き空気（DA）が 0℃ から t [℃] まで温度変化する顕熱量，x [kg] の水の 0℃ における蒸発潜熱量，x [kg] の水蒸気が 0℃ から t [℃] まで温度変化する顕熱量の和である。なお，比エンタルピーを単にエンタルピーということもあるので注意する。

(6)　**全熱量**　湿り空気の全熱量は，乾き空気と水蒸気のエンタルピーの和である。すなわち，(乾き空気の顕熱)＋(水蒸気の潜熱と顕熱）である。

(7)　**熱水分比（u）**　空気に熱と水分が加わり，比エンタルピー（h）が Δh，絶対湿度（x）が Δx だけ変化したときの，この比（$\Delta h/\Delta x$）をいう。

(8)　**顕熱比（SHF）**　全熱量（顕熱量＋潜熱量）に対する顕熱量の比である。空気状態の変化方向を示すのが状態線であり，SHF により勾配が決まる。

(9)　**湿り空気の状態変化**を理解する。

湿り空気は，前述のように，熱と水分の加減（加温，冷却，加湿，減湿）やその条件により状態が変化するが，その主な状態変化の関係を図に示す。図では，⦿の状態の湿り空気に，蒸気などにより**加熱加湿**した場合は①，冷水などにより**水噴霧加湿**した場合は②，**冷却（顕熱冷却）**した場合③，**冷却減湿**した場合は④，**化学吸着吸収剤による除湿**をした場合⑤，**加熱減湿**した場合は⑥，のように状態が変化する。

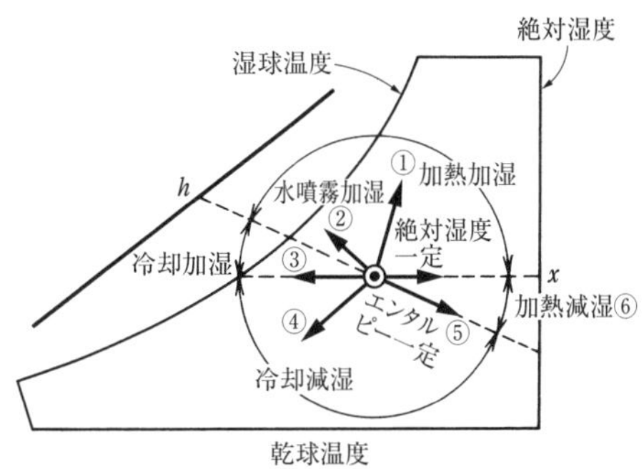

湿り空気の状態変化

●1・3・4　伝熱

13

伝熱に関する記述のうち，**適当でないもの**はどれか。

(1)　熱放射は，電磁波で熱エネルギーが移動する現象であり，その伝達には媒体の存在を必要とせず真空中でも生じる。

(2)　流体内において，温度の不均一に基づく密度差で浮力が生じ，流動が起こる場合の熱移動を強制対流熱伝達という。

(3)　均質な固体内部において熱伝導により移動する熱量は，その固体内の温度勾配に比例する。

(4)　伝熱現象には，熱伝導，対流及び熱放射がある。

《R5-A8》

14

伝熱に関する記述のうち，**適当でないもの**はどれか。

(1)　強制対流熱伝達とは，外的駆動力による強制対流時の流体と壁面の間の熱移動現象をいう。

(2)　固体内の熱移動には，高温部と低温部の温度差による熱伝導と放射による熱伝達がある。

(3)　固体壁両側の気体間の熱通過による熱移動量は，気体の温度差と固体壁の面積に比例する。

(4)　熱放射は，電磁波によって熱エネルギーが移動するため，熱を伝える物質は不要である。

《R3-A8》

15

伝熱に関する記述のうち，**適当でないもの**はどれか。

(1)　等質な固体壁内部における熱伝導による熱移動量は，その固体壁内の温度勾配に比例する。

(2)　自然対流は，流体の密度の差により生じる浮力により，上昇流や下降流が起こることで生じる。

(3)　物体から放出される放射熱量は，その物体の絶対温度の4乗に比例する。

(4)　固体壁表面の熱伝達率の大きさは，固体壁表面に当たる気流の影響を受けない。

《R2-A8》

〈p.28の解答〉 **正解**　**9** (2)，**10** (1)，**11** (3)，**12** (1)

▶解説

13 (2) 温度の不均一に基づく密度差で浮力が生じ，流動が生じる熱移動を自然対流という。したがって，適当でない。

14 (2) 固体内の**熱移動**は，高温部と低温部の温度差の温度勾配に比例し，物質の移動なしに熱エネルギーが移動する伝熱現象である。したがって，適当でない。

15 (4) 固体壁表面の**熱伝達**は，対流・伝熱・放射などの影響をうけるため，固体壁表面に当たる気流の影響をうける。したがって，適当でない。

ワンポイントアドバイス 1・3・4 伝熱に関する用語

① **伝熱現象**　エネルギーの移動であり，**熱伝導・対流・熱放射**がある。

② **熱伝導**　固体壁などで隣接する物体の温度が異なるとき，個体の高温部側から低温部側へ物質の移動なしに熱エネルギーが移動する伝熱現象である。

③ **熱対流と熱伝達**　対流は，エネルギーを蓄積した流体が，浮力等によって移動・混合等をすることによって，起こる熱移動である。

固体壁とこれに接する流体の間の熱移動は，対流・伝熱・放射なども伴うが，これらを含めて熱伝達として扱う。**熱移動量**は，固体の表面温度と周囲流体温度との差に比例する。

④ **熱放射**　熱放射は，物体が電磁波の形で熱エネルギーを放射し，熱吸収して移動が行われるもので，途中に媒体を必要としない。

⑤ **自然対流**　対流温度が異なる部分の密度の差により，流体の浮力の差が生じ，上昇流と下降流が起こることで生じる。

⑥ **強制対流**　外力による流動で流速が大きく，自然対流を無視できる場合をいう。

●1・3・5　冷凍・カルノーサイクル

16

冷却に関する記述のうち，**適当でないもの**はどれか。

(1)　冷媒を使用した冷却は，冷媒が蒸発する際に必要な熱を冷却する物体から奪うことによりおこる。

(2)　冷媒に使用される主なものには，アンモニア，フロン類，水等がある。

(3)　蒸発した冷媒を液化するためには，圧縮機を用いて機械的に圧縮する方法や吸収剤等により吸収する方法がある。

(4)　単段圧縮冷凍サイクルでは，蒸発温度を高く，凝縮温度を低くすると成績係数は小さくなる。

《R5-A9》

17

下図に示す，熱機関のカルノーサイクルに関する記述のうち，**適当でないもの**はどれか。

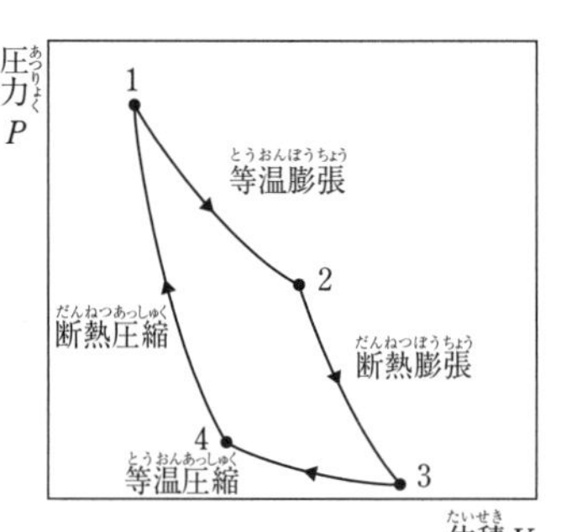

(1)　カルノーサイクルは，等温膨張，断熱膨張，等温圧縮，断熱圧縮の四つの可逆過程から構成される。

(2)　カルノーサイクルは，高温熱源と低温熱源の温度差が大きいほど効率が高くなる。

(3)　等温膨張では，外部から熱量を受け取り，等温圧縮では，熱量を外部に放出する。

(4)　断熱膨張では，気体の温度が上昇し，断熱圧縮では気体の温度が低下する。

《R3-A7》

18

冷凍に関する記述のうち，**適当でないもの**はどれか。

(1)　冷凍とは，物質あるいは空間を周囲の大気温度以下の所定温度に冷却する操作をいう。

(2)　冷媒による冷凍とは，冷凍すべき物体から冷媒が蒸発する際に必要とする顕熱を奪うことである。

(3)　現在，冷凍に広く使用されている冷媒には，アンモニア，フロン，ハイドロカーボン，水などがある。

(4)　冷媒の状態変化を表したモリエ線図は，縦軸に絶対圧力，横軸に比エンタルピーをとったもので，冷媒の特性を分析する場合などに用いられる。

《基本問題》

〈p.30の解答〉 **正解**　13 (2)，14 (2)，15 (4)

蒸気圧縮冷凍機の冷凍サイクルをモリエ線図上に示すと次の図のようになる。この図に関する記述のうち，**適当でないもの**はどれか。

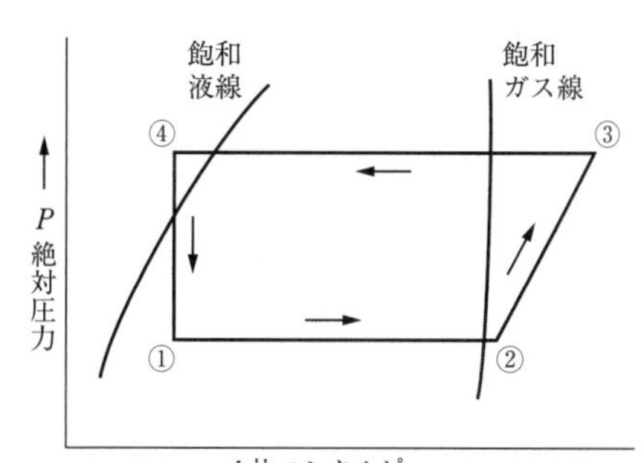

(1)　過程①→②は，蒸発器における変化であり，蒸発器の蒸発温度が低くなると冷凍効果は大きくなる。

(2)　過程②→③は，圧縮機における変化であり，近似的に等エントロピー変化である。

(3)　過程③→④は，凝縮器における変化であり，凝縮器の凝縮温度が低くなると冷凍効果は大きくなる。

(4)　過程④→①は，膨張弁における変化であり，近似的に等エンタルピー変化である。

《基本問題》

▶解説

16　(4)　冷凍サイクルの蒸発温度と凝縮温度の温度差は，蒸発温度を高く，凝縮温度を低くすれば，冷凍効率は大きくなり，成績係数は大きくなる。したがって，適当でない。

17　(4)　**断熱膨張**は，気体が膨張すると温度は低下する。**断熱圧縮**は，温度は上昇する。したがって，適当でない。

18　(2)　冷媒による冷凍とは，冷媒を蒸発する際，**潜熱**として冷却するものである。顕熱ではない。したがって，適当でない。

19　(1)　冷凍機の凝縮温度と蒸発温度の温度差は，水ポンプの揚程に相当し，蒸発温度が高くなれば冷凍能力は大きくなって圧縮動力は小さくなり（成績係数は大きくなる），蒸発温度が低くなれば冷凍能力は小さくなって圧縮動力は大きくなる（成績係数は小さくなる）。よって，できるだけ**蒸発温度**を高く，**凝縮温度**を低くすれば同じ冷却熱量に対する圧縮力を減少させることができる。つまり，冷凍効率は大きくなる。したがって，適当でない。

ワンポイントアドバイス　1・3・5　カルノーサイクル・冷凍サイクル，冷凍・冷媒

(1)　カルノーサイクル

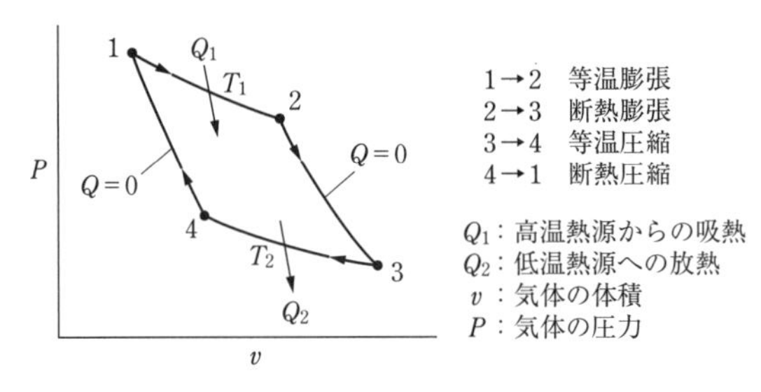

カルノーサイクル

カルノーサイクルは，図に示すように，**等温膨張，断熱膨張，等温圧縮，断熱圧縮**の４つの工程で構成され，繰り返される。

①等温膨張　気体（冷媒）を断熱膨張させると圧力と温度が下がる。また気体を断熱圧縮すると圧力と温度が上がる。

②断熱膨張　完全に断熱されている状態で，気体が膨張して外部に仕事をする。気体が膨張すると温度は低下する。

③等温圧縮　等温圧縮は熱の出入りが可能な圧縮である。圧縮すると内部の気体の温度は上がるが，熱を吐き出すため温度が一定となる。

④断熱圧縮　完全に断熱されている状態で，気体が圧縮される。気体が圧縮されると温度は上昇する。

⑤カルノーサイクルの熱効率

熱効率は　$\eta = 1 - T2/T1$

T1　：高熱源温度

T2　：低熱源温度

したがって，温度差が大きいほど熱効率は高くなる。

(2)　冷凍サイクルとモリエ線図

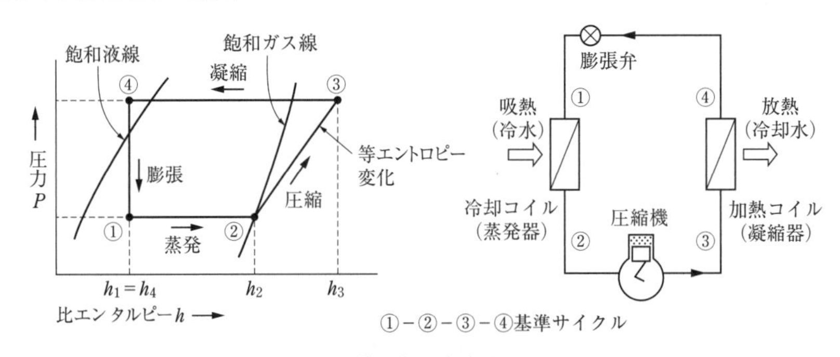

モリエ線図上の冷凍サイクル

①→②　蒸発過程　低温低圧の液化冷媒が蒸発器で水や空気などから熱を奪い（水などは冷却される），気化して低温低圧のガスになる。

②→③　圧縮過程　蒸発した低温低圧ガスを圧縮機によって高温高圧のガスにする。近似的に等エンタルピー変化である。

③→④　**凝縮過程**　高温高圧のガスを凝縮器で冷却して顕熱と凝縮潜熱を放出させて液化し，中温高圧の液にする。

④→①　**膨張過程**　中温高圧の液を膨張弁やキャピラリーチューブなどの絞り抵抗体を通過して低圧部に導き，低圧低温の液にする。近似的に等エンタルピー変化である。

⑶　冷凍と冷媒

①**冷凍**とは，物体や空間を大気などの周囲の温度以下に冷却してその温度を維持することである。

②**冷媒**には，アンモニア，フロン，ハイドロカーボン，水などがある。

③冷媒の状態変化を表した**モリエ線図**は，縦軸に絶対圧力，横軸に比エンタルピーをとったもので，冷媒の特性を分析する場合などに用いられる。

④冷媒は，蒸発し易い液体を低圧低温で変化させ，その**蒸発潜熱**で冷却するもので，蒸発したガスは，**圧縮冷却**して液化し，循環使用し，この液体若しくはガスをいう。

⑷　冷凍機の成績係数（COP）

冷凍機の成績係数は，蒸発器で奪う熱量（冷凍能力）と圧縮機が消費する動力（入力）の比である。エネルギ効率が良いとは，成績係数が大きいということである。

1・4　その他（音・腐食）

●1・4・1　音・振動

1

音に関する記述のうち，**適当でないもの**はどれか。

(1)　点音源から放射された音が球面状に一様に広がる場合，音源からの距離が2倍になると音圧レベルは約6 dB低下する。

(2)　NC曲線で示される音圧レベルの許容値は，周波数が低いほど大きい。

(3)　マスキング効果は，マスクする音の周波数がマスクされる音の周波数に近いほど大きい。

(4)　音速は，一定の圧力のもとでは，空気の温度が高いほど遅くなる。　《R4-A10》

2

音に関する記述のうち，**適当でないもの**はどれか。

(1)　同じ音圧レベルの2つの音を合成すると，音圧レベルは約3 dB大きくなる。

(2)　人の可聴範囲は，周波数では概ね20～20,000 Hzであるが，同じ音圧レベルの音であっても3,000～4,000 Hz付近の音が最も大きく聞こえる。

(3)　NC曲線で示される音圧レベルの許容値は，周波数が高いほど大きい。

(4)　点音源から放射された音が球面状に一様に広がる場合，音源からの距離が2倍になると音圧レベルは約6 dB低下する。　《R2-A10》

3

音に関する記述のうち，**適当でないもの**はどれか。

(1)　ロックウールやグラスウールは，一般的に，中・高周波数域よりも低周波数域の音をよく吸収する。

(2)　音速は，一定の圧力のもとでは，空気の温度が高いほど速くなる。

(3)　音の強さとは，音の進行方向に垂直な平面内の単位面積を単位時間に通過する音のエネルギー量をいう。

(4)　NC曲線で示される音圧レベルの許容値は，周波数が低いほど大きい。　《基本問題》

4

音に関する記述のうち，**適当でないもの**はどれか。

(1)　ロックウールやグラスウールは，一般に，低周波数域よりも中・高周波数域の音をよく吸収する。

(2)　音圧レベル50 dBの音を2つ合成すると，53 dBになる。

(3)　音の大きさは，その音と同じ大きさに聞こえる1,000 Hzの純音の音圧レベルの数値で表す。

(4)　NC曲線の音圧レベル許容値は，周波数が高いほど大きい。　《基本問題》

▶解説

1　(4)　空気中の音速は，0℃（摂氏0度）かつ1気圧の場合，毎秒331.5メートルである。空気中の音速は温度の影響を受け，温度が上がると音速はわずかに速くなる。摂氏1度上がるごとに毎秒0.6メートルずつ増す。したがって，適当でない。

2　(3)　**NC曲線の音圧レベル許容値**は，周波数が低いほど大きい。したがって，適当でない。

3　(1)　**ロックウールやグラスウール**は，中・高音域での吸収率が大きい。したがって，適当でない。

4　(4)　**NC曲線の音圧レベル許容値**は，周波数が高いほど小さい。したがって，適当でない。

ワンポイントアドバイス　1・4・1　音に関する用語

(1)　**音速**　大気中では約340 m/s（15℃）である。温度が高いほど速くなる。

(2)　**可聴範囲**　周波数では20～20,000 Hz，音圧レベルでは0～130 dBである。

(3)　**音の物理量**

①　**音の強さ** I　音の進行方向に垂直な平面内の単位面積を単位時間に通過する音のエネルギー量［W/m^2］である。

②　**音圧** P　音圧は空気の粗密による圧力の大小である。単位は［N/m^2］であるが，一般に物理量として音圧レベル（SIL［dB］）を使う。

(4)　**音の大きさ**　音の大きさは，同じ大きさに聞こえる周波数が1,000 Hzの純音の音圧レベル（dB）の数値で表し，単位にphonを用い，ラウドネスレベルと呼ぶ。音の大きさは，人間の耳に感じる音の感覚量で，周波数によって耳の感度が異なるので，よく聞こえる音と聞こえにくい音がある。大きい音では耳の感度は平坦であるが，小さい音では低音域と高音域が1,000 Hz付近の中音域に比べて感度が低下し，大きな音圧でないと同等に聞こえない。

(5)　**遮音・吸音・減衰**

①　**遮音**　透過損失［dB］は，壁など物体の質量が大きく，すき間が少ないほど，また，周波数が高いほど大きくなり，遮音効果がある。

②　**吸音**　吸音率は音が反射しない割合をいい，一般に低音・低周波の音が処理しにくい。

吸音材には，材料の内部の空気を振動させて，摩擦などによって音のエネルギーを熱に変え，低音域での吸音率は小さいが，中・高音域での吸音率は大きいグラスウール，ロックウールなどの多孔性のものがある。また，200～300 Hzの低音域での吸音率が大きい合板・プラスチック板などの板振動によるもの，共鳴作用によって音のエネルギーを吸収し，共鳴周波数以外の音に対して吸音率が小さい孔あき合板・孔あきせっこうボードなどがある。

③　**減衰**　点音源からの離隔距離による音の強さの減衰である。

音源からの距離が2倍になると，音のエネルギーは1/4になるので，音圧レベルは約6 dB低下する。

(6)　**騒音**

①　**マスキング効果**　周波数が近いほどマスキング効果は大きい。

②　**騒音計**　A特性，C特性及び平坦特性があり，通常A特性を用いる。

(7)　**振動**　基礎の固有振動数は，防振装置のばね定数に比例する。ばね常数の小さな防振材料は，固有振動数・振動伝達率を小さくできる。

(8)　**残響**　音源が停止してから平均音圧レベルが60 dB下がるのに要する時間をその室の残響時間という。

(9)　**NC曲線**　騒音を分析し，周波数別に音圧レベルの許容値を示したもので，騒音の評価として使用されている。

NC曲線の音圧レベル許容値は，周波数が低いほど大きい。

(10)　**音の合成**　音圧レベルの等しい2つの音を合成すると，音圧レベルは約3 dB大きくなる。

●1・4・2　金属材料の腐食

5

□
□
□

金属材料の腐食に関する記述のうち，**適当でないもの**はどれか。

(1)　異種金属接触腐食とは，貴な金属と卑な金属が水中等で接触することにより，卑な金属が腐食することをいう。

(2)　開放系配管における炭素鋼の腐食速度は，水温の上昇とともに増加し80℃あたりを境に減少する。

(3)　炭素鋼は，管内流速が速くなると腐食速度は減少するが，金属表面の不動態化が促進される流速域だけは腐食速度が増加する。

(4)　すきま腐食とは，配管のフランジ接合部等のわずかなすきま部において酸素濃淡電池を構成し腐食を起こすことをいう。

《R5-A10》

6

□
□
□

腐食に関する記述のうち，**適当でないもの**はどれか。

(1)　選択腐食は，合金成分中のある種の成分のみが溶解する現象であり，黄銅製バルブ弁棒で生じる場合がある。

(2)　かい食は，比較的速い流れの箇所で局部的に起こる現象で，銅管の曲がり部で生じる場合がある。

(3)　異種金属接触腐食は，貴な金属と卑な金属を組み合わせた場合に生じる電極電位差により，卑な金属が局部的に腐食する現象である。

(4)　マクロセル腐食は，アノードとカソードが分離して生じる電位差により，陰極部分が腐食する現象である。

《R3-A10》

7

□
□
□

金属材料の腐食に関する記述のうち，**適当でないもの**はどれか。

(1)　異種金属の接触腐食は，貴な金属と卑な金属を水中で組み合わせた場合，それぞれの電極電位差によって卑な金属が腐食する現象である。

(2)　水中における炭素鋼の腐食は，pH4以下では，ほとんど起こらない。

(3)　溶存酸素の供給が多い開放系配管における配管用炭素鋼鋼管の腐食速度は，水温の上昇とともに80℃位までは増加する。

(4)　配管用炭素鋼鋼管の腐食速度は，管内流速が速くなると増加するが，ある流速域では表面の不動態化が促進され腐食速度が減少する。

《R1-A10》

〈p.36の解答〉 **正解**　**1**(4)，**2**(3)，**3**(1)，**4**(4)

▶解説

5　(3)　炭素鋼は，管内流速と腐食速度は一律ではない。金属表面が不動態化すると腐食速度は減少する。したがって，適当でない。

6　(4)　**マクロセル腐食**は，**アノード（陽極）**と**カソード（陰極）**との電位差により**アノード（陽極）**部分が腐食する現象である。**カソード（陰極）**は腐食はしなく健全である。したがって，適当でない。

7　(2)　水中における炭素鋼の腐食は，pH4 以下では，酸化第一鉄の不動態皮膜が溶解して増大する。したがって，適当でない。

ワンポイントアドバイス　1・4・2　金属材料・炭素鋼の腐食に関して

(1)　金属材料の腐食に関する一般的な事項や用語を理解する。

①　**イオン化傾向**　建築設備などで使用される金属では，イオン化傾向［小］→［大］の順に並べた一般的なイオン化列は次のようになる。

ステンレス・銅などの**イオン化傾向の小さい金属**は腐食しにくい。金属が水に接した時，金属は水側に金属イオンが溶出し，金属側に電子が残ることをイオン化という。

ステンレス鋼→銅→青銅→鉛→炭素鋼→亜鉛

②　**異種金属接触腐食（ガルバニック腐食）**　鋼管と青銅弁など電位差の異なる金属の接触により，電位差が生じイオン化傾向大の金属が腐食する。

③　**局部電池腐食**　水に接している金属表面に電位差が生じて，局部電池が形成され，電位の低い卑な陽極部（アノード）が腐食する。孔食など。

④　**流速による影響**　速度による影響は一律ではなく，酸素の供給具合により，腐食の促進，腐食の減少（不動態皮膜生成の促進），過大流速による**エロージョン（潰食）**の発生もある。また，溶液の状態などにも影響を受ける。

(2)　炭素鋼の腐食に関する一般的な事項や用語を理解する。

①　**温度の影響**　腐食速度は，開放系システムでは 80℃ 程度までは温度が高くなるほどが増大する。それ以上では溶存酸素の放出により減少する。

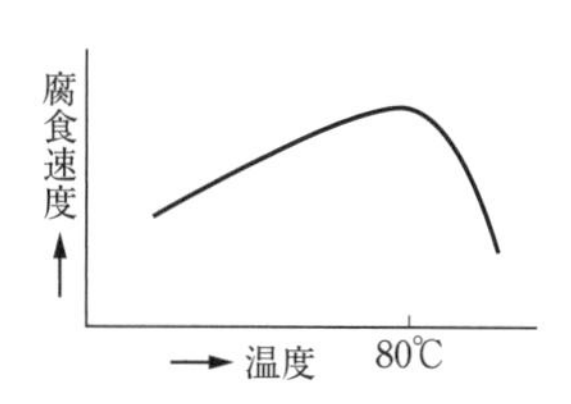

開放系配管の鋼管における水温による腐食の影響

②　**マクロセル腐食**　土中埋設の鋼管が，建物貫通部の鉄筋，ポンプやつり金具・支持金具などを通して接触した状態になり，電池を形成する。

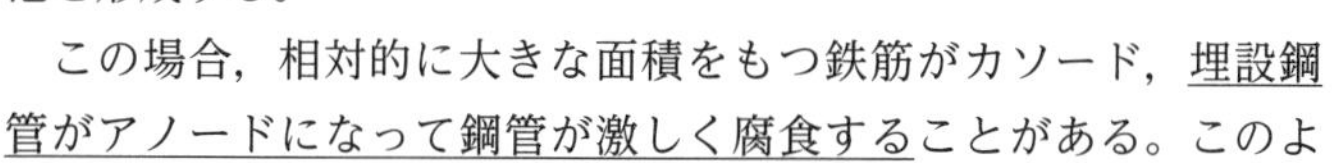
この場合，相対的に大きな面積をもつ鉄筋がカソード，埋設鋼管がアノードになって鋼管が激しく腐食することがある。このようなアノードとカソードが分離して大規模な腐食電池を形成した腐食をマクロセル腐食という。

③　**電食**　直流電気軌道の近くに地中埋設された鋼管などに，軌条（レール）などから地中に漏れ出た電流が流入し，変電所近くなどで電流が鋼管から再び流出することがあり，流出部（アノード（陽極部））に激しい腐食を起こすことがある。これを電食（迷走電流による腐食）という。

④　**溝状腐食**　電縫鋼管では，電縫部に溝状の腐食を生じることがある。

⑤　**蒸気還水管の腐食**　還水管は凝縮水が酸性になりやすく，腐食しやすい。

⑥　コンクリート中の鉄は，土に埋設された鉄より腐食しにくい。

(3)　ステンレス鋼の腐食に関する一般的な事項や用語を理解する。

①　**応力腐食割れ**　オーステナイト系ステンレス鋼や黄銅などで，引張り残留応力と水中の塩素イオン（濃度 30 mg/L 以上）の影響により発生しやすい。

②　**粒界腐食**　溶接部などで，結晶粒界付近に発生しやすい。

③　**水槽の腐食**　水槽内の気相部などに水の蒸発により塩素イオン濃度が高くなり，その影響（濃縮）で鋼表面の不動態皮膜が破壊され，孔食が発生する場合がある。

(4)　銅管・銅合金の腐食に関する一般的な事項や用語を理解する。

①　**孔食**　酸化皮膜が局部的に破壊し，針孔状の腐食が発生する。

②　**エロージョン・コロージョン（潰食）**　エルボなど曲がり部で流速の影響で発生する。

〈p.38 の解答〉**正解**　**5** (3)，**6** (4)，**7** (2)

第２章
電気設備

過去の出題傾向

- 電気設備は，必須問題が毎年２問出題されている。
- 例年，各設問はある程度限られた範囲（項目）から繰り返しの出題となっているので，過去問題から傾向を把握しておくこと。令和５年度は，用語の説明が新たに出題された。令和６年度は，これらを含め，出題が予想される項目について重点的に学習しておくとよい。

●過去5年間の出題内容と出題箇所●

出題内容・出題数 ＼ 年度（和暦）	令和					計
	5	4	3	2	1	
2・1　低圧屋内配線工事	1	2	1	1	1	6
2・2　三相誘導電動機	1		1	1	1	4

●出題傾向分析●

令和5年度は，新たに電気設備の「用語」が出題されたので，電圧区分，単相・三相，接地工事，電動機の始動方式，電線路，トップランナーモータ，電動機の保護装置，インバータなどの用語について理解しておく。

2・1　低圧屋内配線工事

① **厨房内のボンド線省略，200V金属管のD種接地，漏電遮断器の設置条件・省略条件，CDのコンクリート埋設，合成樹脂製可とう管（PF管）内の電線の接続，合成樹脂製可とう管（PF管）の相互接続，合成樹脂製可とう電線の色，金属製BOXの接地，金属管相互接続，400V金属管の接地，低圧屋内配線工事の施設条件（金属管工事，合成樹脂管工事，金属可とう電線管工事，金属線ぴ工事，ケーブルラック）**などについて理解しておく。

2・2　三相誘導電動機

① **スターデルタ始動方式**の**始動電流・トルク**，トップランナーモータと始動電流，**全電圧直入始動方式の始動電流，インバータと発熱・騒音・高調波**などについて理解しておく。

② 三相誘導電動機の保護では，**過負荷と欠相保護，過負荷回路，スターデルタ始動方式と過負荷・欠相保護継電器，全電圧始動方式と過負荷・欠相・反相保護継電器**などについて理解しておく。

③ 三相誘導電動機の電気設備工事では，**制御盤から電動機までの配線種類，スターデルタ始動方式の電動機までの電線本数，電動機の保護回路，インバータ装置**などについて理解しておく。

④ **インバータ制御**では，**出力周波数と出力電圧，電圧波形のひずみ，始動電流，三相かご形誘導電動機**などについて理解しておく。

低圧屋内配線の施設場所による工事の種類

施設場所の区分		使用電圧の区分	工事の種類								
			がいし引き工事	合成樹脂管工事	金属管工事	金属可とう電線管工事	金属線び工事	金属ダクト工事	バスダクト工事	ケーブル工事	フロアダクト工事
展開した場所	乾燥した場所	300 V 以下	○	○	○	○	○	○	○	○	
		300 V 超過	○	○	○	○		○	○	○	
	湿気の多い場所または水気のある場所	300 V 以下	○	○	○	○			○	○	
		300 V 超過	○	○	○	○				○	
点検できる隠蔽場所	乾燥した場所	300 V 以下	○	○	○	○	○	○	○	○	
		300 V 超過	○	○	○	○		○	○	○	
	湿気の多い場所または水気のある場所	—	○	○	○	○				○	
点検できない隠蔽場所	乾燥した場所	300 V 以下		○	○	○				○	○
		300 V 超過		○	○	○				○	
	湿気の多い場所または水気のある場所	—		○	○	○				○	

（備考）○は，使用できることを示す。

2・1　低圧屋内配線工事

1

電気設備工事に関する記述のうち，**適当でないもの**はどれか。

(1)　金属管工事における三相3線式回路の電線は，1回路の電線全部を同一の金属管内に収める。

(2)　CD管（合成樹脂製可とう電線管）は，一般的に，直接コンクリートに埋め込んで施設する。

(3)　電線の接続は，管内で行わず，プルボックス等の内部で行う。

(4)　PF管（合成樹脂製可とう電線管）相互の接続は，直接接続とする。

《R5-A11》

2

電気設備において，「用語」とその「用語の説明」の組合せのうち，**適当でないもの**はどれか。

	（用語）	（用語の説明）
(1)	圧低（電圧の区分）	交流では600 V以下，直流では750 V以下
(2)	単相3線式	3本の電線で標準電圧100 Vと200 Vを使用できる電気方式
(3)	D種接地工事	300 Vを超える電路に施設する接地抵抗値10 Ω以下の接地工事
(4)	スターデルタ始動方式	始動時の電流及び電動機トルクが全電圧始動に対して$\frac{1}{3}$になる始動方式

《R4-A11》

3

低圧屋内配線工事に関する記述のうち，**適当でないもの**はどれか。

(1)　同一電線管に多数の電線を収納すると許容電流は増加する。

(2)　同一ボックス内に圧低の電線と弱電流電線を収納する場合は，直接接触しないように隔壁を設ける。

(3)　電動機端子箱への電源接続部には，金属製可とう電線管を使用する。

(4)　回路の遮断によって公共の安全に支障が生じる回路には，漏電遮断器に代えて漏電警報器を設けることができる。

《R4-A12》

4

電気設備工事に関する記述のうち，**適当でないもの**はどれか。

(1)　使用電圧100 V回路の金属製ボックスには，D種接地工事を施す。

(2)　使用電圧100 Vの屋外機器への分岐回路には，漏電遮断器を使用する。

(3)　高低差のあるケーブルラックに敷設するケーブルは，ケーブルラックの子げたに固定する。

(4)　低圧電路の電線相互間の熱絶縁抵抗は，使用電圧が高いほど低い値とする。

《R3-A11》

▶解説

1　(4)　PF管相互の接続は，直接接続してはならない。専用のカップリングで接続する。したがって，適当でない。

2　(3)　D種接地工事は，300 V以下の電路で，接地抵抗値は，100 Ω以下である。300 Vを超える電路には，C種接地工事が必要で，接地抵抗値は，10 Ω以下である。したがって，適当でない。

3　(1)　同一金属管内に収める電線は，10本未満にすること。10本以上入れると電線による温度上昇が大きくなり，電線の許容電流が低下し，電力の損失も大きく，電圧降下も増大する。したがって，適当でない。

4　(4)　**低圧電路の電線相互間**は，電磁的平衡を保つように同一の金属管内に納める必要がある。熱絶縁抵抗は関係しない。したがって，適当でない。

ワンポイントアドバイス　金属管工事・合成樹脂管工事・接地工事・絶縁電線

(1)　**金属管工事**　金属管工事の交流回路では，電磁的平衡を保つため，単相2回線ではその2線を，単相3線式及び三相3線式回路ではその3線を，三相4線式ではその4線を同一管内に収める。なお，金属管相互及び金属管とボックスの間には，ボンディング（接地）を施し，電気的に接続する。

(2)　**合成樹脂管工事**　**CD管**（合成樹脂製可とう電線管）はオレンジ色であるため，PF管（合成樹脂製可とう管）と判別できるため，ポリエチレン・ポリプロピレン・塩化ビニルなどを主材とした波付管で，自己消火性がないので直接コンクリートに埋め込んで施設する。コンクリート埋設以外は，専用の不燃性または自消性のある難燃性の管またはダクトに収めて施設する。なお，自己消火性がある**PF管**は，コンクリート施設以外に天井内等にも直接施設できる。すなわち，CD管は，天井内に直接転がして施設できない。

また，CD管及びPF管内で，電線の接続点を設けてはならない。

(3)　**接地工事**　300 V以下の金属管の接地工事は，**D種接地工事**を施す。なお，400 Vの接地工事はC種とする。電路に施設する機械器具の鉄台及び金属製BOXの接地工事を行う。厨房は施設場所の区分で「湿気の多い場所または水気のある場所」なので省略できない。一方，電路に施設する機械器具の鉄台及び金属ボックスの接地工事は，次の表の区分ごとに各種接地工事を施す。ただし，水気のある場所以外に施設される電動機に漏電遮断器を設ける場合などは，省略することができる。

接地工事の種類

接地工事の種類	接地抵抗値	機械器具の適用区分
C種接地工事	10 Ω以下	300 Vを超える低圧用機械器具の鉄台，金属製外箱
D種接地工事	100 Ω以下	300 V以下の低圧用機械器具の鉄台，金属製外箱

(4)　**絶縁電線**　金属管や合成樹脂製可とう電線管等の内に収める電線は，IV電線（600 Vビニル絶縁電線）やVVFケーブル（600 Vビニル絶縁ビニルシースケーブル）等の絶縁電線とする。

(5)　**電気設備の用語**　電圧の区分（低圧・高圧），単相・三相，接地工事の種類，電動機の始動方式（スターデルタ始動方式，全電圧始動方式），進相用コンデンサ，トップランナーモータ保護装置などの用語を理解する（管工事施工管理技士　要点テキスト参照）。

2・2　三相誘導電動機

1

三相誘導電動機に関する記述のうち，**適当でないもの**はどれか。

(1)　インバータ制御は高調波が発生するため，フィルタ等の高調波対策が必要である。

(2)　直入れ始動方式では，一般的に，始動電流は定格電流の2倍程度となる。

(3)　出力が0.2 kW以下の場合は，過負荷保護装置を設けなくてもよい。

(4)　三相の電線のうちいずれかの1線を入れ替えると，回転方向が逆向きになる。

《R5-A12》

2

三相誘導電動機の電気設備工事に関する記述のうち，**適当でないもの**はどれか。

(1)　制御盤から電動機までの配線は，CVケーブル又はEM-CEケーブルで接続する。

(2)　制御盤からスターデルタ始動方式の電動機までの配線は，4本の電線で接続する。

(3)　電動機の保護回路には，過負荷及び欠相を保護できる継電器を使用する。

(4)　インバータ装置は，商用周波数から任意の周波数に変換して，電動機を可変速運転する。

《R3-A12》

3

低圧の三相電動機の保護回路に関する記述のうち，**適当でないもの**はどれか。

(1)　過負荷及び欠相を保護する回路に，保護継電器と電磁接触器を組み合わせて使用する。

(2)　配線用遮断器と電磁開閉器を組み合わせた回路において，過負荷に対して，電磁開閉器より配線用遮断器が先に動作するように設定する。

(3)　スターデルタ始動の冷却水ポンプの回路に，過負荷・欠相保護継電器（2Eリレー）を使用する。

(4)　全電圧始動（直入始動）の水中モーターポンプの回路に，過負荷・欠相・反相保護継電器（3Eリレー）を使用する。

《R2-A12》

▶解説

1　(2)　直入れ始動方式は，始動電流が定格電流の2倍程度ではなく，5～8倍と大きい。したがって，適当でない。

〈p.44の解答〉 **正解**　**1**(4), **2**(3), **3**(1), **4**(4)

2 (2)　制御盤からスターデルタ始動方式の電動機までの配線は，3本の電線で接続する。したがって，適当でない。

---

3 (2)　電磁開閉器は，電磁接触器と過負荷継電器の組み合わせで，電動機の過負荷保護を行う。配線用遮断器は，過電流負荷に対して動作する。そのため，過負荷に対しては，電磁開閉器が先に動作するように設定する。したがって，適当でない。

ワンポイントアドバイス　三相かご形誘導電動機，インバータ制御の特徴

(1)　**三相かご形誘導電動機の特性**

①　誘導電動機の回転数・同期速度は，電源周波数に比例し極数に反比例する。

三相誘導電動機の同期速度は，電動機の極数に反比例し，電源の周波数に比例する。

同期速度　$No=\dfrac{120f}{P}$　　P：極数　　f：電源周波数

②　トップランナーモータは，銅損低減のため抵抗を低くしている場合があり，標準モータに比べ，始動電流が大きくなる傾向がある。

(2)　**三相かご形誘導電動機の始動方法**

①　**全電圧直入れ始動方式**は，始動電流が定格電流の5～8倍と大きく，電源容量が小さい場合，始動電流のために電源の電圧降下が増大して，同一電源系につながる他の負荷の機器に支障をきたす。一般に小容量機器に採用される。200 V級で5.5 kW未満の範囲で使用される。

②　**スターデルタ始動方式**は，電動機の固定子巻線の各端子を始動時にはスター結線に接続することにより，巻線電圧を$1/\sqrt{3}$に減圧し，始動電流を1/3に低減して始動し，定格回転数に近づいたとき，デルタ結線の接続に切り替えて正常運転に入る方式で，200 V級で11～37 kW程度の中容量機器に採用される。この方式では，始動電流及び始動トルクは，直入始動の約1/3となる。コストは，比較的安価である。

(3)　**インバータ制御方式**　　インバータ制御方式は，次に示す特徴がある。

①　誘導電動機では，適正なトルクを得るために，周波数を変えると同時に電圧も比例して変化させる。この方式では，速度を連続的に変えることができるので，常に最適の速度を選択できる。

(4)　**インバータ制御の特徴**

長所

①　三相かご形誘導電動機を使用することができる。

②　インバータにより電圧と周波数を変化させて，速度を制御する。

③　速度を連続的に制御できるため，負荷に応じた最適の速度を選択することができる。

④　直入れ始動方式よりも始動電流を小さくできるため，電源設備容量が小さくなる。

短所

①　高調波が発生するため，フィルタなどによる高調波除去対策が必要である。

②　定圧波形にひずみを含むため．インバータを用いない運転よりも電動機の温度が高くなる。

③　高調波が発生して，進相コンデンサ等が焼損することがある。

④　正弦波パルス幅変調制御（PWM制御）の低速運転時に騒音が顕著になる傾向があり，振動にも注意が必要である。

〈p.46 の解答〉 **正解** **1**(2), **2**(2), **3**(2)

第3章
建築工事

過去の出題傾向

- 建築工事は，毎年2問出題される。
- 例年，各設問はある程度限られた範囲（項目）から繰り返しの出題となっているので，過去問題から傾向を把握しておくこと。令和5年度は大きな出題傾向の変化はなかったので，令和6年度に出題が予想される項目について重点的に学習しておくとよい。

●過去5年間の出題内容と出題箇所●

出題内容・出題数 ＼ 年度（和暦）		令和 5	4	3	2	1	計
3・1　建築工事	1. コンクリート工事			1			1
	2. 鉄筋コンクリートの性状	1	1			2	4
	3. 鉄筋コンクリートの梁貫通孔	1			1		2
	4. 曲げモーメント図			1	1		2
	5. 建築材料		1				1

●出題傾向分析●

3・1　建築工事

① コンクリート工事では，中性化，ワーカビリティー，スランプ試験，スランプ値，水セメント比，単位セメント量とひび割れの関係，単位水量，コールドジョイント，ジャンカ，打込み方法，ひび割れ誘発目地，型枠の取り外し時期などについて理解しておく。

② 鉄筋コンクリートの性状では，鉄筋のかぶり厚さ（捨てコンクリート厚さは含まず・土に接する部分または接しない部分），定着長さ，構造部材に生じる応力，鉄筋用語（スパイラル筋，あばら筋，帯筋），スペーサー，耐震壁などについて理解しておく。

③ 鉄筋コンクリートの梁貫通処理の決まりごと（孔のたて位置，孔が並列する場合のその中心間隔，孔の横位置，孔の径，補強筋，幅止め筋など）を理解しておく。

④ 曲げモーメント図では，単純梁に作用する曲げモーメント図と反力の計算方法を理解しておく。

⑤ 建築材料では，強化ガラス，複層ガラス，合わせガラス，石こうボード，ロックウールやグラスウール等の多孔質材料を理解しておく。過去10年間で1回だけ出題されている。

メモ

3・1　建築工事

●3・1・1　コンクリート工事

1

コンクリートの性状に関する記述のうち，**適当でないもの**はどれか。

(1)　コンクリートの中性化とは，一般的に，コンクリート表面で接する空気中の酸素の作用により，アルカリ性を失っていく現象をいう。

(2)　水セメント比が小さく密実なコンクリートほど中性化の進行は遅くなる。

(3)　コンクリート打込み時に生じるコールドジョイントは，構造上の欠陥となりやすい。

(4)　スランプ値は，コンクリートのワーカビリティーを評価する指標の1つである。

《R3-A13》

2

コンクリートの調合，試験に関する記述のうち，**適当でないもの**はどれか。

(1)　スランプ試験は，コンクリートの流動性と材料分離に対する抵抗性の程度を測定する試験である。

(2)　スランプが大きいと，コンクリートの打設効率が低下し，充填不足を生じることがある。

(3)　単位セメント量を少なくすると，水和熱及び乾燥収縮によるひび割れを防止することができる。

(4)　単位水量が多く，スランプの大きいコンクリートほど，コンクリート強度は低くなる。

《基本問題》

3

コンクリートに関する記述のうち，**適当でないもの**はどれか。

(1)　水セメント比とは，セメントペースト中のセメントに対する水の質量百分率をいう。

(2)　単位水量とは，フレッシュコンクリート1 m^{3}に含まれる水量をいう。

(3)　水セメント比は，施工に支障をきたさない範囲で大きいことが望ましい。

(4)　単位水量を大きくすると，コンクリートの流動性が増す。　《基本問題》

4

コンクリート工事に関する記述のうち，**適当でないもの**はどれか。

(1)　打込み時に，スランプ値が所定の値より低下した場合は，水を加えてワーカビリティーをよくする。

(2)　打込みは，コンクリートの骨材が分離しないように，できる限り低い位置から打ち込む。

(3)　打込みは，1か所に多量に打ち込んでバイブレータなどにより横流しをしてはならない。

(4)　コールドジョイントの発生を少なくするには，先に打ち込まれたコンクリートが固まる前に，次のコンクリートを打ち込んで一体化する。　《基本問題》

▶解説

1　(1)　コンクリートの**中性化**とは，初期のコンクリートは pH12 強のアルカリ性であるため，鉄筋に対して防せいの効果があるが，日時の経過とともに空気中の水蒸気や二酸化炭素の作用を受けて，表面から徐々にアルカリ性をなくしていく現象をいう。したがって，適当でない。

間違いやすい選択肢▶(2)水セメント比が小さく密実なコンクリートほど中性化の進行は遅くなる。

2　(2)　**スランプ値**とは，スランプ試験において，コンリートの中央部の下がり〔χ cm〕を測定してこれをいう。すなわち，スランプ値が大きいとは，単位水量が多く，付着強度が低下し，乾燥収縮によるひび割れが増加する。すなわち，スランプ値が小さいと，コンクリートの打設効率が低下し，充填不足を生じることがある。したがって，適当でない。

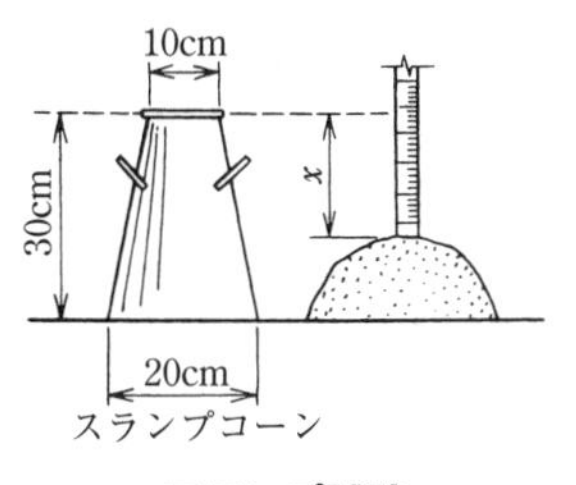

スランプ試験

間違いやすい選択肢▶(3)単位セメント量を少なくすると，水和熱及び乾燥収縮によるひび割れを防止することができる。

3　(3)　**水セメント比**とは，セメントペースト中のセメントに対する水の質量百分率［W（水の質量)/C（セメントの質量)］で，この値が小さいほど密実なコンクリートとなり，コンクリートの中性化（大気中の二酸化炭素がコンクリート内に侵入し，炭酸化反応を引き起こすことにより，本来アルカリ性である細孔溶液の pH を下げる現象）の劣化要因である二酸化炭素の浸入を抑える効果があるので，中性化が遅くなる。すなわち，水セメント比は施工に支障をきたさない範囲で小さいことが望まれる。したがって，適当でない。

間違いやすい選択肢▶(1)水セメント比とは，セメントペースト中のセメントに対する水の質量百分率をいう。

4　(1)　コンクリートと所要スランプとの差が大きい場合，または分離して流動性が乏しく打ち込みにくい場合は，調合の調整，運搬方法の改善等を行う。流動性をよくするために，現場で勝手にコンクリートに水を加えて柔らかくする（これを「**加水**」という）ことは絶対にしてはならない。したがって，適当でない。

間違いやすい選択肢▶(4)**コールドジョイント**の発生を少なくするには，先に打ち込まれたコンクリートが固まる前に，次のコンクリートを打ち込んで一体化する。

●3・1・2　鉄筋コンクリートの性状

5

鉄筋コンクリート造の建築物に関する記述のうち，**適当でないもの**はどれか。

(1)　柱の鉄筋のかぶり厚さは，主筋の外側からコンクリートの表面までの最短距離をいう。

(2)　耐震壁は，地震に対して有効であり，バランスよく配置しなければならない。

(3)　コンクリート壁の特定の箇所に，ひび割れを集中させるために設ける目地を，ひび割れ誘発目地という。

(4)　鉄筋とコンクリートは，常温では線膨張係数がほぼ等しい。

《R5-A13》

6

鉄筋に対するコンクリートのかぶり厚さに関する記述のうち，**適当でないもの**はどれか。

(1)　スペーサーは，鉄筋のかぶり厚さを保つためのものである。

(2)　基礎の鉄筋のかぶり厚さは，捨てコンクリート部分を含めた厚さとする。

(3)　かぶり厚さの確保には，火災時に鉄筋の強度低下を抑える効果がある。

(4)　床スラブの最小かぶり厚さは，土に接する部分より土に接しない部分の方が小さい。

《R4-A13》

7

鉄筋コンクリート構造の建築物の鉄筋に関する記述のうち，**適当でないもの**はどれか。

(1)　柱，梁の鉄筋のかぶり厚さとは，コンクリート表面から最も外部側に位置する帯筋，あばら筋等の表面までの最短距離をいう。

(2)　耐力壁の鉄筋のかぶり厚さは，柱，梁のかぶり厚さと同じ厚さとする。

(3)　基礎の鉄筋のかぶり厚さは，捨てコンクリート部分を含めた厚さとする。

(4)　鉄筋の定着長さは，鉄筋径により異なる。

《R1-A13》

8

鉄筋コンクリート構造の建築物に関する記述のうち，**適当でないもの**はどれか。

(1)　構造部材に生じる応力は，軸方向応力，曲げモーメントの２種類である。

(2)　単位水量が多いほど，乾燥収縮によるひび割れが発生しやすい。

(3)　躯体を打設するコンクリートは，設計基準強度を割り増した強度とする。

(4)　水セメント比を小さくすると，コンクリートの耐久性は高くなる。

《R1-A14》

〈p.52 の解答〉 **正解**　**1** (1)，**2** (2)，**3** (3)，**4** (1)

▶解説

5　(1)　コンクリートの中性化を防ぎ鉄筋の腐食を防止するために，鉄筋の最小かぶり厚さを確保する必要があるが，柱の鉄筋のかぶり厚さは，コンクリート表面から最も外部側に位置する帯筋（フープ筋）の表面までの最短距離をいう。したがって，適当でない。

鉄筋に対するコンクリートのかぶり厚さ　〔単位：mm〕

構造部分の種類				すべてのコンクリート
土に接しない部分	床板，耐内壁以外の壁	仕上げあり		20
		仕上げなし		30
	柱 梁 耐力壁	屋　内	仕上げあり	30
			仕上げなし	30
		屋　外	仕上げあり	30
			仕上げなし	40
	擁　　壁			40
土に接する部分	柱，　梁，　床板，　壁			*40
	基礎，擁壁，耐圧床板			*60
煙突など高熱を受ける部分				60

*　捨てコンクリートや仕上げのモルタル等の厚さは含まない。

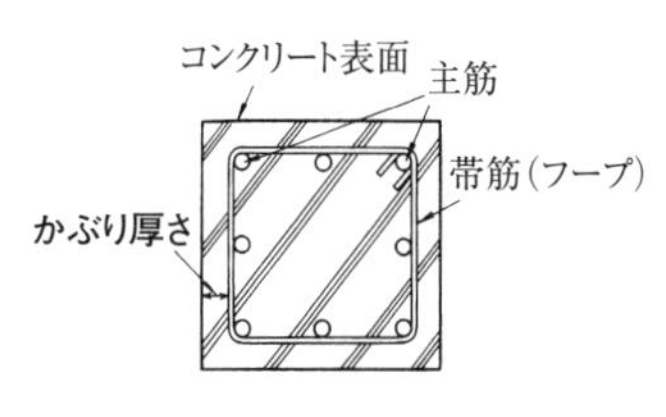

柱断面

間違いやすい選択肢▶ (2) 耐震壁は，建物の耐震性を強化するために設置される壁（主要構造体である柱，梁を地震動から守るため，自身が壊れることで地震エネルギーを吸収させる）であり，バランスよく配置しなくてはならない。

6　(2)　コンクリートの中性化を防ぎ鉄筋の腐食を防止するために，鉄筋の最小かぶり厚さを確保する必要があるが，捨てコンクリートや仕上げのモルタル等の厚さは含まない。したがって，基礎の鉄筋のかぶり厚さは，捨てコンクリート部分を含めない厚さとする。したがって，適当でない。

間違いやすい選択肢▶ (4) 床スラブの最小かぶり厚さは，土に接する部分より土に接しない部分の方が小さい。

7　(3)　鉄筋に対するコンクリートのかぶり厚さは，耐力壁以外の壁又は床にあっては 2 cm 以上，耐力壁，柱又は梁にあっては 3 cm 以上，直接土に接する壁，柱，床若しくは梁又は布基礎の立上り部分にあっては 4 cm 以上，基礎（布基礎の立上り部分を除く。）にあっては捨コンクリートの部分を除いて 6 cm 以上としなければならない（令第七十九条）。したがって，適当でない。

間違いやすい選択肢▶ (2) 耐力壁の鉄筋のかぶり厚さは，柱，梁のかぶり厚さと同じ厚さとする。

8　(1)　構造部材に生じる応力は，軸方向応力，曲げモーメント及びせん断力の 3 種類である。したがって，適当でない。

間違いやすい選択肢▶ (4) 水セメント比を小さくすると，コンクリートの耐久性は高くなる。

●3・1・3　鉄筋コンクリートの梁貫通孔

9

鉄筋コンクリート造の梁に関する記述のうち，**適当でないもの**はどれか。

(1)　同じ大きさの二つの梁貫通孔の中心間隔は，梁貫通孔の径の3倍以上とする。

(2)　梁貫通孔の径の大きさは，梁せいの1/2以下とする。

(3)　梁の側面のせき板は，コンクリートの圧縮強度がPN/mm2以上で取り外すことができる。

(4)　梁の幅止め筋は，コンクリート打設時にあばら筋（スターラップ）のはらみを防止する。

《R5-A14》

10

鉄筋コンクリート造の壁の開口補強及び梁貫通孔に関する記述のうち，**適当でないもの**はどれか。

(1)　壁の開口補強には，鉄筋に代えて溶接金網を使用することができる。

(2)　小さな壁開口が密集している場合，その全体を大きな開口とみなして開口補強を行うことができる。

(3)　梁貫通孔の径の大きさは，梁せいの1/3以下とする。

(4)　2つの大きさの異なる梁貫通孔の中心間隔は，梁貫通孔の径の平均値の2倍以上とする。

《R2-A13》

11

鉄筋コンクリートの梁貫通孔に関する記述のうち，**適当でないもの**はどれか。

(1)　梁貫通孔は，梁のせん断強度の低下を生じさせる。

(2)　梁貫通孔の外面は，一般に，柱面から梁せいの1.5倍以上離す。

(3)　梁貫通孔を設ける場合は，梁の上下の主筋の量を増やさなければならない。

(4)　梁貫通孔の径が，150 mm以上の場合は，補強筋を必要とする。

《基本問題》

▶解説

9　(2)　**梁貫通孔**の径の大きさは，梁せいの1/3以下とする（機械設備工事監理指針）。したがって，適当でない。

梁貫通孔の決まりごとは，次の通りである。

〈p.54の解答〉 **正解**　**5**(1)，**6**(2)，**7**(3)，**8**(1)

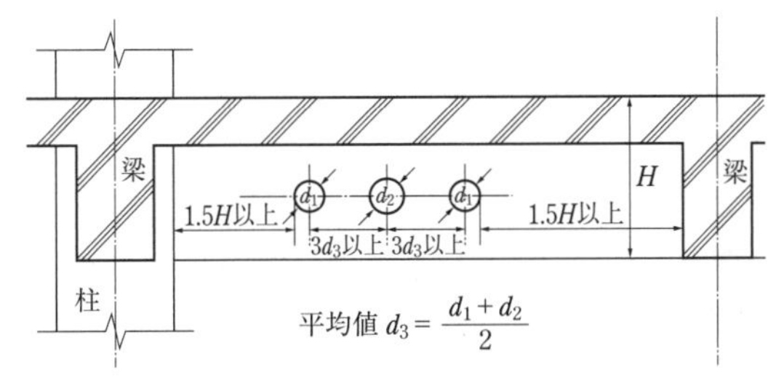

梁の貫通孔の位置と大きさ

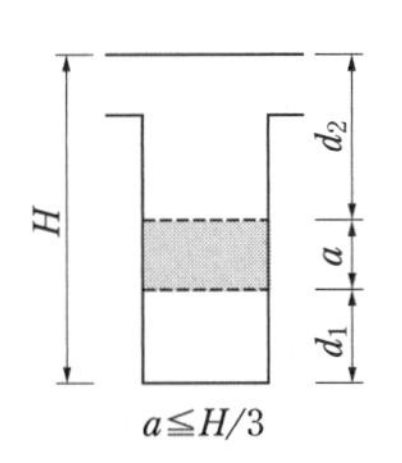

梁の貫通孔の上下方向の位置

① 孔のたて位置：梁せいの中心付近とし，次の寸法による。

$500 \leqq H < 700$　　d_1，$d_2 \geqq 175$

$700 \leqq H < 900$　　d_1，$d_2 \geqq 200$

$900 \leqq H$　　d_1，$d_2 \geqq 250$

H：梁せい　d_1：梁下端から貫通孔下端までの距離

d_2：スラブ面から貫通孔上端までの距離

② 孔が並列する場合：その中心間隔は，孔の径の平均値の3倍以上とする。

③ 孔の横位置：せん断力の大きくかかる梁端部（柱の面から1.5 *H* 以上離す。）を避け，スパンの1/4の付近からスパンの中央部が好ましい。

④ 孔の径：梁貫通孔の径が梁せいの1/10以下，かつ150 mm未満の場合，補強筋は必要としない。

間違いやすい選択肢▶ (3) 梁の側面のせき板(型枠)は，コンクリートがその自重及び施工中に加わる荷重を受けるのに必要な強度(5 N/mm²)に達するまで取り外してはならない。

型枠を取り外してよい時期のコンクリートの圧縮強度の参考値は以下の通りである。

部材の例	コンクリート圧縮強度（N/mm²）
フーチング側面	3.5
柱，壁，はりの側面	5
スラブ，はりの底面，アーチの内面	14

10 (4) **梁貫通孔**が並列する場合は，その中心間隔は孔の径の平均径の3倍以上とする（機械設備工事監理指針）。したがって，適当でない。

間違いやすい選択肢▶ (3) 梁貫通孔の径の大きさは，梁せいの1/3以下とする。

11 (3) 梁貫通孔を設ける場合にあって，梁貫通孔の径が150 mm以上の場合は，梁貫通孔周りの補強方法として，一般には梁貫通孔周りに補強筋を施す。スリーブ入れで，梁の上下の主筋の量を増やす等構造変更に係わる規定は，確認申請を出しなおさなくてはならなく，あり得ない。したがって，適当でない。

補強筋の例（ウエブレン筋）

間違いやすい選択肢▶ (4) 梁貫通孔の径が，150 mm以上の場合は，補強筋を必要とする。

●3・1・4　曲げモーメント図

12

下図のように単純梁に集中荷重 P_1 及び P_2 が作用したとき，支点Aの鉛直方向の反力の値として，**適当なもの**はどれか。

(1)　3 kN　　(2)　4 kN

(3)　5 kN　　(4)　6 kN

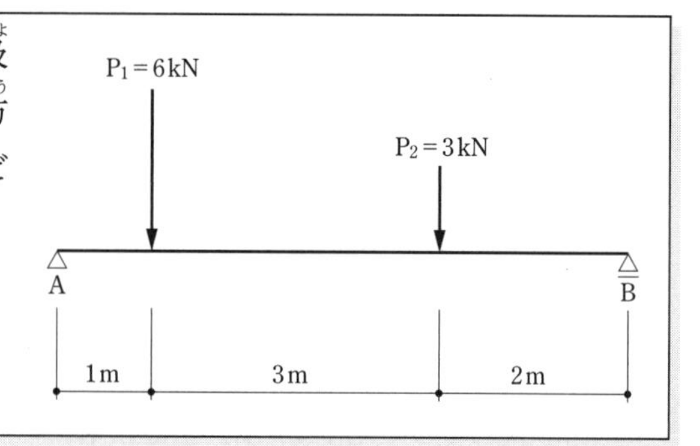

《R3-A14》

13

図に示す単純梁の2点に集中荷重Pが作用する場合の曲げモーメント図として，**適当なもの**はどれか。

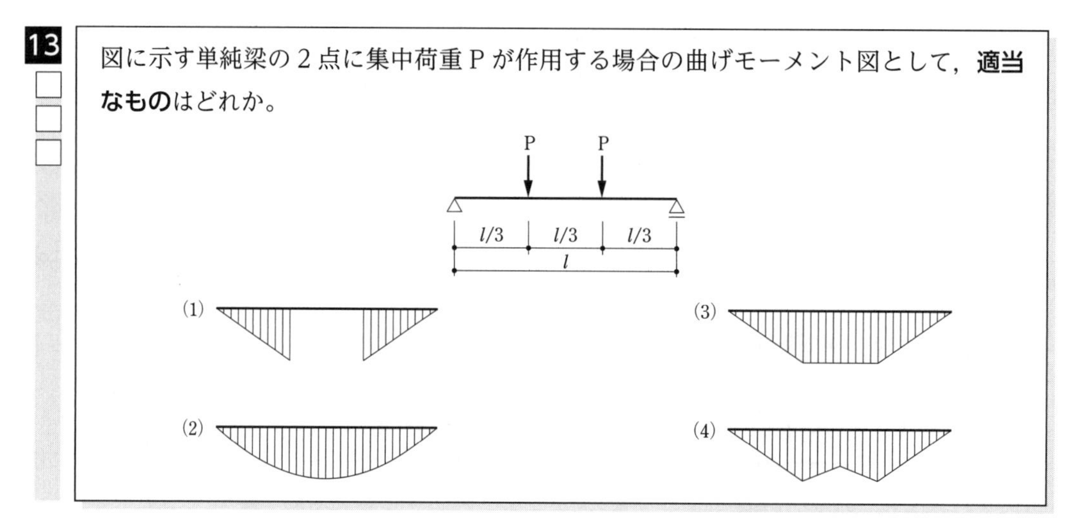

《R2-A14》

▶解説

12 (4) 単純梁に荷重が作用すると，支点に反力が生じ，これが移動しないで静止しているときは，荷重と反力がつり合っているはずである。

今，支点 B を中心に回転させようとする力の総和 $\Sigma M_B=0$ より，垂直方向の反力 V_A を求める（時計回りのモーメントを＋とする）。

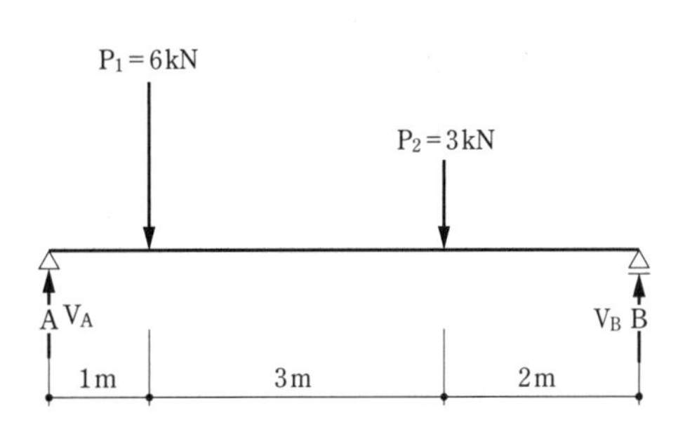

$$\Sigma M_B=-P_1\times5\,\text{m}-P_2\times2\,\text{m}+V_A\times6\,\text{m}=0$$

$$V_A=(6\,\text{kN}\times5\,\text{m}+3\,\text{kN}\times2\,\text{m})/6\,\text{m}$$

$$V_A=6\,\text{kN}$$

したがって，(4) が適当である。

間違いやすい選択肢▶ (1) $P_1-P_2=3$ kN と計算ミスするので注意すること。

13 (3) ピン構造の単純梁の中央に集中荷重が作用するときの曲げモーメント図は，2 点の場合も集中荷重の位置では折れ点となり，支点から荷重のかかる箇所まで直線となる。また，3 等分の位置にそれぞれ等荷重が加わっているので同じ曲げモーメントとなり，2 点間は直線で結んだ曲げモーメント図となる。したがって，(3) が適当である。

間違いやすい選択肢▶ (1) 2 点間のモーメントは「0」と勘違いするので注意すること。

ワンポイントアドバイス　3・1・4 曲げモーメント図

(1) 反力と曲げモーメント

梁の支持条件と荷重条件から，曲げモーメント図を判読し覚える。モーメント図には，次に示す約束事があるので覚える。

①集中荷重の位置は，折れ点（尖る）となる。
②分布荷重のかかる部分は，曲線となる。
③荷重のないところは直線となる。
④ピン・ローラーの接点は，曲げモーメントは 0 となる。
⑤固定端は，曲げモーメントを引き上げる（加重の方向が上向きならば引き下げる）。

⑵　**配筋図**

曲げモーメントが生じる部分に，鉄筋を配筋する。

Type	荷重図	曲げモーメント図	配筋図
片持ち　先端集中荷重	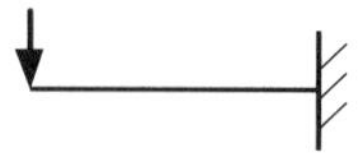	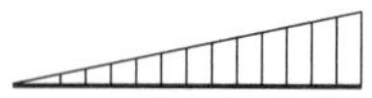	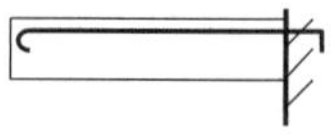
片持ち　等分布荷重	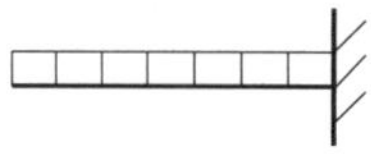	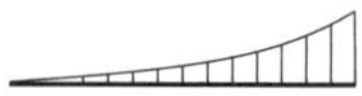	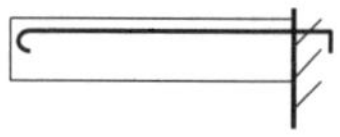
単純　中心集中荷重	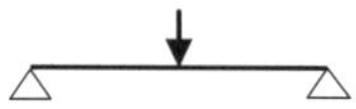	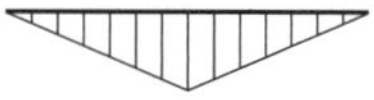	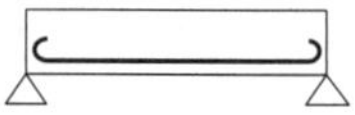
単純　等分布荷重	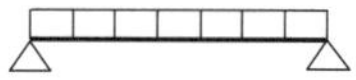	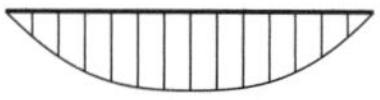	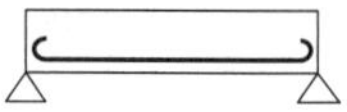
ピン－固定　中心集中荷重	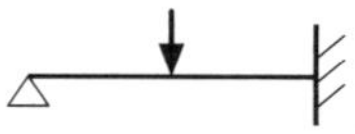	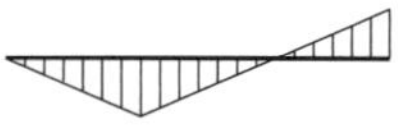	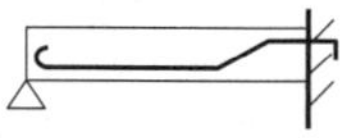
ピン－固定　等分布荷重	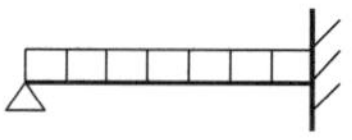	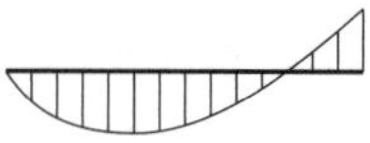	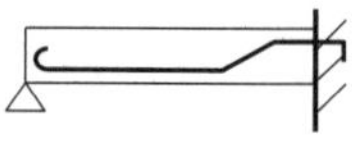
両端固定　中心集中荷重		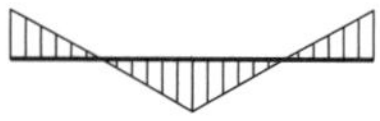	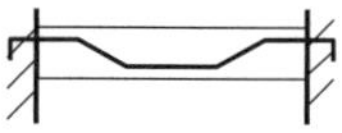
両端固定　等分布荷重	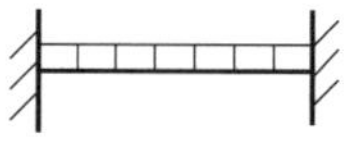	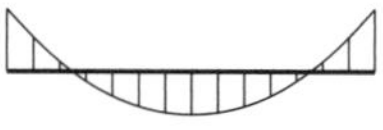	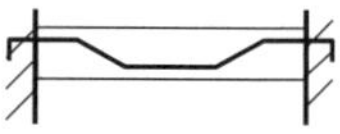
両端固定　ラーメン構造	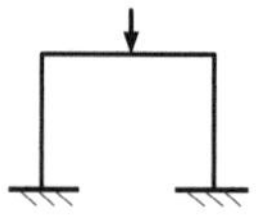	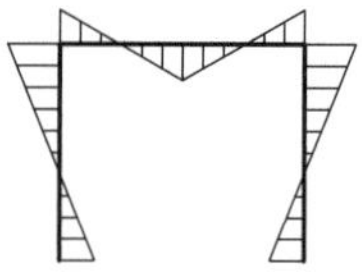	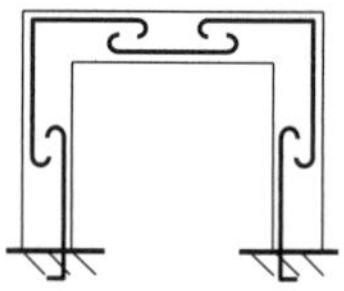
	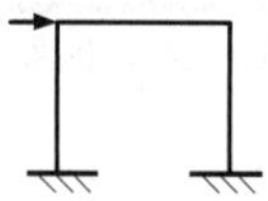	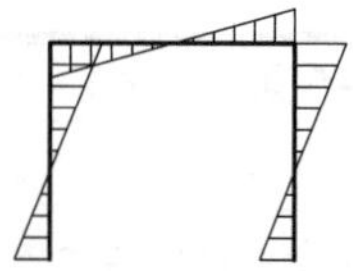	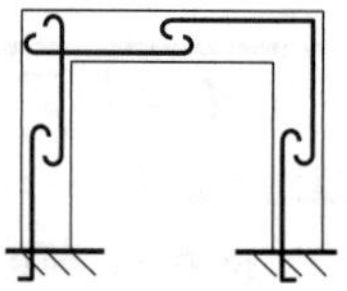

荷重図と曲げモーメント図・配筋図

〈p.58 の解答〉 **正解**　**12**(4)，**13**(3)

●3・1・5　建築材料

14

建築材料(けんちくざいりょう)に関(かん)する記述(きじゅつ)のうち，**適当(てきとう)でないもの**はどれか。

(1)　強化(きょうか)ガラスは，割(わ)れても破片(はへん)が細(こま)かい粒状(つぶじょう)になるため安全性(あんぜんせい)が高(たか)い。

(2)　複層(ふくそう)ガラスは，ガラスとガラスの間(あいだ)に特殊(とくしゅ)フィルムをはさみ，加熱圧着(かねつあっちゃく)したガラスである。

(3)　石(せっ)こうボードは，火災時(かさいじ)に石(せっ)こうに含(ふく)まれる結晶水(けっしょうすい)が失(うしな)われるまでの間(あいだ)，温度(おんど)上昇(じょうしょう)を抑制(よくせい)するため，耐火性(たいかせい)に優(すぐ)れている。

(4)　ロックウールやグラスウール等(とう)の多孔質材料(たこうしつざいりょう)は，一般的(いっぱんてき)に，周波数(しゅうはすう)が高(たか)い音域(おんいき)に対(たい)する吸音効果(きゅうおんこうか)に優(すぐ)れている。　《R4-A14》

▶解説

14　(2)　ガラスとガラスの間に特殊フィルムをはさみ，加熱圧着したガラスは，合わせガラスである。一方，複層ガラスは，2～3枚の板ガラスをスペーサーで一定間隔に保ち，その周囲を封着剤で密閉し，内部に乾燥空気を満たしたガラスで，断熱・遮音効果が大きい。したがって，適当でない。

間違いやすい選択肢▶ (3)石こうボードは，火災時に石こうに含まれる結晶水が失われるまでの間，温度上昇を抑制するため，耐火性に優れている。

ワンポイントアドバイス　3・1・2　コンクリート工事

①　**コールドジョイント**　コンクリートの打込み中に，先に打ち込まれたコンクリートが固まり，後から打ち込んだコンクリートと十分に一体化できない打継目であり，構造物の強度を低下させる。外部からの有害物質を侵入しやすくし，構造物の機能を損う欠陥部となる。

コールドジョイントの例

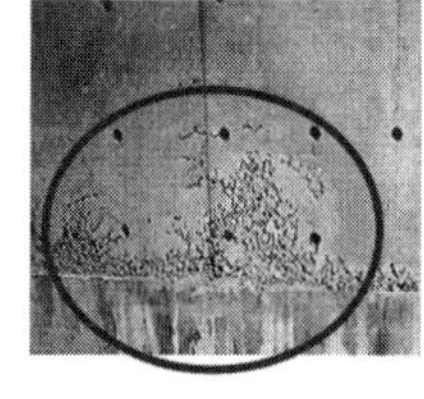

ジャンカの例

②　**ジャンカ**　打設したコンクリートの骨材とモルタルが分離し，1か所に骨材の集中，もしくは，締固めの不足により，空隙の多い欠陥部分が生じた状態をいう。図中の丸で囲った部分がジャンカになっている。鉄筋の腐食の原因になりやすい。

〈p.61の解答〉 **正解** **14**(2)

第4章
空気調和・換気設備

過去の出題傾向

- 給排水衛生設備に関する設問が12問，空気調和換気設備に関する設問が11問出題され，合計23問より12問を選択する（余分に解答すると減点される）。
- 例年，各設問はある程度限られた範囲（項目）から繰り返しの出題となっているので，過去問題から傾向を把握しておくこと。令和5年度も大きな出題傾向の変化はなかったので，令和6年度に出題が予想される項目について重点的に学習しておくとよい。

●過去5年間の出題内容と出題箇所●

出題内容・出題数	年度（和暦）	令和					計
		5	4	3	2	1	
4・1　空気調和設備	1. 空調建築計画	1		1	1		3
	2. 熱負荷	1	1	1	1	1	5
	3. 空気線図		1	1	1	1	4
	4. 空調方式	2	2	1	1	1	7
	5. 自動制御	1	1	1	1	1	5
4・2　熱源設備	1. 地域冷暖房			1		1	2
	2. ヒートポンプ	1		1		2	4
	3. コージェネレーションシステム	1	1		1		3
	4. 蓄熱システム		1		1		2
4・3　換気設備	1. 換気方式		1	1	1	1	4
	2. 換気計算	2	1	1	1	1	6
4・4　排煙設備	1. 排煙方式	2	2	1	2	2	9
	2. 排煙計算			1			1

●出題傾向分析●

4・1　空気調和設備

①　空気調和設備に関わる問題は毎年11問出題されている。出題のタイプは過去問題と同じといえるため**令和5年度も過去の問題をよく理解**すれば正解を導くことができる。

②　空調に関わる建築計画は過去5年で3問出題されている。建築平面形状と熱負荷，建築の方角と日射の影響，開口部と外気の関わり，窓の省エネルギー対策，空調室と非空調室の配置など建築計画と空調熱負荷の関係をよく理解しておく。

③　熱負荷については，過去5年で5問出題されている。最大熱負荷計算における壁などの通過熱負荷，ガラス窓からの透過日射熱負荷，外気熱負荷，人員熱負荷，機器からの熱負荷等の各項目に関する知識を理解しておく。

④　空気線図の問題は，令和5年度は出題されていないが過去5年で4問出題されている。中央式空調設備の冷暖房設計に関わる空調機（エアハンドリングユニット）内における空気の状態変化に関する問題であるため，乾球温度，湿球温度，相対湿度，絶対湿度，比エンタルピー，露点温度，顕熱比に関する知識を理解しておく。

⑤　空調方式は，過去5年で7問出題されている。令和4年度は省エネルギーや熱負荷対策に焦点が当たっているが，代表的な中央式空調設備である定風量単一ダクト方式，変風量単一ダクト方式，ダクト併用ファンコイルユニット方式の出題が多いため，その特徴をよく理解しておく。

⑥　自動制御に関する問題は，過去5年で5問出題されている。冷却塔制御，加湿器制御，外気取入れ制御，搬送機器（ポンプ，ファン）制御，温湿度制御など中央式空調設備におけ

る熱源廻りと空調機（エアハンドリングユニット）廻りの制御，VAV ユニットの制御が主な対象である。

4・2　熱源設備

① 熱源設備に関わる問題は，毎年 2～3 問出題されている。出題のタイプは過去問題と同じであるが地域冷暖房設備，空気熱源ヒートポンプ設備，コージェネレーションシステム，蓄熱システム，冷凍サイクルが主に出題される。令和 5 年度も過去の問題をよく理解すれば正解を導くことができる。

② 地域冷暖房設備については，過去 5 年で 2 問出題されている。人件費や環境性能などの社会的利点，排熱回収などの省エネルギー性能，熱源機の性能，床面積の有効利用による建築計画上の利点などを理解しておく。

③ ヒートポンプ設備については，過去 5 年で 4 問出題されている。近年中小規模建築の空調システムにおいては主流となっていることから十分な理解が必要である。出題内容としては，冷凍サイクルにおける仕組みや運用と外気との関係による成績係数（COP），モジュール型の運転制御や法令冷凍トンの算定などである。

④ コージェネレーションシステムについては，過去 5 年で 3 問出題されている。出題内容としては，電力系統の知識，発電効率・熱効率などからの経済性，発電機の種類や性能などを理解しておく。

⑤ 蓄熱システムについては，過去 5 年で 2 問出題されている。蓄熱容量と熱源機器の運用による省エネルギー性や経済性，搬送動力，水蓄熱と氷蓄熱の特徴などを理解しておく。

4・3　換気設備

① 換気設備に関わる問題は，毎年 2 問出題されている。出題のタイプは過去問題と同じであるが，換気方式や法律上の文章問題と，換気風量の計算に分けられる。

② 文章問題の換気方式については，過去 5 年で 4 問出題されている。換気システム，「建築基準法」「駐車場法」「建築物における衛生的環境の確保に関する法律」における換気に関わる関係法令からくる必要となる換気設備や換気量を理解しておく。

③ 計算問題については，過去 5 年で 6 問出題されている。在室人員に必要な換気量，エレベーターや電気室における発熱処理に対する機械換気設備の換気量の計算方法を理解しておく。

4・4　排煙設備

① 排煙設備に関わる問題は，毎年 2 問出題されている。出題のタイプは過去問題と同じであるが，排煙方式や法律上の文章問題と，排煙風量の計算に分けられる。

② 文章問題については，過去 5 年で 9 問出題されている。防煙区画，自然排煙口，機械排煙による排煙口の配置や性能，排煙ダクト・防火ダンパー，排煙機やその予備電源について理解しておく。

③ 計算問題については，過去 5 年で 1 問出題されている。出題の図における建築物の機械排煙設備における各防煙区画と排煙機の必要最小風量の計算方法を理解しておく。

4・1　空気調和設備

●4・1・1　空調建築計画

1

建築計画に関する記述のうち，夏期の省エネルギーの観点から，**適当でないもの**はどれか。

(1)　建物の平面形状が長方形の場合，長辺が東西面となるように計画する。
(2)　外壁面積に対する窓面積の比率を小さくする。
(3)　外壁の色は，日射吸収率の小さい白色系とする。
(4)　外壁の塗装には，太陽光の赤外線を反射し，建物の温度上昇の抑制に効果のある塗料を使用する。

《R5-A15》

2

建築計画に関する記述のうち，省エネルギーの観点から，**適当でないもの**はどれか。

(1)　建物の出入口には，風除室を設ける。
(2)　東西面の窓面積を極力減らす建築計画とする。
(3)　窓には，ダブルスキン，エアフローウィンドウ等を用いる。
(4)　非空調室は，建物の外周部より，なるべく内側に配置する。

《R3-A15》

3

空調システムの省エネルギーに効果がある建築的手法の記述のうち，**適当でないもの**はどれか。

(1)　建物の平面形状をなるべく正方形に近づける。
(2)　建物の外周の東西面に，非空調室を配置する。
(3)　外壁面積に対する窓面積の比率を小さくする。
(4)　窓ガラスは，日射熱取得に係る遮へい係数の大きいものを計画する。

《基本問題》

▶解説

1　(1)　建築の平面計画で東西面を長辺とした場合においては，特に窓が有る場合には，太陽高度が低い朝夕に直達日射が建物内に侵入し，熱負荷が大きくなる傾向がある。また，建築物の平面形状における省エネルギー性は，容積に対する表面積の割合が大きいほど低いため。長辺の短辺に対する比率を大きくすると，空調システムの省エネルギーに効果が低い。したがって，適当でない。

2　(4)　非空調室は，外界からの熱的な緩衝空間となり，外部からの熱の影響を緩和できるため建物の熱負荷を軽減できる。したがって，適当でない。

3　(4)　窓ガラスの日射熱取得に係る遮へい係数とは，日射が透過する率を表し，値が小さいほど日射の透過が少ない。したがって，適当でない。

間違いやすい選択肢▶「遮へい」という言葉が使われるため，大きいほど遮へい効果があると錯覚する場合があるので注意が必要。

$$\text{遮へい係数}=\frac{\text{任意のガラスの法線入射時日射取得}}{\text{標準ガラス（透明 3 mm）の法線入射時日射取得}}$$

ワンポイントアドバイス　4・1・1　空調建築計画

① 床面積に対し外壁部の面積を小さくする計画が省エネルギー効果がある。
② 建物の熱負荷において，日射の影響が大きいため，日射量の大きい時間帯の外壁部の面積や，窓面積，窓ガラスの遮へい性能に留意する。
③ 空調室，非空調室のレイアウトによって建物の熱負荷への影響が変わる。
④ 外気は熱負荷が大きいため，外気が侵入し難い建築計画が省エネルギーに繋がる。

●4・1・2　熱負荷

4

□□□

熱負荷に関する記述のうち，**適当でないもの**はどれか。

(1)　実効温度差は，地域，方位，時刻だけではなく壁体の断面構成によっても異なる。

(2)　サッシからの隙間風負荷は，室内を正圧に保つことができる場合は見込まなくてよい。

(3)　熱伝導率は，物質に固有な物性値であり，その単位は W/(m・K) である。

(4)　熱通過率は，壁体の構造が同じであれば，その表面における気流の速度には影響されない。

《R5-A18》

5

□□□

冷房負荷計算に関する記述のうち，**適当でないもの**はどれか。

(1)　窓ガラスからの負荷は，室内外の温度差による通過熱と，透過する太陽日射熱とに区分して計算する。

(2)　人体からの発生熱量は，室温が下がるほど顕熱が小さくなり，潜熱が大きくなる。

(3)　土間床，地中壁からの通過熱負荷は，一般的に，年間を通じて熱損失側であるため無視する。

(4)　北側のガラス窓からの熱負荷は，日射の影響も考慮する。

《R4-A18》

6

□□□

熱負荷に関する記述のうち，**適当でないもの**はどれか。

(1)　実効温度差は，外壁面全日射量，外壁日射吸収率，外壁表面熱伝達率等の要因により変わる。

(2)　壁体の構造が同じであっても，壁体表面の熱伝達率が大きくなるほど，熱通過率は大きくなる。

(3)　暖房負荷計算では，暖房室が外気に面したドアを有する場合，隙間風負荷を考慮する。

(4)　暖房負荷計算では，外壁の負荷は，一般的に，実効温度差を用いて計算する。

《R3-A18》

空気調和・換気設備

〈p.66 の解答〉 **正解**　**1** (1)，**2** (4)，**3** (4)

▶解説

4 (4) 体感として風が強いときは弱い時に比べて涼しく，或いは寒く感じる。壁体も同じで，その熱通過率は，外表面熱伝達率として扱われ，季節や方位など風の影響を考慮した数字で計算される。したがって，適当でない。

5 (2) 熱は高い所から低い所へ流れるため人体からの発生熱量は，室温が下がるほど顕熱は大きくなる。潜熱は，皮膚の湿り度と環境の相対湿度に影響を受ける。したがって，適当でない。

6 (4) 実効温度差とは日射の影響を考慮した室内温度との差であり方位，時間により変化し，外気温度よりも大きくなるため，暖房には有利に働くことから，暖房には室温と冬場の設計外気温度との差を用いる。したがって，適当でない。

ワンポイントアドバイス 4・1・2 熱負荷

① 熱源機器や空調機の選定，空調システムの設計には，最大負荷の計算が不可欠であるため熱負荷についてはよく理解する必要がある。
② 冷房時の外壁熱通過負荷の算定には，外気温度に加え日射や外表面に当たる風の影響があることに留意する。
③ 外界からの熱負荷においては，日射と外気の熱負荷が大きい。
④ 人体から発生する熱負荷についても，運動量や着衣の影響もあるためよく理解する必要がある。

●4・1・3　空気線図

7

下図に示す暖房時の湿り空気線図において，空気調和機の有効加湿量として，**適当なもの**はどれか。ただし，風量は 10,000 m^3/h，空気密度は 1.2 kg/m^3 とする。

(1)　19.2 kg/h
(2)　30.4 kg/h
(3)　43.2 kg/h
(4)　62.4 kg/h

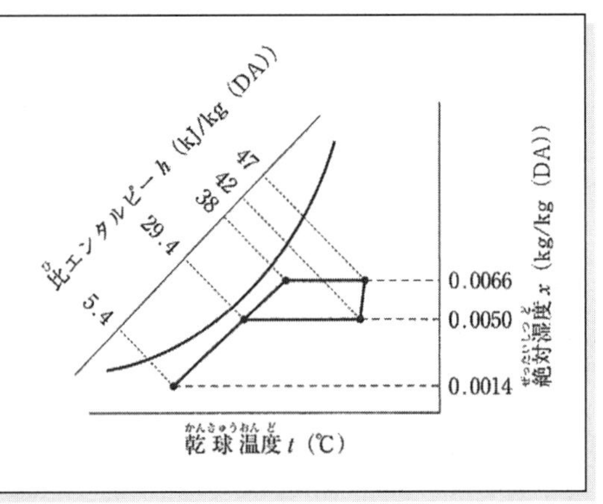

《R4-A17》

8

下図に示す冷房時の湿り空気線図において，空気調和機の外気取入れ量として，**適当なもの**はどれか。
ただし，送風量は 8,000 m^3/h，空気の密度は 1.2 kg/m^3 とする。

(1)　2,400 m^3/h
(2)　3,000 m^3/h
(3)　3,600 m^3/h
(4)　4,000 m^3/h

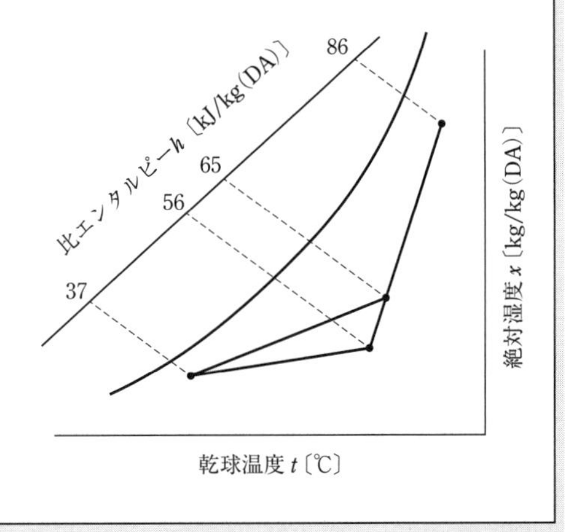

《基本問題》

9

□□□

図に示す定風量単一ダクト方式における湿り空気線図上の冷房プロセスに関する記述のうち，**適当でないもの**はどれか。

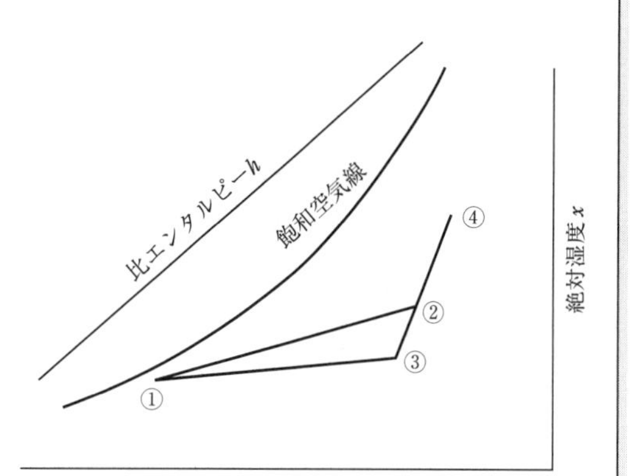

(1)　点②は，コイル入り口の状態点であり，外気量が多くなるほど点②は③に近づく。

(2)　点①は，実用的には相対湿度が90％の線上にとる場合が多い。

(3)　室内冷房負荷の顕熱比が小さくなるほど，直線①—③の勾配は大きくなる。

(4)　室内負荷は，点①と点③の比エンタルピー差と送風量から求めることができる。

《基本問題》

▶解説

7　(1)　加湿前と加湿後の絶対湿度の差は

0.0066[kg/kg(DA)]－0.0050[kg/kg(DA)]＝0.0016[kg/kg(DA)]

風量は

10,000[m^3/h]×1.2[kg/m^3]＝12,000[kg/h]

加湿量は

12,000[kg/h]×0.0016[kg/kg(DA)]＝19.2[kg/h]

したがって，(1)が適当なものである。

8　(1)　外気の比エンタルピーは86[kJ/kg(DA)]

室内の比エンタルピーは56[kJ/kg(DA)]

冷却コイル入口の比エンタルピーは65[kJ/kg(DA)]

空調機の送風量が8,000[m^3/h]であり，それぞれの比エンタルピーの比率から

空気調和機の外気取入れ量＝8,000[m^3/h]×(65－56)/(86－56)＝2,400[m^3/h]

したがって，(1)が適当なものである。

9　(1)　冷房時における図上の①は冷却コイル出口，③は室内からの還り空気，②は③と④の混合空気であるが，④は外気の状態を示す。よって，外気量が増えれば④に近づく。

したがって，(1)が適当でない。

ワンポイントアドバイス　4・1・3　空気線図

①　暖房時の加湿前の加熱は絶対湿度が一定であり，空気線図上乾球温度が水平に上がる。

②　冷房時の冷却は，冷却コイルで結露が発生し相対湿度が90～95％になり，絶対湿度が低くなる（装置露点温度）ことによりコイル通過空気が除湿される。

③　コイル前の外気，還気の混合空気の比エンタルピーは，その風量の混合割合による。

④　顕熱比とは，顕熱を全熱（顕熱＋潜熱）で除したものであり，顕熱分が大きければ空気線図上では水平に近づく。

●4・1・4　空調方式

10

空気調和計画において，「空気調和系統の区分」と「ゾーニング」の組合せとして，**適当でないもの**はどれか。

［空気調和系統の区分］	［ゾーニング］
(1)　ペリメーターゾーン系統とインテリアゾーン系統	空気清浄度別
(2)　一般事務室系統と会議室系統	使用時間別
(3)　一般事務室系統とサーバー室系統	温湿度条件別
(4)　一般事務室系統と食堂系統	負荷傾向別

《R5-A17》

11

省エネルギーに効果がある空調計画に関する記述のうち，**適当でないもの**はどれか。

(1)　熱源の台数制御は，熱源を適切な容量，台数に分割することで，低負荷時に熱源機器の運転効率を良くする。

(2)　蓄熱方式による空調システムは，省エネルギーが図れるが，熱源容量は非蓄熱方式より大きくなる。

(3)　変流量方式における流量制御には，インバーターによるポンプの回転数制御とポンプの台数制御がある。

(4)　全熱交換器は，建物からの排気と導入外気を熱交換させるもので，導入外気の温湿度を室内空気の温湿度に近づけることができる。

《R4-A15》

12

空気調和方式に関する記述のうち，**適当でないもの**はどれか。

(1)　ペリメーター空気処理方式は，コールドドラフトの防止に有効である。

(2)　変風量単一ダクト方式は，定風量単一ダクト方式に比べて搬送動力を節減できる。

(3)　ファンコイルユニット・ダクト併用方式は，一般的に，全空気方式に比べて搬送動力が小さい。

(4)　床吹出し方式は，天井吹出し方式に比べて暖房運転時の居住域における垂直温度差が大きい。

《R1-A16》

〈p.70～p.71の解答〉 **正解**　**7**(1)，**8**(1)，**9**(1)

▶解説

10　(1)　ペリメーターゾーンとは建物の外周部を示し日射や外部からの熱通過の影響を，受けやすい。インテリアゾーンとは内部を示し人体や照明，機器からの排熱などの影響を受けやすい。従って熱負荷の特性が異なり，清浄度とは直接関係が無い。したがって，適当でない。

11　(2)　蓄熱方式による空調システムは，夜間など低負荷時に熱源機器を稼働させ空調用の熱を蓄熱槽に蓄え，昼の熱負荷が大きいときにその熱を使いピークカット，ピークシフトを行うことにより省エネルギーを図る。したがって，熱源機器の熱源容量は非蓄熱方式より小さくなる。したがって，適当でない。

12　(4)　天井放射冷房方式は循環した冷水の熱を大きな面積の放射パネルを通じて在室者への伝熱性の良い放射で効率よく伝へ，均一，穏やかで気流を感じない快適な温熱環境を創る。したがって効率的に潜熱負荷を処理するのではなく人体に暑さを抑え発汗を少なくする事により快適な空間となる。したがって，適当でない。

ワンポイントアドバイス　4・1・4　空気調和方式

①　ピークシフトとは，昼間の負荷に対し，夜間，熱源機器を稼働させ，その熱を昼間の空調運転に使うことにより昼間の使用電力量を夜間に移行し，より少なくすることをいう。したがって夜間蓄熱分を昼間利用するため，夜間蓄熱しない場合より昼間の消費電力は少なくなる。また夜間蓄熱した熱を昼間の負荷に対し利用するため，熱源機器の機器容量を夏期最大負荷に合わせずに，より小さい容量の設備で空調が可能となる。

②　ピークカットとは，夜間蓄熱した熱を利用し昼間の電力消費が大きい時間帯に冷熱源機器を停止しても冷房を可能にする方式で，電力消費量が突出する午後の時間帯の消費電力を大幅に削減でき，電力負荷の平準化に大きな効果がある。

③　天井放射冷暖房方式は天井面に伝熱性の高い放射パネルを設置し，冷房時に16℃～18℃，暖房時に32℃～34℃の冷温水を循環させ，在室者へ熱伝達性のよい放射熱で冷暖房を行う。広い天井面による放射冷暖房は，在室者への伝熱効果が高く快適な空間となる。

④　定風量単一ダクト方式は，1つの空調機による温湿度制御を代表的な1点のみで行い，変風量単一ダクト方式は，ゾーニングごとにVAVユニットで熱負荷に対応した風量で温度制御を行う。

⑤　床吹き出し方式は冷房時は冷風，暖房時が温風ということで，居住域の垂直温度差が異なるので，計画には注意が必要である。

⑥　各室に必要とされる室内条件が異なるため，各部屋や空調ゾーンが要求する空気環境を十分考慮して空調システムの計画を行う。

●4・1・5　自動制御

13

空気調和設備における自動制御に関する記述のうち，**適当でないもの**はどれか。

(1)　外気取入れダンパーは，空気調和機の運転開始時に一定時間を閉とする。

(2)　CO_2濃度制御は，CO_2濃度センサーと外気ダンパーにより外気導入量を制御し，室内のCO_2濃度を設定した値にする。

(3)　冷却塔の送風機は，外気温度により二位置制御とする。

(4)　冷凍機の台数制御は，運転時間や運転回数が均等となるようにローテーションを行う。

《R5-A19》

14

変風量単一ダクト方式の自動制御において，制御する機器と検出要素の組合せのうち，**適当でないもの**はどれか。

	（制御する機器）	（検出要素）
(1)	加湿器	還気ダクト内の湿度
(2)	空気調和機の冷温水コイルの制御弁	空気調和機出口空気の温度
(3)	空気調和機のファン	還気ダクト内の静圧
(4)	外気及び排気用電動ダンパー	還気ダクト内の二酸化炭素濃度

《R4-A19》

15

空気調和設備の自動制御及び機器に関する記述のうち，**適当でないもの**はどれか。

(1)　外気導入量の最適化制御は，室内のCO_2濃度が設定値になるようにCO_2濃度センサーにより外気ダンパーの開度を制御することにより行う。

(2)　ダクト挿入型温度検出器は，エルボ，ダンパーの直下流などを避け，偏流が生じない場所に設置する。

(3)　室内型温度検出器は，吹出口からの冷温風，太陽からの放射熱などの影響がない場所に設置する。

(4)　冷却塔のファンは，外気温度により二位置制御する。

《基本問題》

〈p.72の解答〉**正解**　**10**(1)，**11**(2)，**12**(4)

▶解説

13 (3)　冷却塔は冷凍機の冷却水の温度を制御するものである。また冷凍機を中間期，冬期に使用する場合，冷却水温度が冷却水限界温度（遠心冷凍機で15℃前後，吸収式冷凍機で22℃前後）以下に下がらないように，冷却水温度を検出し，冷却塔のファンをON-OFFして冷却水の温度を制御する。したがって，適当でない。

14 (3)　変風量単一ダクト方式の空気調和機のファンは，VAVユニットの風量変化に対応しサプライダクトの静圧を検出し，インバーターによる回転数制御などが行われる場合が多い。したがって，適当でない。

15 (4)　**13**の(3)と同じ理由で適当でない。

間違いやすい選択肢▶冷却塔の制御は，ファンの発停制御であるため外気温度で制御するように感じられるが，冷却水温度を制御するものであり，冷却水の温度を検知して冷却塔のファンの発停をする。

ワンポイントアドバイス　4・1・5　空気調和設備の自動制御

① 自動制御を考える場合は空調システムを理解した上で，制御対象についてどの検出対象を検出し，制御する機器の動作部を制御するか，十分理解する必要がある。

② 外気導入量や排気量の制御の目的は，二酸化炭素濃度などの室内環境，熱負荷が大きい外気導入量の管理，外気冷房の制御などがある。

③ 制御対象は，熱源側の制御と空調機側の制御がある。熱源側の制御は冷却水の温度制御，冷水，温水の流量や温度の制御。空調機側は冷水コイル，温水コイルの温度制御，加湿器の制御などがある。

④ 自動制御においては，検出端からの正確な信号が必要であるため，その設置に十分配慮が必要である。また，設計条件においては求められる制御の精度により，二位置制御，比例制御，微分・積分制御など適正な制御システムの採用が求められる。

4・2　熱源設備

● 4・2・1　地域冷暖房

1

地域冷暖房に関する記述のうち，**適当でないもの**はどれか。

(1)　地域冷暖房の熱需要者側の建物は，床面積の利用率が低くなる。

(2)　地下鉄の排熱，ゴミ焼却熱等の未利用排熱を有効に利用することが可能である。

(3)　建物ごとに熱源機器を設置する必要がないため，火災や騒音のおそれが小さくなる。

(4)　地域冷暖房の社会的な利点には，大気汚染防止効果がある。

《R1-A20》

2

地域冷暖房に関する記述のうち，**適当でないもの**はどれか。

(1)　建物ごとに熱源機器を設置する必要がないため，建物の床面積の利用率がよくなる。

(2)　熱源の集約化により，熱効率の高い機器の採用やエネルギーの有効利用が図れる。

(3)　地域冷暖房の採算面においては，一般的に，地域の熱需要密度は小さい方が有利である。

(4)　熱源の集約化により，各建物に燃焼機器を設置する場合より，ばい煙の管理が容易である。

《基本問題》

3

地域冷暖房に関する記述のうち，**適当でないもの**はどれか。

(1)　地域冷暖房は，熱効率の高い熱源機器の採用が可能となることや，発電設備を併設することによる排熱の利用などにより，エネルギーを有効に利用することができる。

(2)　地域冷暖房の利点は，各建物に熱源機器を個別に設置する必要がなくなるので，需要者の建物床面積の利用率が良くなることがある。

(3)　地域冷暖房は，使用時間帯の同じ需要者が多く，熱負荷の負荷傾向が重なる方が熱源設備の年間平均負荷率が高くなり，効率が良くなる。

(4)　地域冷暖房に熱源を集中化するため，各建物に燃焼機器を設置する場合より，ばい煙の管理が容易である。

《基本問題》

〈p.74 の解答〉 **正解**　**13** (3)，**14** (3)，**15** (4)

▶解説

1 (1) 地域冷暖房においては，各熱需要者側の建物は熱源設備が不要となり，床面積の利用率が高くなる。したがって，適当でない。

2 (3) 地域冷暖房の建設費は，当然，その面積が小さいほうが費用は少ない。また，地域の熱需要密度が小さいということは，熱を販売するする場合，単位面積当たりの熱の販売量が少なく，建設費に対し販売量の比率が少ないということを示しており，その採算性が低いといえる。一般的に，地域の熱需要密度は大きい方が有利である。したがって，適当でない。

3 (3) 使用時間帯の同じ需要者が多く，熱負荷の負荷傾向が重なる場合は熱源機器の容量が大きくなり建設費が高くなる。また，熱需要が小さい場合には熱源機器の利用効率が低くなる。したがって，適当でない。

ワンポイントアドバイス 4・2・1 地域冷暖房

① 地域冷暖房は，熱源設備の一括感管理が可能で，運用管理や環境対策効率を合理化できるメリットがある。

② 地域冷暖房のプラントにおいては，**他の都市のインフラストラクチャー（都市インフラ）**と連携して，地下鉄の排熱，ゴミ焼却熱等の未利用排熱を有効に利用した省エネルギー対策や，エネルギーマネージメントが可能である。

●4・2・2　空気熱源ヒートポンプ

4

☐
☐
☐

ヒートポンプに関する記述のうち，**適当でないもの**はどれか。

(1)　電気式の場合，除霜運転は，一般的に，四方弁を冷房サイクルに切り替えて行う。

(2)　暖房では，圧縮された冷媒が凝縮器で放熱する熱エネルギーを使用する。

(3)　空気熱源では，外気温度が高くなると暖房能力が低下する。

(4)　地下水等の熱を利用する場合の適応条件としては，容易に得られること，量が豊富でその時間的変化が少ないこと等があげられる。

《R5-A21》

5

☐
☐
☐

空気熱源ヒートポンプに関する記述のうち，**適当でないもの**はどれか。

(1)　ヒートポンプでは，外気温度が低くなると暖房能力が低下する。

(2)　ヒートポンプの成績係数は，圧縮仕事の駆動エネルギーが追加されるため，往復動冷凍機の成績係数より高くなる。

(3)　ヒートポンプの除霜運転は，一般的に，四方弁を冷房サイクルに切り替えて行う。

(4)　ヒートポンプでは，外気温度が低くなると蒸発圧力，蒸発温度が高くなる。

《R1-A21》

6

☐
☐
☐

ヒートポンプに関する記述のうち，**適当でないもの**はどれか。

(1)　寒冷地での空気熱源ヒートポンプの使用においては，電気ヒーターなどの補助加熱装置が必要な場合がある。

(2)　ガスエンジンヒートポンプは，一般に，エンジンの排気ガスや冷却水からの排熱を回収するために熱交換器を備えている。

(3)　空気熱源ヒートポンプの冷房サイクルと暖房サイクルの切替えは，一般に，配管回路に設置された四方弁により行う。

(4)　ヒートポンプの採熱源の適応条件は，平均温度が低く温度変化が大きいことが望ましい。

《基本問題》

〈p.76 の解答〉 **正解**　**1** (1)，**2** (3)，**3** (3)

▶解説

4　(3)　ヒートポンプは外気からの熱を室内に移動する仕組みであることから，採熱源である外気温度が高いほうが暖房能力が上がる。したがって，適当でない。

5　(4)　ヒートポンプは，外気からの熱を室内に移動する仕組みであるため，冷媒温度を採熱源である外気よりも低いほど暖房能力が上がる。冷媒は，蒸発圧力が低いほど低温となるため，外気温度が低くなると蒸発圧力，蒸発温度が低くなる。したがって，適当でない。

6　(4)　ヒートポンプは外気からの熱を室内に移動する仕組みであることから，採熱源である外気温度が高いほうが暖房能力が上がる。また，運転制御が安定するためには，外気の温度は安定している方が望ましい。したがって，適当でない。

ワンポイントアドバイス　4・2・2　ヒートポンプ

①　ヒートポンプとは，冷凍サイクルを利用してその名の通り熱をくみ上げ暖房，給湯などに利用る仕組みであるため，冷凍サイクルを十分理解する必要がある。

②　冷房，暖房の切り替えは，冷凍サイクルの回路を四方弁により切り替えて行う。

③　ヒートポンプの運転では室外機側の温度が低くなり霜が付着し運転効率が悪くなることがある。したがって，除霜（デフロスト）運転をする必要があるが，その場合は一時的に霜取りのため屋外機側を暖める必要があり，一般に，四方弁を冷房サイクルに切り替えて行う。

●4・2・3　コージェネレーションシステム

7

コージェネレーションシステムに関する記述のうち，**適当でないもの**はどれか。

(1)　コージェネレーションシステムの発電システムは，所定の条件を満たせば消防法における非常電源として兼用が可能である。

(2)　コージェネレーションシステムは，排熱を高温から低温に向けて順次多段階に活用するカスケード利用を行うように配慮する。

(3)　受電並列運転（系統連系）は，コージェネレーションシステムによる電力と商用電力を接続し，一体的に供給する方式である。

(4)　燃料電池を用いるコージェネレーションシステムは，原動機を用いるコージェネレーションシステムと比べて発電効率が低い。

《R5-A20》

8

コージェネレーションシステムに関する記述のうち，**適当でないもの**はどれか。

(1)　マイクロガスタービン発電機を用いるシステムでは，ボイラー・タービン主任技術者の選任は不要である。

(2)　コージェネレーションシステムは，BCP（事業継続計画）の主要な構成要素の1つである。

(3)　ガスタービン方式は，排ガスボイラーにより蒸気を取り出すことで熱回収が可能である。

(4)　コージェネレーションシステムの総合的な効率は，年間を通じた熱需要には影響されない。

《R4-A20》

9

コージェネレーションシステムに関する記述のうち，**適当でないもの**はどれか。

(1)　受電並列運転（系統連系）は，コージェネレーションシステムによる電力を商用電力と接続し，一体的に電力を供給する方式である。

(2)　燃料電池を用いるシステムは，原動機式と比べて発電効率が高く，騒音や振動が小さい。

(3)　熱機関からの排熱は，高温から低温に向けて順次多段階に活用するように計画する。

(4)　マイクロガスタービン発電機を用いたシステムでは，工事，維持，運用に係る保安の監督を行う者として，ボイラー・タービン主任技術者の選任が必要である。

《R2-A20》

〈p.78の解答〉**正解**　**4**(3)，**5**(4)，**6**(4)

▶解説

7　(4)　原動機による発電効率は23%～45%，燃料電池の場合は35%～65% したがって，適当でない。

8　(4)　電力の需要も熱の需要も年間を通して変化するため，コージェネレーションシステムの総合的な効率も，年間を通じた熱需要に影響される。したがって，適当でない。

9　(4)　マイクロガスタービンの発電量は20 kW～300 kW あるため，ボイラー・タービン主任技術者の選任は不要である。したがって，適当でない。

ワンポイントアドバイス　4・2・3　コージェネレーションシステム

① コージェネレーションシステムとは，発電機の排熱を熱源として利用するものであるため，発電機の性能を理解する必要がある。

② コージェネレーションシステムは建物に電力を供給するが，建物側の電力需要量に変化があるため，電力会社が提供する商用電力との系統連携を行うと安定した運用ができる。また，余剰電力を売電することも可能となる。

③ 発電機からの排熱は高温であるため，熱需要側の必要温度によって温度管理をすると効率的な運用が可能となる。

●4・2・4　蓄熱システム

10

□□□

蓄熱方式に関する記述のうち，**適当でないもの**はどれか。

(1)　二次側配管系を開放回路とした場合，密閉回路に比べてポンプ揚程が増大する。

(2)　氷蓄熱方式は，融解潜熱を利用するため，水蓄熱方式に比べて蓄熱槽の容量が大きくなる。

(3)　蓄熱槽には，建物の二重スラブ内等に水槽を設置する完全混合型，水深の深い水槽を用いる温度成層型等がある。

(4)　熱源機器は，空調負荷の変動に直接追従する必要がなく，効率のよい運転ができる。

《R4-A21》

11

□□□

氷蓄熱に関する記述のうち，**適当でないもの**はどれか。

(1)　冷凍機の冷媒蒸発温度が低いため，冷凍機成績係数（COP）が低くなる。

(2)　氷蓄熱方式は，氷の融解潜熱を利用するため，水蓄熱方式に比べて蓄熱槽容量を小さくできる。

(3)　氷蓄熱方式は，冷水温度を低くできるため，水蓄熱方式に比べて搬送動力を小さくできる。

(4)　ダイナミック方式は，スタティック方式に比べて冷凍機成績係数（COP）が低くなる。

《基本問題》

12

□□□

蓄熱槽を利用した熱源方式に関する記述のうち，**適当でないもの**はどれか。

(1)　蓄熱槽を利用した熱源方式は，ピークカットによる熱源機器容量の低減が図れる。

(2)　氷蓄熱方式は，氷の融解潜熱を利用するため，水蓄熱方式に比べて蓄熱槽容量を小さくできる。

(3)　氷蓄熱方式は，水蓄熱方式に比べて低い冷水温度で利用できるため，ファンコイルユニットの吹出口などの結露に留意する必要がある。

(4)　氷蓄熱方式は，水蓄熱方式より冷媒の蒸発温度が低くなるため，冷凍機の成績係数（COP）が高くなる。

《基本問題》

〈p.80 の解答〉 **正解**　**7**(4)，**8**(4)，**9**(4)

▶解説

10　(2)　氷蓄熱槽は氷から水に溶ける融解潜熱を利用する。融解潜熱は水の1℃当たりの熱容量よりも約80倍ほどあり容量を水蓄熱槽に比べ小さくすることが可能である。したがって，適当でない。

11　(4)　スタティック方式は水槽内のコイルに冷媒またはブラインを通すことで製氷する静的な方式で，ダイナミック方式は製氷した氷をシャーベット状にして搬送する動的の方式であり，COPが低くなるのはスタティック方式のほうである。したがって，適当でない。

12　(4)　水蓄熱に比べて，氷蓄熱のCOPが低下するのは，同じ冷熱を蓄える場合，冷却する温度差が大きい氷蓄熱で製氷する方が，エネルギーを多く必要とするからである。したがって，適当でない。

ワンポイントアドバイス　4・2・4　蓄熱システム

①　蓄熱システムの有効性は，建物の熱需要の変動に対して熱源容量を小さくできることであり，空調熱源の省エネルギー運用，また，電力契約を有利にすることが可能となる。

②　水蓄熱は容量が大きくなるため，建物下部の二重スラブ等に設置される場合が多い。

③　氷蓄熱槽は氷から水に溶ける融解熱を利用するため容量を水蓄熱槽に比べ小さくすることが可能であり，ビル用マルチヒートポンプシステムなどと連携して屋上などに設置が可能である。

4・3　換気設備

●4・3・1　換気方式

1

換気に関する記述のうち，**適当でないもの**はどれか。

(1)　密閉式燃焼器具のみを設けた室には，火気を使用する室としての換気設備を設けなくてもよい。

(2)　一定量の汚染質が発生している室の必要換気量は，その室の容積に比例する。

(3)　第二種機械換気方式は，室内への汚染した空気の侵入を防ぐことができる。

(4)　喫煙室は受動喫煙を防止するため室内を負圧にし，出入口等から室内に流入する空気の気流を0.2 m/s以上とする。

《R4-A22》

2

換気設備に関する記述のうち，**適当でないもの**はどれか。

(1)　開放式燃焼器具を使用した調理室は，燃焼空気の供給のため，機械換気で室内を正圧にする。

(2)　喫煙室は，発生する有害ガスや粉じんを除去し，室外に拡散させないため，空気清浄機を設置し，機械換気で室内を負圧にする。

(3)　火気使用室の換気を自然換気方式で行う場合，排気筒の有効断面積は，燃料の燃焼に伴う理論廃ガス量，排気筒の高さ等から算出する。

(4)　エレベーター機械室の換気は，熱の除去が主な目的であり，サーモスタットにて換気ファンの発停を行い，室温が許容値以下となるようにする。

《R2-A23》

3

換気設備に関する記述のうち，**適当でないもの**はどれか。

(1)　集会所等の用途に供する特殊建築物の居室において，床面積の$\frac{1}{20}$以上の換気上有効な開口部を有する場合，換気設備を設けなくてもよい。

(2)　密閉式燃焼器具のみを設けた室には，火気を使用する室としての換気設備を設けなくてもよい。

(3)　発熱量の合計が6 kW以下の火を使用する設備又は器具を設けた室（調理室を除く。）は，換気上有効な開口部を有する場合，火気を使用する室としての換気設備を設けなくてもよい。

(4)　自然換気設備の排気口は，給気口より高い位置に設け，常時解放された構造とし，かつ，排気筒の立ち上がり部分に直結する必要がある。

《R1-A22》

〈p.82の解答〉 **正解**　**10**(2)，**11**(4)，**12**(4)

▶解説

1　(2)　一般的な室の換気量は，在室人員の人数，部屋の用途に対する換気量，ホルムアルデヒドに対する24時間換気などがあるが，一定の汚染質が発生する場合には，その汚染質の発生量によって換気量を決定する。したがって，適当でない。

2　(1)　開放式燃焼器具を使用する台所に機械換気設備を設ける場合は，火源に確実に酸素が供給されるためには，排気フードを法令に従って設置されるようにすること，臭気を外部に漏えいさせないため，第一種換気または，給気口から外気の導入経路が確保された第三種換気方式により室内が負圧に保たれるように設計する。したがって，適当でない。

3　(1)　一般的な居室には，原則として床面積の1/20以上の換気上有効な開口部を有する場合，換気設備を設けなくてもよいが，集会所，劇場，映画館，演芸場，観覧場，公会堂等多くの人が利用する用途に供する特殊建築物の居室においては換気設備が必要である。したがって，適当でない。

ワンポイントアドバイス　4・3・1　換気設備

①　換気設備の目的は，人（または他の動物）が利用する居室の場合はその空気環境を健康的に保つことである。したがって，室の空気環境や汚染物の物質や発生量により必要換気量は変わる。

②　開放型燃焼器具で火気を使用する台所にあっては，火源に燃焼に必要酸素を供給し，燃焼効率を上げ不完全燃焼を防止することである。

③　電気室やエレベーター機械室など発熱量が大きく部屋の室温が上昇する場合は，外気を導入し部屋の昇温を防止することである。

④　汚染物質や臭気，感染症の原因となる細菌類やウイルスが発生する可能性がある部屋においては，外部への漏えいを防ぐために陰圧に保つことを目的とする。

⑤　室内に，清浄度が要求される場合や外気の隙間風を防止する必要がある場合には，室内を正圧に保つことが大切である。

●4・3・2 換気計算

4
□
□
□

エレベーター機械室において発生した熱を，換気設備によって排除するのに必要な最小換気量として，**適当なもの**はどれか。ただし，エレベーター機器の発熱量はBkW，エレベーター機械室の許容温度は40℃，外気温度は35℃，空気の定圧比熱は1.0 kJ/(kg・K)，空気の密度は1.2 kg/m^{3}とする。

(1) 1,800 m^3/h
(2) 2,400 m^3/h
(3) 3,600 m^3/h
(4) 4,000 m^3/h

《R5-A23》

5
□
□
□

在室人員30人の居室の二酸化炭素濃度を0.0008 m^3/m^{3}以下に保つために必要な最小の換気量として，**適当なもの**はどれか。
ただし，人体からの二酸化炭素発生量は0.02 m^3/(h・人)，外気中の二酸化炭素濃度は0.0004 m^3/m^{3}とする。

(1) 1,000 [m^3/h]
(2) 1,200 [m^3/h]
(3) 1,500 [m^3/h]
(4) 1,800 [m^3/h]

《R4-A23》

6
□
□
□

換気上有効な開口部を有しない居室aと居室bの換気を1つの機械換気設備で行う場合に必要な最小の有効換気量V [m^3/h] として，「建築基準法」上，**正しいもの**はどれか。
居室aの床面積は150 m^2，在室人員15人とする。
居室bの床面積は200 m^2，在室人員15人とする。
ただし，居室a，bは特殊建築物の居室ではないものとする。

(1) 600 [m^3/h]
(2) 700 [m^3/h]
(3) 900 [m^3/h]
(4) 1,050 [m^3/h]

《R1-A23》

〈p.84 の解答〉 **正解** **1**(2), **2**(1), **3**(1)

▶解説

4　(3)　計算式を，次の式とする。従って必要最小換気量は，

$$V = 6[\mathrm{kW}] \times \frac{3,600[\mathrm{J/kW}]}{(40℃-35℃) \times 1.2[\mathrm{kg/m^3}] \times 1.0[\mathrm{kJ/kg \cdot K}]} = 3,600[\mathrm{m^3/h}]$$

従って(3)が適当なものである。

5　(3)　1,500 $[\mathrm{m^3/h}]$

計算式を，次の式とする。

したがって，必要最小換気量は，

$$V = \frac{30(\text{人}) \times 0.02\,\mathrm{m^3/(h \cdot 人)}}{0.0008\,\mathrm{m^3/m^3} - 0.0004\,\mathrm{m^3/m^3}} = 1,500[\mathrm{m^3/h}]$$

したがって，(3)が適当なものである。

6　(2)　700 $[\mathrm{m^3/h}]$

必要な最小の有効換気量 $V[\mathrm{m^3/h}]$ は以下の式で求めらる。

$V = 20\,Af/N$

V：有効換気量（$\mathrm{m^3/h}$）

Af：床面積（$\mathrm{m^2}$）

N：一人当たりの専有面積

換気上，無窓階の居室　$N \leqq 10$（$\mathrm{m^2}$/人）

特殊建築物の居室　$N \leqq 3$（$\mathrm{m^2}$/人）

居室 a：150 $\mathrm{m^2}$/15 人＝10($\mathrm{m^2}$/人)　⇒条件通り

居室 b：200 $\mathrm{m^2}$/15 人＝13.3($\mathrm{m^2}$/ 人)⇒10 として計算

したがって，必要最小換気量は，

$$V = 20\left(\frac{150}{10}\right) + 20\left(\frac{200}{10}\right) = 700[\mathrm{m^3/h}]$$

したがって，(2)が正しい。

ワンポイントアドバイス　4・3・2　換気計算

① 室内の有毒ガスを基準値以下に保つために必要な最小換気量 $V[\mathrm{m^3/h}]$ の公式は以下の式である。

$$V[\mathrm{m^3/h}] = \frac{\text{ガス発生量}[\mathrm{m^3/h}]}{(\text{許容濃度}[\mathrm{m^3/m^3}] - \text{導入外気のガス濃度}[\mathrm{m^3/m^3}])}$$

② 建築基準法上の居室の換気量は，一人当たり 20$[\mathrm{m^3/h}]$であるが，居室の人員が占める専有面積は最大 10$[\mathrm{m^2}]$とする。

③ エレベーター機械室において発生した熱を換気設備によって排除するのに必要な換気量の最小換気量 $V[\mathrm{m^3/h}]$ は，外気温度を 35℃ に設定し機械室温度を 40℃ 以下にすることで計算条件とする。機器発熱量を除去するには室内外の温度差による空気の熱容量によるためそれに見合った換気量を必要とする。

4・4　排煙設備

●4・4・1　排煙方式

1 □□□

排煙設備に関する記述のうち，**適当でないもの**はどれか。
ただし，本設備は「建築基準法」による，避難安全検証法（区画，階，全館）及び特殊な構造によらないものとする。

(1)　排煙ダクトは，可燃物から 100 mm 以上離すか，又は厚さ 50 mm 以上の金属以外の不燃材料で覆うものとする。
(2)　排煙ダクトに設ける防火ダンパーは，作動温度 280℃ のものを使用する。
(3)　排煙口の吸込み風速は 10 m/s 以下，ダクト内風速は 20 m/s 以下となるようにする。
(4)　排煙口の同時開放条件を設定する場合，通常は隣接する 2 防煙区画が同時開放するものとする。

《R5-A24》

2 □□□

排煙設備に関する記述のうち，**適当でないもの**はどれか。
ただし，本設備は「建築基準法」による，区画・階及び全館避難安全検証法並びに特殊な造構によらないものとする。

(1)　天井高さが 3 m 未満の室の壁面に排煙口を設ける場合は，天井から 80 cm 以内，かつ防煙垂れ壁の下端より上の部分とする。
(2)　煙排機の設置位置は，最上階の排煙口よりも下の位置にならないようにする。
(3)　排煙口の手動開放装置のうち手で操作する部分の高さは，天井から吊り下げる場合，床面から概ね 1.3 m の高さとする。
(4)　煙排立てダクト（メインダクト）の風量は，最遠の階から順次比較し，各階ごとの排煙風量のうち大きい方の風量とする。

《R4-A24》

3 □□□

天井チャンバー方式の排煙（排煙ダンパー（排煙口）を天井内に設け，火災煙を天井面に配置された吸込口から天井チャンバーを経て排煙口に導く方式の排煙）の設備に関する記述のうち，**適当でないもの**はどれか。
　ただし，本設備は「建築基準法」上の「階及び全館避難安全検証法」及び「特殊な構造」によらないものとする。

(1)　天井内防煙区画部分の直下の天井面には，防煙壁を設ける必要がある。

〈p.86 の解答〉 **正解** **4** (3)，**5** (3)，**6** (2)

(2) 天井内の小梁，ダクト等により排煙が不均等になるおそれがある場合は，均等に排煙できるように排煙ダクトを延長する必要がある。
(3) 同一排煙区画内であっても，間仕切りを変更する場合には排煙ダクト工事を行う必要がある。
(4) 排煙口の開放が目視できないので，手動開放装置には開放表示用のパイロットランプを設ける必要がある。

《基本問題》

▶解説

1 (1) 排煙ダクトの断熱措置については，建築基準法施行令第126条の3第7号の規定により，露出部分で木材，ケーブル，冷媒の管などの可燃材料と15 cm以上の隔離距離が確保できない場合には，断熱措置を行うとある。ロックウール断熱を施す場合には，25 mm以上とする。したがって，適当でない。

2 (3) 建築基準法施行令第126条の3第1項第五号 前号の手動開放装置のうち手で操作する部分は，壁に設ける場合においては床面から80 cm以上1.5 m以下の高さの位置に，天井から吊つり下げて設ける場合においては床面からおおむね1.8 mの高さの位置に設け，かつ，見やすい方法でその使用方法を表示すること。したがって，適当でない。

3 (3) 同一排煙区画内であれば，間仕切り変更に対して排煙ダクトの工事は不要である。したがって，適当でない。

ワンポイントアドバイス 4・4・1 排煙設備

① 防煙区画は，床面積500 m^{2}以下で区画し，防火戸上部及び天井チャンバー方式を除き，天井面より50 cm以上下方に突出した不燃材料で造られた防煙垂れ壁，またはこれと同等以上の効果のある不燃材での防煙壁で区画する。
② 天井チャンバー方式の排煙は機械排煙設備の一種であり，システム天井の天井裏を排煙用のチャンバーとして使用し，システム天井の吸込口利用し天井面全体を均一に排煙することができ，チャンバー容積分の畜煙量が期待できる。
③ 設計・施工に当たっては，排煙能力に影響することからチャンバー内の建築的な気密性確保，下地材，仕上げ材の不燃材料の採用，チャンバー内の均一な圧力，吸込口での等風量の確保するための天井内形状に合わせた排煙ダクトや排煙口の計画，天井内の配線の耐熱性の確保，天井内部に煙感知器の設置が必要である。また，排煙口の開放が目視できないので，手動開放装置には開放表示用のパイロットランプを設ける必要がある。
④ 天井チャンバー方式においても500 m^{2}以下で天井内を完全区画すると同時に，それと連続した位置の天井下面に防煙垂壁を設置する必要がある。その場合は，25 cmで可とされる場合が多い。

●4・4・2　排煙計算

4

下図に示す2階建て建築物の機械排煙設備において，各部が受け持つ必要最小風量として，**適当でないもの**はどれか。

ただし，本設備は，「建築基準法」上，区画，階及び全館避難安全検証法によらないものとする。

また，上下階の排煙口は同時開放しないものとし，隣接する2防煙区画は同時開放の可能性があるものとする。

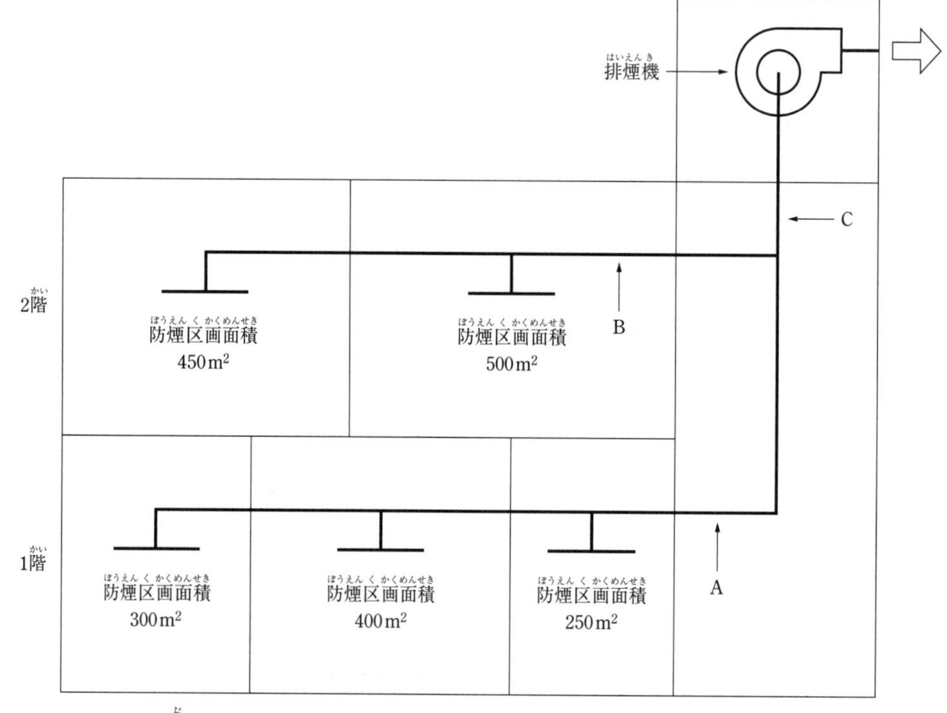

(1)　ダクトA部：42,000 [m^3/h]

(2)　ダクトB部：57,000 [m^3/h]

(3)　ダクトC部：57,000 [m^3/h]

(4)　排煙機　　：57,000 [m^3/h]

《R3-A24》

〈p.88～p.89の解答〉**正解**　**1**(1)，**2**(3)，**3**(3)

5

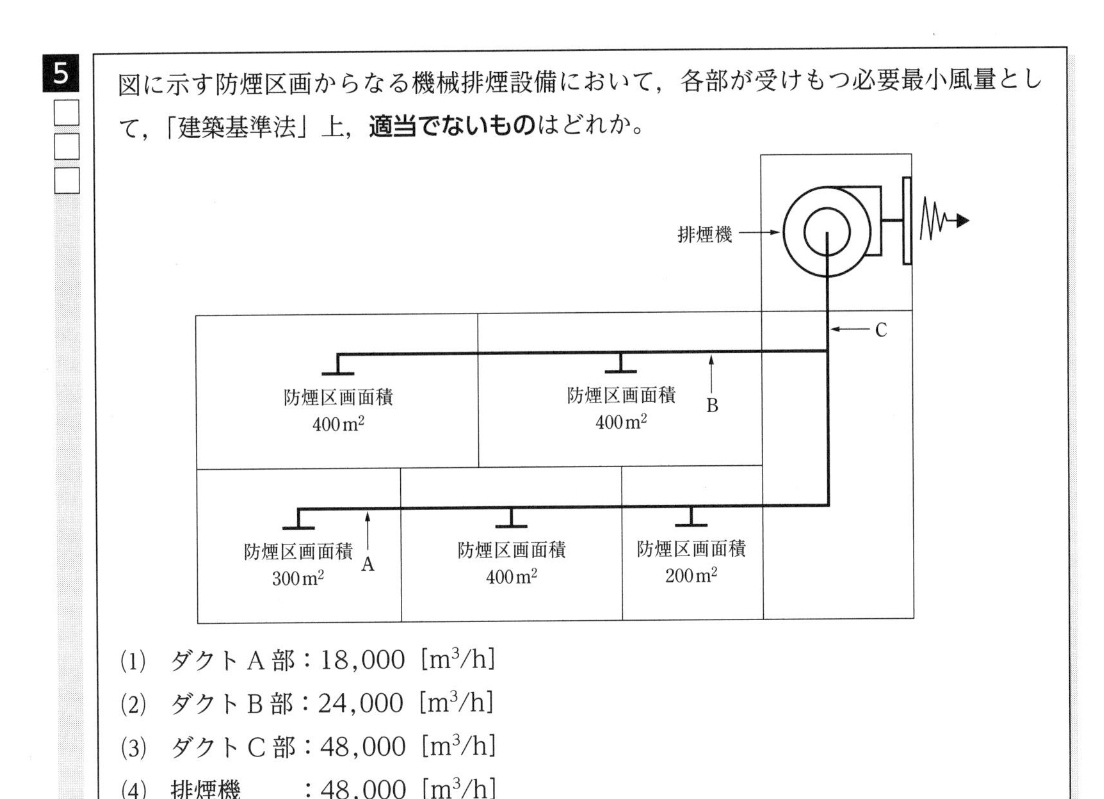

図に示す防煙区画からなる機械排煙設備において，各部が受けもつ必要最小風量として，「建築基準法」上，**適当でないもの**はどれか。

(1)　ダクトA部：18,000 [m³/h]
(2)　ダクトB部：24,000 [m³/h]
(3)　ダクトC部：48,000 [m³/h]
(4)　排煙機　　：48,000 [m³/h]

《基本問題》

▶解説

4　(4)　排煙機の風量は，最大防火区画面積［m^2］に対し 2［$m^3/(min \cdot m^2)$］以上必要となるため

$$500[m^2] \times 2[m^3/(min \cdot m^2)] \times 60[min/h] = 60,000[m^3/h]$$

したがって，適当でない。

5　(2)　ダクトB部は，同時解放される2の防火区画を受けもつ排煙ダクトであり，それぞれの排煙風量の合計の風量となる。

$$(400[m^2] + 400[m^2]) \times 1[m^3/(min \cdot m^2)] \times 60[min/h] = 48,000[m^3/h]$$

したがって，適当でない。

ワンポイントアドバイス　4・4・2　排煙計算

①　排煙ダクト風量は，次式で計算する。
防火区画面積$[m^2] \times 1[m^3/(min \cdot m^2)]$

②　1系統のダクトで複数の防火区画を受けもつ場合には，同時解放される2つの防煙区画を受けもつ排煙ダクトであり，それぞれの排煙風量の合計となる。

③　排煙縦ダクトの風量は，最遠階から順次比較し各階ごとの排煙風量の大きいほうの風量とする。

〈p.90～p.91 の解答〉 **正解**　**4**(4), **5**(2)

第５章
給排水衛生設備

過去の出題傾向

- 給排水衛生設備に関する設問が 12 問，空調設備に関する設問が 11 問出題され，合計 23 問から 12 問を選択する（余分に解答すると減点される）。
- 例年，各設問はある程度限られた範囲（項目）から繰り返しの出題となっているので，過去問題から傾向を把握しておくこと。令和５年度は大きく出題傾向の変化はした。過去５年間で，４問，５問出題されている項目は，特に学習しておく必要がある。

●過去5年間の出題内容と出題箇所●

出題内容・出題数 ＼ 年度（和暦）		令和					計
		5	4	3	2	1	
5・1　上水道	1. 上水道施設	1		1			2
	2. 配水管の施工，給水装置		1		1	1	3
5・2　下水道	1. 下水道の排除方式・種類	1			1		2
	2. 管きょの勾配・流速・管径			1		1	2
	3. 管きょの基礎，接合方法		1				1
5・3　給水設備	1. 飲料水の汚染防止，給水方式	1	1		2		4
	2. 給水量，給水圧力・給水負荷	1	1			1	3
	3. 管径・流速					1	1
	4. 給水機器			2			2
5・4　給湯設備	1. 給湯方式，給湯温度			1			1
	2. 配管の流速・管径・勾配	1					1
	3. 給湯機器，安全装置		1		1	1	3
5・5　排水・通気設備	1. 排水トラップ，封水の損失原因，間接排水，オフセット	1	1		1		3
	2. 排水管の勾配・管径，ブランチ間隔，掃除口	1	1	1		1	4
	3. 排水ます，排水槽，排水ポンプ	1	1		1	1	4
	4. 通気管の種類・管径，大気開口			2	1	1	4
5・6　消火設備	1. 消火の原理				1		1
	2. 不活性ガス，スプリンクラー設備等	1	1	1		1	4
5・7　ガス設備	1. 都市ガスの種類・特徴	1	1	1		1	4
	2. 液化石油ガスの種類・特徴						0
	3. ガス漏れ警報器				1		1
5・8　浄化槽	1. 処理方式の特徴，処理フロー	1	1	1	1		4
	2. 処理対象人員の算定	1		1		1	3
	3. 放流水BODの計算，設置工事		1		1	1	3

●出題傾向分析●

5・1　上水道

① 毎年1問出題されている。上水道施設と配水管の施工・給水装置が出題されている。

② 地下埋設物との距離，給水管の分岐位置，異形管の防護，最小動水圧，耐圧試験，伸縮継手の設置位置，不断水分岐工法，不同沈下対策，上水道施設のフローなどを理解しておく。

5・2　下水道

① 毎年1問出題されている。管きょの基礎・接合方法についてよく理解しておく。

② 下水道の排除方式・種類，管きょの最小管径・流速・勾配，軟弱地盤(地盤沈下)対策などについて理解しておく。下水道の排除方式も要注意である。

5・3　給水設備

① 毎年2問出題されている。給水量，揚水ポンプの水量及び揚程についてよく理解しておく。

② 飲料水の汚染防止，給水圧力，ウォータハンマー防止，受水タンク及び高置タンクの容量・構造，水道直結増圧方式などの給水方式の種類と特徴，高置タンクの設置高さ，給水器具の必要圧力，器具給水負荷単位，器具給水負荷単位法など各種算法について理解しておく。

5・4　給湯設備

① 毎年1問出題されている。給湯配管方式及び銅管の管内流速，加熱装置・安全装置についてよく理解しておく。

② 循環ポンプの設置位置や揚程に関する出題が非常に多い。レジオネラ属菌対策，加熱装置（真空式温水発生機など）の種類・特徴，安全装置（逃し管，逃し弁など），瞬間湯沸器の号数，膨張タンク（密閉，開放型）の特徴などについて理解しておく。

5・5　排水・通気設備

① 毎年3問出題されている。排水管径，ブランチ間隔，排水槽の構造，排水用水中ポンプ，通気管末端の開放位置についてよく理解しておく。

② 排水トラップ，排水立て管のオフセット，排水管の勾配・最小管径，排水口空間と排水口開放，掃除口，最下階の排水管，排水用特殊継手，通気管の種類・管径，通気弁，グリース阻集器について理解しておく。また，器具排水負荷単位法などの排水負荷算法についても理解しておく。

5・6　消火設備

① 毎年1問出題されている。消火の原理と不活性ガス消火設備に関する問題が，よく出題されている。消火の原理も要注意である。

② スプリンクラー設備と屋内消火栓は出題頻度も高い。第8章設備関連法規も参照のこと。

5・7　ガス設備

① 毎年1問出題されている。都市ガスの特徴，液化石油ガス（LPG）ボンベの設置についてよく理解しておく。ガス漏れ警報器の設置，液化石油ガスの特徴も出題頻度が高い。

② ガスの発熱量，供給圧力，ガスメータ，ガス機器（開放式など）の特徴について理解しておく。

5・8　浄化槽

① 毎年2問出題されている。BOD除去率及び濃度計算，小型合併処理浄化槽の処理フローについてよく理解しておく。浄化槽の設置に関する出題も多い。

② 浄化の原理，浄化槽の処理方式，処理対象人員の算定，浄化槽設置の土工事及び設置工事について理解しておく。処理フローと処理対象人員も要注意である。

5・1　上水道

●5・1・1　上水道施設

1

上水道施設に関する記述のうち，**適当でないもの**はどれか。

(1)　浄水施設には消毒設備を設け，需要家の給水栓における水の残留塩素濃度は，遊離残留塩素の場合0.1 mg/L以上保持できるようにする。

(2)　取水施設は，取水された原水を浄水施設まで導く施設であり，その方式には自然流下式，ポンプ加圧式及び併用式がある。

(3)　凝集池には，原水中に浮遊している砂等の粒子を短時間に沈殿除去させるために水道用硫酸アルミニウム等を注入する。

(4)　配水施設は，配水池，ポンプ等で構成され，浄化した水を給水区域の需要家にその必要とする水圧で所要量を配水するための施設である。

《R5-A26》

2

上水道に関する記述のうち，**適当でないもの**はどれか。

(1)　凝集池は，凝集剤と原水を混和させる混和池と，混和池で生成した微小フロックを大きく成長させるフロック形成池から構成される。

(2)　取水施設は，取水された原水を浄水施設まで導く施設であり，その方式には自然流下式，ポンプ加圧式及び併用式がある。

(3)　配水施設は，浄化した水を給水区域の需要家にその必要とする水圧で所要量を供給するための施設で，配水池，ポンプ，配水管等で構成される。

(4)　送水施設の計画送水量は，計画1日最大給水量（1年を通じて，1日の給水量のうち最も多い量）を基準として定める。

《R3-A26》

3

上水道に関する記述のうち，**適当でないもの**はどれか。

(1)　導水施設は，取水施設から浄水施設までの施設をいい，導水方式には自然流下式，ポンプ加圧式及び併用式がある。

(2)　浄水施設には消毒設備を設け，需要家の給水栓における水の遊離残留塩素濃度を0.1 mg/L以上に保持できるようにする。

(3)　送水施設の計画送水量は，計画1日最大給水量（1年を通じて，1日の給水量のうち最も多い量）を基準として定める。

(4)　浄水施設における緩速ろ過方式は，急速ろ過方式では対応できない原水水質の場合や，敷地面積に制約がある場合に採用される。

《基本問題》

▶解説

1　(2)　取水施設は水源から水を取り入れ，用水路や導水管などの導水施設に水を供給するための設備で，設問は，取水施設で取水された原水を浄水施設まで導く導水施設について述べている。したがって，適当でない。

間違いやすい選択肢▶ (3) 凝集池は凝集剤と原水を混和させる混和池と混和池で生成した微小フロックを大きく成長させるフロック形成池から構成される。凝集剤として通常注入する薬品は，ポリ塩化アルミニウム（PAC）のほか，硫酸アルミニウム（硫酸バンド）がある。ポリ塩化アルミニウム（PAC）だけではない。

2　(2)　設問は取水施設ではなく，導水施設について述べている。したがって，適当でない。

間違いやすい選択肢▶ 上水道施設は，**取水⇒導水⇒浄水⇒送水⇒配水施設**の順で構成され，給水装置に供給する。**取水施設**は，河川や地下の水源より水を取り入れ，粗いゴミや砂を取り除き，導水施設へ送る施設である（下図参照）。

3　(4)　**緩速ろ過方式**は砂層と砂利層により構成され，井戸水などの比較的濁度の低い水の処理に適しており，ろ過速度は 4～5 m／日である。**急速ろ過方式**のろ過速度は 120～150 m／日程度でろ過池容量を小さくすることができる。河川水などの濁度や色度の高い原水の処理に適するが，高度の維持管理技術が必要である。したがって，適当でない。

間違いやすい選択肢▶ (2) 浄水施設での消毒には液化塩素や次亜塩素酸ナトリウムなどが使用される。モノクロラミンなどの結合残留塩素のほうが殺菌作用は弱い。

ワンポイントアドバイス　5・1・1　上水道施設

① **上水道施設のフロー**

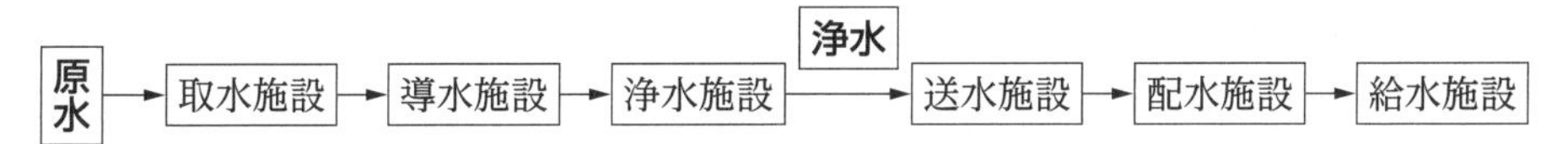

② **浄水施設のフロー**

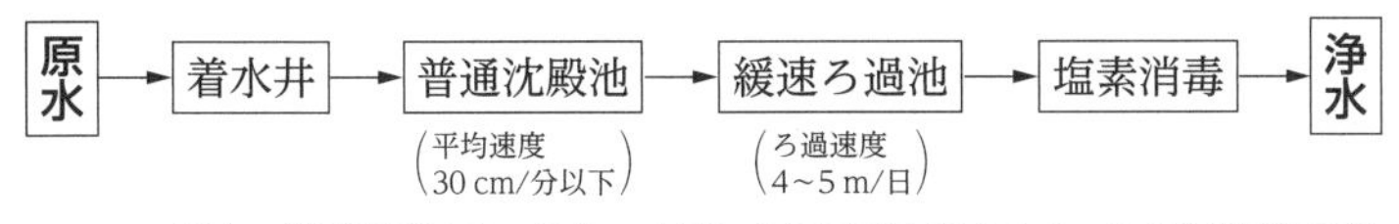

（注）　普通沈殿池は，原水の水質により不要な場合あるいは薬品処理可能とする場合もある。

(a)　緩速ろ過方式（原水の濁度の低い場合）

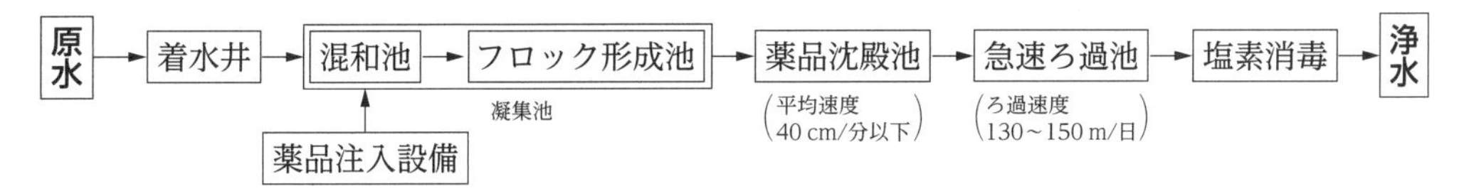

(b)　急速ろ過方式（原水の濁度の高い場合）

③　有機物を含む水を塩素消毒すると，有害な**トリハロメタン**が生成する。

④　臭気物質などの処理には，活性炭やオゾン処理などの**高度浄水処理**が用いられる。

⑤　水道水は水質基準が 51 項目定められており，大腸菌は検出されてはならない。

⑥　**簡易専用水道**とは，水道事業の用に供する水道及び専用水道以外の水道で，水道事業者から供給を受ける水のみを水源とするもの（受水槽有効容量が 10 m^3 以下のものを除く）をいう。

●5・1・2　配水管の施工，給水装置

4

□□□

上水道の配水管に関する述記のうち，**適当でないもの**はどれか。

(1)　軟弱層が深い地盤に配水管を敷設する場合の配管の基礎は，管径の $\frac{1}{3}$～$\frac{1}{1}$ 程度（最低 50 cm）を砂又は良質土に置き換える。

(2)　公道に埋設する配水管の土被りは，1.2 m を標準とする。

(3)　配水管から給水管を分岐する箇所での配水管内の最大静水圧は，0.98 MPa を超えないようにする。

(4)　異形管の防護を図るため，管内水圧は最大静水圧に水撃圧を加えたものとする。

《R4-A26》

5

□□□

上水道の配水管路に関する記述のうち，**適当でないもの**はどれか。

(1)　2階建て建物への直結の給水を確保するためには，配水管の最小動水圧は 0.15～0.2 MPa を標準とする。

(2)　伸縮自在でない継手を用いた管路の露出配管部には，40～50 m の間隔で伸縮継手を設ける。

(3)　公道に埋設する配水管の土被りは，1.2 m を標準とする。

(4)　公道に埋設する外径 80 mm 以上の配水管には，原則として，占用物件の名称，管理者名，埋設した年等を明示するテープを取り付ける。

《R2-A26》

6

□□□

上水道の配水管に関する記述のうち，**適当でないもの**はどれか。

(1)　給水管を分岐する箇所での配水管内の動水圧は，0.1 MPa を標準とする。

(2)　配水管より分水栓又はサドル付分水栓によって給水管を取り出す場合は，他の給水装置の取付口から 30 cm 以上離す。

(3)　配水管を他の地下埋設物と交差又は近接して敷設する場合は，少なくとも 30 cm 以上の間隔を保つ。

(4)　配水管を敷設する場合の配管の基礎は，軟弱層が深い場合，管径の $\frac{1}{3}$～$\frac{1}{1}$ 程度（最小 50 cm）を砂又は良質土に置き換える。

《R1-A26》

〈p.96 の解答〉 **正解**　**1** (2)，**2** (2)，**3** (4)

▶解説

4　(3)　配水管から給水管を分岐する箇所での最大静水圧は，0.74 MPa を超えないようにする。したがって，適当でない。

間違いやすい選択肢▶ (4) 異形管の防護を図るため，管内水圧は最大静水圧に水撃圧を加えたものとする。

5　(2)　溶接用継手などの伸縮自在でない継手を用いた管路の露出部には，20～30 m の間隔で伸縮継手を設ける。したがって，適当でない。

間違いやすい選択肢▶ (3) 配水管（水道本管）の頂部と道路面との距離を**土被り**といい，1.2 m（工事上やむをえない場合は 0.6 m）以上とする。

6　(1)　給水管を分岐する箇所での配水管内の最小動水圧は 0.15 MPa を標準とし，0.74 MPa を超えないようにする。したがって，適当でない。

間違いやすい選択肢▶ (2) サドル付分水栓による給水管の取り出しは，他の給水装置の取付口から 30 cm 以上離す。

ワンポイントアドバイス　5・1・2　配水管の施工，給水装置

①　軟弱地盤などの不同沈下のおそれのある個所には，たわみ性の大きい伸縮可とう継手や，はしご胴木基礎を用いる。

②　**不断水工法**により配水管から分岐を行う場合は，割 T 字管を取付けて穿孔作業を行う。

③　ダクタイル鋳鉄管及び硬質塩化ビニル管の異形管防護には，原則としてコンクリートブロックによる防護または離脱防止継手を用いる。ただし，小口径管路で菅外周面の拘束力を十分期待できる場合は，離脱防止金具を用いる。

④　配水管であることを表示する**明示シート**は，配水管の上部 30 cm 程度に埋設する（図参照）。

⑤　配水管の異形管継手部の離脱防止を検討する場合に用いる管内の圧力は，最大静水圧に水撃圧を加えたものとする。

⑥　**給水装置**とは，配水管（水道本管）から分岐して設けられた給水管及びこれに直結する水栓などの給水用具をいう。受水タンクは給水装置ではない。

⑦　給水装置の耐圧試験は，1.75 MPa の静水圧を 1 分間加えて漏れなどのないことを確認する。

⑧　配水管を，他の水道事業体又は水道用水供給事業体の水道施設と相互に接続して非常時などに備えることは，支障ない。

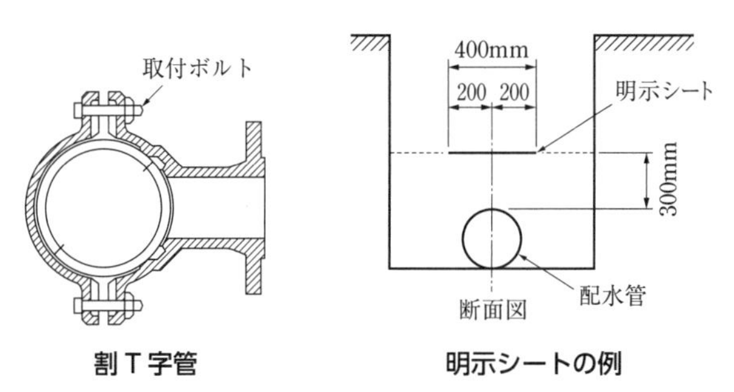

割 T 字管　　明示シートの例

5・2　下水道

●5・2・1～2　下水道の排除方式・種類，管きょの勾配・流速・管経

1

下水道に関する記述のうち，**適当でないもの**はどれか。

(1)　分流式の汚水管きょは，合流式に比べ小口径のため，管きょの勾配が急になり埋設が深くなる場合がある。

(2)　流域下水道とは，1以上の市町村の区域における下水又は雨水を排除するものをいう。

(3)　管きょ内で必要とする最小流速は，雨水管きょに比べて，汚水管きょの方が小さい。

(4)　分流式の下水道では，降雨の規模によっては，処理施設を経ない汚水が用水域に放流されることがある。

《R5-A27》

2

下水道に関する記述のうち，**適当でないもの**はどれか。

(1)　管きょ底部に沈殿物が堆積しないように，原則として，汚水管きょの最小流速は，0.6〔m/s〕以上とする。

(2)　流域下水道は，二以上の市町村の区域からの下水を排除又は処理する下水道で，終末処理場を持っているものをいう。

(3)　管きょは，固形物の停滞を防ぐために，流量が大きくなる下流ほど勾配が急になるようにする。

(4)　分流式の下水管きょにおける最小口径は，一般的に，汚水管きょでは200 mm，雨水管きょでは250 mmである。

《R3-A27》

3

下水道に関する記述のうち，**適当でないもの**はどれか。

(1)　合流式の下水道では，降雨の規模によっては，処理施設を経ない下水が公共用水域に放流されることがある。

(2)　地表勾配が急な場合の管きょの接合は，原則として，地表勾配に応じて段差接合又は階段接合とする。

(3)　硬質塩化ビニル管，強化プラスチック複合管等の可とう性のある管きょの基礎は，原則として，自由支承の砂又は砕石基礎とする。

(4)　分流式の下水道において，管きょ内の必要最小流速は，雨水管きょに比べて，汚水管きょの方が大きい。

《R2-A27》

〈p.98 の解答〉 **正解**　**4** (3)，**5** (2)，**6** (1)

4

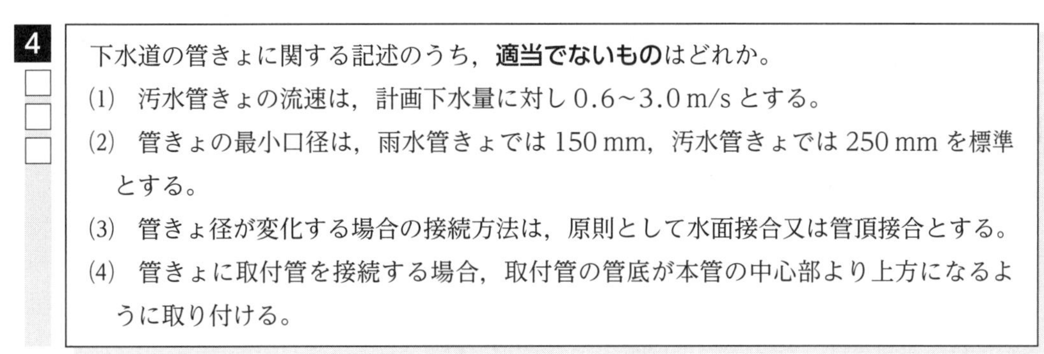

下水道の管きょに関する記述のうち，**適当でないもの**はどれか。

(1)　汚水管きょの流速は，計画下水量に対し 0.6～3.0 m/s とする。

(2)　管きょの最小口径は，雨水管きょでは 150 mm，汚水管きょでは 250 mm を標準とする。

(3)　管きょ径が変化する場合の接続方法は，原則として水面接合又は管頂接合とする。

(4)　管きょに取付管を接続する場合，取付管の管底が本管の中心部より上方になるように取り付ける。

《R1-A27》

▶解説

1　(4)　豪雨の際に起こる合流式の下水道に関する記述である。一方，分流式の下水道は，汚水と雨水を別々の管きょ系統で排除し，汚水は最終的に週末処理場で処理して，河川などの公共用水域に放流するので，処理施設を経ない汚水が公共用水域に放流されることはない。したがって，適当でない。

間違いやすい選択肢▶ (3) 下水道の管きょにおける最小流速は，汚水管きょでは 0.6 m/s とし，雨水管きょ及び合流式管きょでは土砂などの流入があるのでそれより早い 0.8 m/s とする。

2　(3)　管きょは，下流にいくほど流量が増加し管径が大きくなるので勾配は緩やかになるようにする。最小勾配は，固形物の停滞を防ぐために管径が小さいほど大きくする。したがって，適当でない。

間違いやすい選択肢▶ (2) 下水道には，汚水と雨水を排除する**公共下水道及び流域下水道**と，終末処理場を持たず主に雨水を排除するための**都市下水路**がある。

3　(4)　分流式下水道管きょの最小流速は，汚水管きょでは 0.6 m/s とし，雨水管きょ及び合流管きょは土砂などの流入があるので 0.8 m/s とする。最大流速は，管きょの損傷防止と沈殿物が残らないようにするため，計画排水量に対し汚水管きょ・雨水管きょともに 3.0 m/s とする。したがって，適当でない。

間違いやすい選択肢▶ (3) 軟弱地盤の場合は，状況によりベッドシート基礎・布基礎等とする。

4　(2)　管きょの最小管径は，雨水管きょ及び合流菅きょで 250 mm，汚水管きょで 200 mm（小規模下水道では 100 mm）を標準とする。したがって，適当でない。

間違いやすい選択肢▶ (3) 管きょ径が変化する箇所の接続方法は，原則として，水面接合又は管頂接合とする（次ページ図参照）。

●5・2・3　管きょの基礎，接合方法

4

□□□

下水道に関する記述のうち，**適当でないもの**はどれか。

(1)　伏越し管きょ内の流速は，上流管きょ内の流速より遅くする。

(2)　管きょの管径が変化する場合の接合方法は，原則として水面接合又は管頂接合とする。

(3)　雨水管きょ及び合流管きょの最小管径は，250 mm を標準とする。

(4)　取付管は，本管の中心線から上方に取り付ける。

《R4-A27》

5

□□□

下水道に関する記述のうち，**適当でないもの**はどれか。

(1)　管きょ内で必要とする最小流速は，雨水管きょに比べて，汚水管きょの方が大きい。

(2)　地表勾配が急な場合の管きょの接続は，地表勾配に応じて段差接合又は階段接合とする。

(3)　伏越し管きょ内の流速は，上流管きょ内の流速よりも速くする。

(4)　下水本管への取付管の最小管径は，150 mm を標準とする。

《基本問題》

6

□□□

下水道管きょに関する記述のうち，**適当でないもの**はどれか。

(1)　合流式の下水道管きょでは，降雨規模により，処理施設を経ない未処理の下水が公共用水域に放流されることがある。

(2)　分流式の汚水管きょは，合流式に比べれば小口径のため，管きょの勾配が急になり埋設が深くなる場合がある。

(3)　取付管は，管きょ内の背水の影響を受けるため，本管の管頂から左右90度の位置に水平に設置する。

(4)　汚水管きょの段差接合において，段差が0.6 m 以上ある場合は，原則として，副管を使用する。

《基本問題》

給排水衛生設備

〈p.100～p.101の解答〉 **正解**　**1**(4)，**2**(3)，**3**(4)，**4**(2)

▶解説

4 (1) **伏越し**とは，河川などを横断するために，管を下げてそれらの下をくぐらせることをいう。土砂の堆積を防ぐために，上流管きょ内の流速より20％程度速くする。したがって，適当でない。

間違いやすい選択肢▶(2)管きょの管径が変化する場合の接合方法は，原則として，水理学的に優位な水面接合又は管頂結合とする。

5 (1) 汚水管きょの最小流速は，汚物が沈殿しないように0.6 m/sとする。雨水管きょ・合流管きょでは，砂などが堆積しないように0.8 m/sとする。したがって，適当でない。

間違いやすい選択肢▶(2)地表勾配が急な場合の管きょの接続は，地表勾配に応じて段差結合又は階段接合とする。

6 (3) 下水道管きょへの取付け管は，本管内の流れを乱さないようにするため，管頂から60°以内の上側から本管の中心線より上方に，勾配1/100以上で接続する。したがって，適当でない。

間違いやすい選択肢▶(1)**公共用水域**とは，河川や湖沼その他の公共の水域または海域をいう。

ワンポイントアドバイス 5・2・3 管きょの基礎

① 管きょの管径が変化する箇所の接合方法は，**水面接合**または**管頂接合**とする（図参照）。
② 地表勾配が急な場合の管きょの接合は，**段差接合**または**階段接合**とする。
③ 段差接合で，段差が0.6 m以上の場合は原則として副管を設ける（図参照）。
④ 管きょの最小流速は，雨水・合流管きょは0.8 m/s，汚水管きょは0.6 m/sとする。最大流速は，いずれも3.0 m/sとする。
⑤ 管きょの最小管径は，雨水・合流菅きょは250 mm，汚水管きょは200 mmを標準とする。
⑥ 管きょに硬質ポリ塩化ビニル管などの可とう性のある管きょを布設する場合の基礎は，原則として，自由支承の砂基礎または砕石基礎とする。
⑦ 排水管の土被りは，敷地内では原則として20 cm以上とする。
⑧ **汚水ます**は半円状のインバートを設け，上流と下流側管底間の落差（ステップ）は，原則として2 cm程度とする。

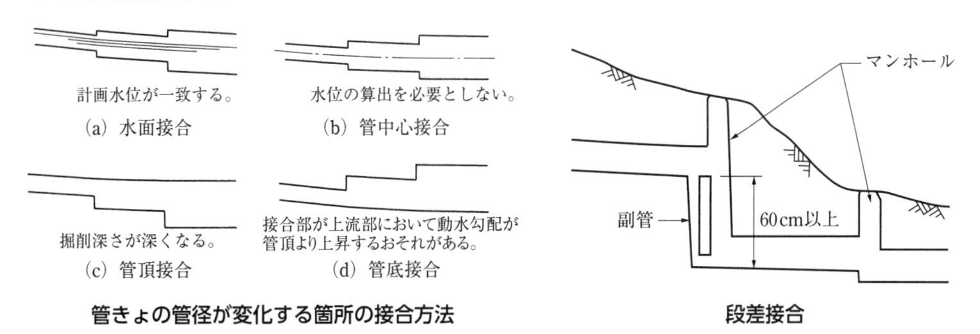
計画水位が一致する。
(a) 水面接合
水位の算出を必要としない。
(b) 管中心接合
掘削深さが深くなる。
(c) 管頂接合
接合部が上流部において動水勾配が管頂より上昇するおそれがある。
(d) 管底接合
マンホール
副管
60cm以上

管きょの管径が変化する箇所の接合方法　　段差接合

5・3　給水設備

● 5・3・1　飲料水の汚染防止，給水方式

1 □□□

給水設備に関する記述のうち，**適当でないもの**はどれか。

(1)　水道直結増圧ポンプの給水量は，瞬時最大予想給水量以上とする。

(2)　受水タンクの有効容量は，一般的に，1日使用水量の半分程度とする。

(3)　高置タンク方式における揚水ポンプの揚水量は，時間平均給水量とする。

(4)　水道直結増圧ポンプの揚程には，配水管内の最低動水圧も関係する。

《R5-A28》

2 □□□

給水設備に関する記述のうち，**適当でないもの**はどれか。

(1)　高置タンク方式における揚水ポンプの揚水量は，一般的に，時間最大予想給水量に基づき決定する。

(2)　吐水口空間とは，給水栓又は給水管の吐水口端とあふれ縁との垂直距離をいい，この空間を十分に確保することにより逆流汚染を防止する。

(3)　玉形弁（グローブ弁）は流量の調整に適しており，圧力損失は仕切弁（ゲート弁）に比べて小さい。

(4)　水道直結増圧方式の立て管には，断水時に配管内が負圧にならないように，最上部に吸排気弁を設置する。

《R4-A29》

3 □□□

給水設備に関する記述のうち，**適当でないもの**はどれか。

(1)　高層建築物では，高層部，低層部等の給水系統のゾーニング等により，給水圧力が400～500 kPaを超えないようにする。

(2)　揚水ポンプの吐出側の逆止め弁は，揚程が30 mを超える場合，ウォーターハンマーの発生を防止するため衝撃吸収式とする。

(3)　クロスコネクションの防止対策には，飲料用とその他の配管との区分表示のほか，減圧式逆流防止装置の使用等がある。

(4)　大気圧式のバキュームブレーカーは，常時水圧のかかる配管部分に設ける。

《R2-A29》

〈p.102の解答〉 **正解**　**4**(1)，**5**(1)，**6**(3)

4

上水の給水設備に関する記述のうち，**適当でないもの**はどれか。

(1) 給水量の算定をする場合，1人1日当たりの単位給水量は，事務所の方が集合住宅より多い。

(2) 受水タンクには，地震時の対応として緊急遮断弁を設ける。

(3) 高置タンク方式における揚水ポンプの揚水量は，時間最大予想給水量に基づき決定する。

(4) 受水タンクの容量は，一般的に，1日予想給水量の半分程度とする。

《R2-A28》

▶解説

1 (3) 高置タンク方式における揚水ポンプの揚水量は，**時間最大予想給水量**に基づき決定するので，時間平均給水量では水量が不足する。したがって，適当でない。

間違いやすい選択肢▶(1) 時間最大予想給水量は，高置タンク方式の高置タンク容量及び揚水ポンプ揚水量を，**瞬時最大予想給水量**は水道直結増圧ポンプ方式の給水量をそれぞれ求める際に用いる。

2 (3) 玉形弁（グローブ弁）は，流量の調整には適しているが，圧力損失は仕切弁（ゲート弁）に比べて大きい。給水栓は玉形弁の構造となっている。したがって，適当でない。

間違いやすい選択肢▶(2) 吐水口空間とは，給水栓又は給水管の吐水口端とあふれ縁との垂直距離をいい，この空間を十分に確保することにより逆流汚染を防止する。

3 (4) **大気圧式バキュームブレーカー**は，大便器の洗浄弁などの常時圧力のかからない部分に設ける。散水栓などの常時圧力がかかる部分に設ける場合は，**圧力式バキュームブレーカー**とする。負圧による逆サイホン作用には効果があるが，逆圧による逆流は防止できない。したがって，適当でない。

間違いやすい選択肢▶(3) 配管途中に弁や逆止め弁を設けても故障するおそれがあるので，クロスコネクションの防止対策にはならない。

4 (1) 1人1日当たりの水使用量は，事務所で60～100L程度，集合住宅においては200～250L程度で集合住宅のほうが多い。したがって，適当でない。

間違いやすい選択肢▶(2) **緊急遮断弁**は，地震時に受水タンクの給水配管が破損してタンク内の水が流出するのを防止するために設ける。電気式と機械式とがある。

●5・3・2〜3　給水量，給水圧力，管径・流速

5

給水設備に関する記述のうち，**適当でないもの**はどれか。

(1)　クロスコネクション防止対策として，飲料用給水管と飲料用以外の給水管は，異なる配管材を用いる。

(2)　器具給水負荷単位法で瞬時最大給水流量を算定する場合，器具給水負荷単位数に器具の個数による同時使用率を乗じて求める。

(3)　住戸数から瞬時最大給水流量を算定する場合，住戸数により段階的に算定式が異なる。

(4)　水使用時間率と器具給水単位による方法で配管サイズを決定する際は，任意利用形態か集中利用形態かを確認する必要がある。

《R5-A29》

6

給水設備に関する記述のうち，**適当でないもの**はどれか。

(1)　給水配管の最低水圧は，衛生器具の最低必要圧力を考慮する必要がある。

(2)　器具給水負荷単位は，公衆用で使う場合よりも私室用で使う場合の方が大きい値となる。

(3)　給水配管の最高水圧は，ウォーターハンマー防止の観点などから，0.5 MPa を超えないように計画する。

(4)　水道直結増圧方式では，配水管への汚染を防止するために水道事業者認定の逆流防止器を取り付ける。

《R4-A28》

7

給水設備に関する記述のうち，**適当でないもの**はどれか。

(1)　受水タンクを設ける場合の高置タンクの容量は，一般的に，時間最大予想給水量に 0.5〜1.0 を乗じた量とする。

(2)　給水管の管径は，ヘーゼン・ウィリアムスの式を用いて算定することができる。

(3)　水道直結増圧ポンプの給水量は，時間平均予想給水量とする。

(4)　受水タンクには吸込みピットを設け，タンクの底面は，ピットに向かって $\frac{1}{100}$ 程度の勾配をとる。

《R1-A28》

8

給水設備に関する記述のうち，**適当でないもの**はどれか。

(1)　衛生器具の同時使用率は，器具数が増えるほど小さくなる。

(2)　一般水栓の最低必要吐出圧力は，30 kPa である。

(3)　受水タンクの水抜き管は，間接排水として排水口空間を設ける。

(4)　揚水管の横引配管が長くなる場合，上層階で横引きをする方が水柱分離を生じにくい。

《R1-A29》

〈p.104〜p.105 の解答〉 **正解**　**1** (3),　**2** (3),　**3** (4),　**4** (1)

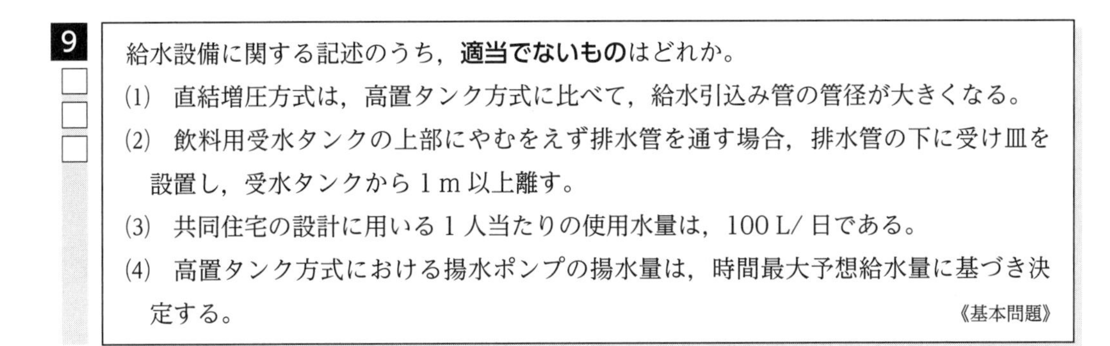

9

給水設備に関する記述のうち，**適当でないもの**はどれか。

(1) 直結増圧方式は，高置タンク方式に比べて，給水引込み管の管径が大きくなる。

(2) 飲料用受水タンクの上部にやむをえず排水管を通す場合，排水管の下に受け皿を設置し，受水タンクから 1 m 以上離す。

(3) 共同住宅の設計に用いる 1 人当たりの使用水量は，100 L/ 日である。

(4) 高置タンク方式における揚水ポンプの揚水量は，時間最大予想給水量に基づき決定する。

《基本問題》

▶解説

5 (2) 器具の使用頻度と使用時間を考慮して決められた器具給水負荷単位の和（公衆用/私室用）から瞬時最大給水流量を直接求めるもので，同時使用率は乗じない。したがって，適当でない。

間違いやすい選択肢▶ (3) 集合住宅等の住宅では，器具給水負荷単位法は用いず，主に住戸数，または住戸居住人員数の違いに応じた段階的に求める方法を用いる。

6 (2) 同時使用給水量を算定するのに用いる器具給水負荷単位（F.U）には，公衆用と私室用があり，不特定の人が使用する場合に用いる公衆用の単位数の方が大きい。したがって，適当でない。

間違いやすい選択肢▶ (1) 給水配管の最低水圧は，衛生器具の最低必要圧力を考慮する必要がある。

7 (3) 水道直結増圧ポンプの給水量は，瞬時最大予想給水量とする（時間平均予想給水量の 3～4 倍程度）。したがって，適当でない。

間違いやすい選択肢▶ (1) 高置タンク方式の場合の揚水ポンプの給水量は，一般に時間最大予想給水量（時間平均予想給水量の 1.5～2 倍程度）とする。

8 (4) 揚水管の横引き配管が長くなる場合，屋上などの上層階で横引きすると，揚水ポンプが停止した時に揚水管内で水柱分離を生じウォータハンマーが発生しやすくなる。そのため，下層階で横引きするようにする。したがって，適当でない。

間違いやすい選択肢▶ (3) 受水タンクのオーバーフロー管及び水抜き管は，逆流による汚染防止のため管径にかかわらず 150 mm 以上の排水口空間を設ける。

9 (3) 共同住宅の使用水量は 200～250 L/(日・人)程度である。したがって，適当でない。

間違いやすい選択肢▶ (1) **直結増圧給水方式**は，水道本管からの引込み管に増圧給水ポンプを設置して，直接水栓に給水する方式であるので，引込み管径は受水タンクがある場合より大きくなる（瞬時最大予想給水量で決定。受水タンク方式は時間平均予想給水量で決定）。

●5・3・4　給水機器

10

給水設備に関する記述のうち，**適当でないもの**はどれか。

(1)　直結増圧方式は，高置タンク方式に比べて，給水引込み管の管径が大きくなる。

(2)　揚水ポンプの吸込揚程の最大値は，常温の水では10 m程度である。

(3)　大便器洗浄弁及び小便器洗浄弁の必要給水圧力は，一般的に，70 kPa程度である。

(4)　受水タンクの底部には，吸込みピットを設け，ピットに向かって $\frac{1}{100}$ 程度の勾配をとる。

《R3-A28》

11

給水設備に関する記述のうち，**適当でないもの**はどれか。

(1)　ウォーターハンマー防止等のため，給水管内の流速は2.0 m/sを超えないものとする。

(2)　クロスコネクション防止対策として，上水管と雑用水管とで，異なる配管材質を選定する。

(3)　受水タンクの容量は，一般的に時間最大予想給水量の $\frac{1}{2}$ 程度の値とする。

(4)　受水タンクにおいて，地震時に水面が波動を起こし，水の自由表面が水槽の天井面や側面に衝突する現象をスロッシングという。

《R3-A29》

12

給水設備に関する記述のうち，**適当でないもの**はどれか。

(1)　高置タンクの設置高さは，高置タンクから水栓・器具までの弁・継手・直管などによる圧力損失と，水栓・器具の最低必要吐出圧力を考慮して決定する。

(2)　受水タンクを設置する場合の高置タンクの容量は，時間最大予想給水量に2.0から2.5を乗じた容量とする。

(3)　受水タンクの保守点検スペースは，周囲及び下部は0.6 m以上とし，上部は1 m以上とする。

(4)　高置タンク方式は，直結増圧方式に比べて給水引込管径が小さくなる。

《基本問題》

〈p.106～p.107の解答〉 **正解**　**5** (2)，**6** (2)，**7** (3)，**8** (4)，**9** (3)

▶解説

10 (2) 揚水ポンプの吸込み揚程の理論上の最大値は約 10.3 m であるが，常温では 6 m 程度である。したがって，適当でない。

間違いやすい選択肢▶ (1) 高置タンク方式は受水タンクがあるので，直結増圧方式と比べて給水引込み管径が小さくできる。

11 (3) 受水タンクの容量は，1 日予想給水量の 1／2 程度とする。したがって，適当でない。

12 (2) 高置タンクの容量は，時間最大予想給水量の 0.5～1.0 時間分とする。したがって，適当でない。

間違いやすい選択肢▶ (1) 高置タンクの設置高さは，水圧条件の悪い最上階の大便器やシャワーなどの最小必要圧力と配管摩擦損失により決定する。

ワンポイントアドバイス 5・3・4 給水機器

① 受水タンク容量は 1 日予想給水量の 1/2，高置タンク容量は時間最大予想給水量の 0.5～1 倍程度とする。

② 高置タンクの設置高さは，タンクから最上階の水栓・器具までの配管抵抗と水栓・器具の必要最小圧力により決定する。

③ 揚水ポンプの給水量は，時間最大予想給水量とする。直結増圧方式の増圧ポンプ給水量は，瞬時最大予想給水量とする。

④ ポンプ直送方式の給水ポンプの揚程は，配管抵抗＋受水タンクと最上階器具までの高低差＋水栓・器具の必要最小圧力により求める。

⑤ ウォータハンマー防止のため，揚水管は低層階で横引きして高置タンクへ立ち上げる。また，給水管での防止策としては，過大な水圧をさけ管内流速を小さくする，エアチャンバを設ける，ハンマー防止型の給水器具を使用するなどがある。

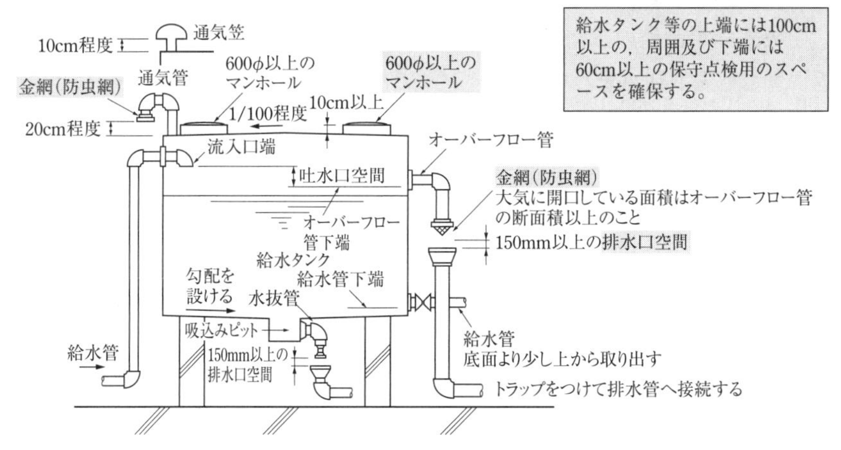

飲料用受水タンク，高置タンクの設置要領

5・4　給湯設備

●5・4・1〜2　給湯方式，給湯温度，配管の流速・管径・勾配

1

給湯設備に関する記述のうち，**適当でないもの**はどれか。

(1)　架橋ポリエチレン管の線膨張係数は，ステンレス鋼管の数値よりも小さい。

(2)　真空式温水発生機と無圧式温水発生機は，熱交換方式の違いはあるが，特徴が類似しており，水温が 100℃ を超えることはない。

(3)　中央式給湯設備の返湯管径は，循環流量と管内流速により求める。

(4)　循環配管をリバースリターン方式とすると，最遠端の管路に湯が最もよく循環することになるため採用しない。

《R5-A30》

2

給湯設備に関する記述のうち，**適当でないもの**はどれか。

(1)　給湯単位に対する給湯同時使用流量は，一般的に，病院，レストラン，共同住宅，事務所の順に，大きくなる。

(2)　瞬間湯沸器の出湯能力は，一般的に，水温より 25℃ 高い湯を 1 L/min 出湯する能力を 1 号としている。

(3)　循環式浴槽設備では，レジオネラ症防止対策のため，循環している浴槽水をシャワーや打たせ湯には使用しない。

(4)　中央式給湯設備の貯湯タンクに接続する配管は，一般的に，還り管は低い位置で接続し，往き管は高い位置で接続する。

《R3-A30》

3

給湯設備に関する記述のうち，**適当でないもの**はどれか。

(1)　中央式給湯設備の下向き循環方式の場合，配管の空気抜きを考慮して，給湯管，返湯管とも先下り勾配とする。

(2)　中央式給湯設備の循環ポンプの循環量は，循環配管路の熱損失と許容温度降下により決定する。

(3)　給湯管の管径は，主管，各枝管ごとの給湯量に応じて，流速及び許容摩擦損失により決定する。

(4)　中央式給湯設備の循環ポンプは，強制循環させるため，貯湯タンクの出口側に設置する。

《基本問題》

〈p.108 の解答〉 **正解**　**10** (2)，**11** (3)，**12** (2)

▶解説

1　(1)　線膨張係数は，架橋ポリエチレン管が0.0002（m/℃）に対し，ステンレス鋼管が0.000016（m/℃）と架橋ポリエチレン管の方が大きい。一般に鋼管に比べ樹脂管の線膨張係数は大きい。したがって，適当でない。

間違いやすい選択肢▶(4)リバースレターン方式は空調用の冷温水配管では有効だが，それに比べ湯が小流量で間欠的に流れる給湯用の配管では均等な循環が期待できないので採用しない。均等に循環させるために定流量弁を設置する。

2　(1)　給湯単位に対する給湯同時使用流量は，病院やホテルが最も大きく，レストラン，共同住宅，事務所の順に小さくなる。したがって，適当でない。

間違いやすい選択肢▶(4)給湯管（給湯往き管）は貯湯タンクの頂部から取り出し，返湯管（還り管）は補給水管と同様に貯湯タンクの下部に接続する（下図①②参照）。

3　(4)　給湯管内の湯の温度は使用していないと低下する。中央式給湯設備の循環ポンプは，少量の湯を循環させ，給湯栓を開いたときにすぐ湯が出るようにするために設ける。給湯量に比較して循環量はかなり小さいので，循環ポンプは貯湯タンクの入口側（返湯管側）に設置する（下図参照）。したがって，適当でない。

間違いやすい選択肢▶(1)加熱装置を下階に設置した中央式給湯設備では，給湯立て管を立ち上げる**上向き供給方式**と，主管を一度立ち上げて配管内の空気を排除してから給湯する**下向き供給方式**とがある。いずれの方式においても，横引き配管に勾配をとり給湯栓や空気抜き弁などで空気を排除できるようにすることが重要である。

ワンポイントアドバイス　5・4・1　給湯方式，給湯温度

① 給湯方式には，貯湯タンクや循環ポンプ，返湯管を設けた**中央式**と，給茶用電気温水器などのような**局所式**がある。

② 中央式給湯方式では，**レジオネラ属菌対策**として，給湯温度は貯湯タンク内で60℃以上とし，ピーク使用時においても55℃以上とする。

③ 中央式給湯方式には，系統ごとに立て管を立ち上げる**上向き供給方式**と，給湯主管を立ち上げて給湯管内の空気を排除してから供給する**下向き供給方式**がある（図参照）。

④ **給湯循環ポンプ**は，湯を使用していないときに配管内の湯温が低下するのを防止するために設ける。設置位置は返湯管側とする。

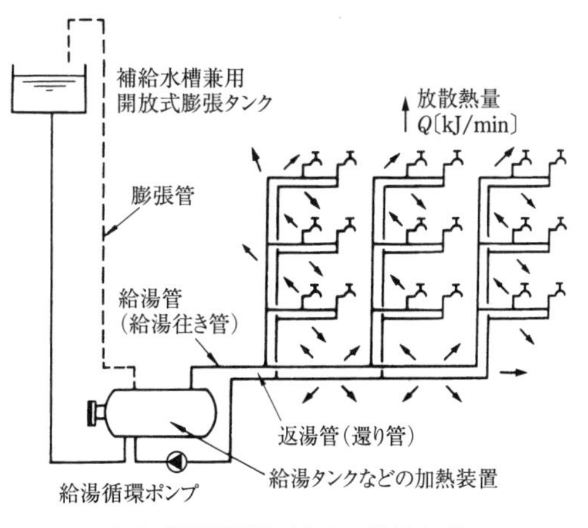

中央式給湯設備（上向き供給方式）

⑤ ガス瞬間湯沸器には，給湯栓が本体に付属している**元止め式**と給湯配管の先に設けた給湯栓の開閉によりバーナが点火する**先止め式**とがあり，中央式給湯方式には先止め式が用いられる。

⑥ 中央式給湯設備の給湯配管では，リバースリターン方式は，湯の循環に有効ではない。

●5・4・3　給湯機器，安全装置

4

給湯設備に関する記述のうち，**適当でないもの**はどれか。

(1)　中央式給湯設備における貯湯タンク内の湯温は，レジオネラ属菌の繁殖防止のため，60℃以上とする。

(2)　中央式給湯設備の循環経路に気水分離器を取り付ける場合は，配管経路の高い位置に設置する。

(3)　給湯管に銅管を用いる場合，かい食を防止するため，管内流速が 1.5 m/s 以下となるように管径を選定する。

(4)　真空式温水発生機及び無圧式温水発生機は，「労働安全衛生法」によるボイラーに該当することから，取扱いにボイラー技士を必要とする。

《R4-A30》

5

給湯設備に関する記述のうち，**適当でないもの**はどれか。

(1)　中央式給湯設備の返湯管の管径は，一般的に，給湯管の $\frac{1}{2}$ 程度とし，循環流量から管内流速を確認して決定する。

(2)　貯湯タンクには，加熱による水の膨張で装置全体の圧力を異常に上昇させないため，逃し管又は安全弁（逃し弁）を設ける。

(3)　住宅のセントラル給湯に使用する瞬間式ガス湯沸器は，冬期におけるシャワーと台所の湯の同時使用，及び，浴槽の湯張り時間を考慮して，一般的に，12 号程度の能力が必要である。

(4)　小型貫流ボイラーは，保有水量が少ないため負荷変動の追随性が良く，伝熱面積が 30 m^2 以下の場合，取扱いにボイラー技士を必要としない。

《R2-A30》

6

給湯設備に関する記述のうち，**適当でないもの**はどれか。

(1)　中央式給湯設備の熱源に使用する真空式温水発生機の運転には，有資格者を必要としない。

(2)　循環ポンプの揚程は，貯湯タンクから最高所の給湯栓までの配管の摩擦損失抵抗及び給湯栓の最低必要吐出圧力を考慮して求める。

(3)　循環式浴槽設備では，レジオネラ症防止対策のため，循環している浴槽水をシャワーや打たせ湯には使用しない。

(4)　瞬間湯沸器の 1 号は，流量 1 L/min の水の温度を 25℃ 上昇させる能力を表しており，加熱能力は約 1.74 kW である。

《R1-A30》

〈p.110 の解答〉 **正解**　**1** (1)，**2** (1)，**3** (4)

7

給湯設備に関する記述のうち，**適当でないもの**はどれか。

(1)　中央給湯方式の循環ポンプは，貯湯タンクの入口側に設置する。

(2)　給湯栓の吐出圧力は，循環ポンプの揚程により定められる。

(3)　給湯管に銅管を用いる場合，管内流速が 1.5 m/s 程度以下になるように管径を決定する。

(4)　中央給湯方式の循環ポンプの循環量は，循環配管路の熱損失と許容温度降下により求められる。

《基本問題》

▶解説

4　(4)　真空式及び無圧式温水発生機は，湯が 100℃ 以上にならない構造のため，「労働安全衛生法」によるボイラーに該当しないため，取扱いにはボイラー技士などの有資格者を必要としない。したがって，適当でない。

間違いやすい選択肢▶ (2) 中央式給湯設備の循環経路に気水分離器を取り付ける場合は，配管経路の高い（水圧の低い）位置に設置する。

5　(3)　住戸において，冬期のシャワーと台所の同時使用の場合のガス瞬間給湯器の能力は 40 kW 程度，号数にして 24 号程度が必要となる。したがって，適当でない。

6　(2)　給湯配管は密閉回路であるので，循環ポンプの揚程は，給湯管と返湯管の長さの合計が最も大きくなる配管系統の摩擦損失のみにより決定される。給湯栓の最低必要吐出圧力を加算する必要はない。したがって，適当でない。

間違いやすい選択肢▶ (4) 瞬間湯沸器の 1 号は，流量 1 L/min の水の温度を 25℃ 上昇させる能力を表しており，加熱能力は約 1.74 kW である。

7　(2)　給湯栓での吐出圧力は，補給水の圧力，給湯栓の設置位置（高さ），配管摩擦損失によって決まる。給湯栓の吐出圧力に給湯循環ポンプの揚程は関係しない。したがって，適当でない。

ワンポイントアドバイス　5・4・3　給湯機器，安全装置

①　水は加熱すると膨張するため，**逃し管（膨張管）**や**逃し弁**，**膨張タンク**などの**安全装置**を設ける。逃し管には止水弁を設けてはならない。開放式膨張タンクの有効容量は，水の膨張量に時間最大予想給湯量の 1/3～1 倍を加えた容量とする。

②　貯湯タンクの容量は，ホテルなどでは 1 日給湯使用量の 1/5 程度とするが，加熱能力を大きくすればタンク容量は小さくすることができる。

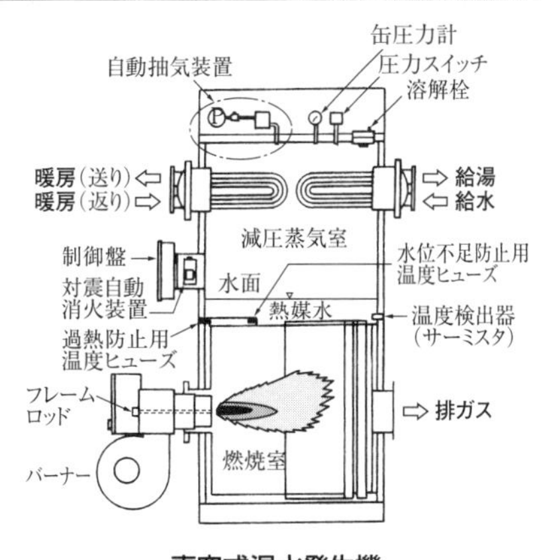

真空式温水発生機

5・5 排水・通気設備

●5・5・1　排水トラップ，封水の損失原因，間接排水，オフセット

1

排水・通気設備に関する記述のうち，**適当でないもの**はどれか。

(1)　建物・敷地内では，汚水と雑排水を同一排水系統とすることを合流式というが，下水道では，汚水及び雑排水と雨水を同一排水系統とすることを合流式という。

(2)　器具排水負荷単位は，洗面器の最大排水流量 28.5 L/min を基準単位 1 としている。

(3)　排水時に排水管内に圧力変動が生じ，主に負圧変動によって，トラップの封水が排水管側に吸い込まれてしまう現象を自己サイホン作用という。

(4)　排水・通気用耐火二層管は，硬質ポリ塩化ビニル管に繊維モルタルで被覆したものである。

《R5-A31》

2

排水・通気設備に関する記述のうち，**適当でないもの**はどれか。

(1)　排水トラップの封水強度を高めるためには，トラップの封水の深さを大きくすることと，トラップの脚断面積比を大きくすることが有効である。

(2)　器具排水負荷単位法により通気管径を定算する場合の通気管長さは，通気管の実長に局部損失相当長を加算する。

(3)　排水立て管の 45 度を超えるオフセットの上下 600 mm 以内には，排水横枝管を接続してはならない。

(4)　排水槽の底面には $\frac{1}{15}$ 以上，$\frac{1}{10}$ 以下の勾配を設け，最下部には排水ピットを設ける。

《R4-A31》

3

排水設備に関する記述のうち，**適当でないもの**はどれか。

(1)　ブランチ間隔とは，汚水又は雑排水立て管に接続する排水横枝管の垂直距離の間隔のことであり，2.5 m を超える場合を 1 ブランチ間隔という。

(2)　管径 65 mm 以上の間接排水管の末端と，間接排水口のあふれ縁との排水口空間は，最小 150 mm とする。

(3)　器具排水負荷単位は，大便器の排水流量を標準に，器具の同時使用率等を考慮して定められたものである。

(4)　グリース阻集器の容量算定には，阻集グリースの質量，たい積残さの質量及び阻集グリースの掃除周期を考慮する。

《R2-A31》

〈p.112～p.113 の解答〉 **正解**　**4** (4)，**5** (3)，**6** (2)，**7** (2)

▶解説

1 ⑶　自己サイホン作用は，洗面器などに水を満水にし，排水栓を抜いて排水するとトラップや器具排水管内が満水状態となり，排水終了後にサイホン作用が働き，トラップ内に封水があまり残らなくなる現象である。誘導サイホン作用（吸出し現象）の記述である。したがって，適当でない。

間違いやすい選択肢▶⑴合流式は建物・敷地内では雨水は除き，汚水と雑排水を同一系統で排水する方式である。一方，下水道では汚水と雑排水に雨水を加え同一系統で排水する方式である。建物・敷地内と下水道では合流式の定義が異なることに注意する。

2 ⑵　**器具排水負荷単位法**により通気管径を算定する場合，通気管長さには継手などの局部損失相当長は加算しない（定常流量法による場合は加算）。したがって，適当でない。

間違いやすい選択肢▶⑴排水トラップの封水強度を高めるためには，トラップの封水の深さを大きくすることと，トラップの脚断面積比を大きくすることが有効である。

3 ⑶　**器具排水負荷単位**は，トラップ口径 32 mm を有する洗面器の排水流量（最大排水流量値）を標準に，器具の同時使用率等を考慮して定められたものである。したがって，適当でない。

間違いやすい選択肢▶⑴**ブランチ間隔**とは排水横管どうしの垂直間隔をいう。1 ブランチ間隔 2.5 m に満たない上下の排水横枝管からの排水は，排水立て管に 1 か所で同時に流入したものとして，排水管径を決定しなければならない。

ワンポイントアドバイス　5・5・1　排水設備

① **排水トラップ**は，下水ガスや害虫が衛生器具などを通って室内に侵入するのを防止するために設け，**サイホン式**（P, S, U トラップ）と**非サイホン式**（わん，ドラムトラップなど）に大別される。S トラップのほうが，P トラップより自己サイホン作用が起こりやすい。

② 排水トラップ封水が損失する原因には**誘導サイホン作用・自己サイホン作用**・蒸発・毛細管現象などがある。

③ 自己サイホン作用を防止するため，器具排水口からトラップウェアまでの垂直距離は，600 mm 以下とする。

④ **トラップの有効深さ（封水深）**は，図のように 5 cm 以上 10 cm 以下（ドラムトラップなどの阻集器を兼ねる場合は，5 cm 以上）とする。

⑤ トラップ機能をもった排水管どうしを接続する二重トラップは禁止されている。

⑥ **間接排水**の方法には，**排水口空間**と洗濯機パンなどに用いられる**排水口開放**がある。

⑦ 排水立て菅オフセット部の上下 600 mm 以内には排水横枝管を接続しない（図参照）。

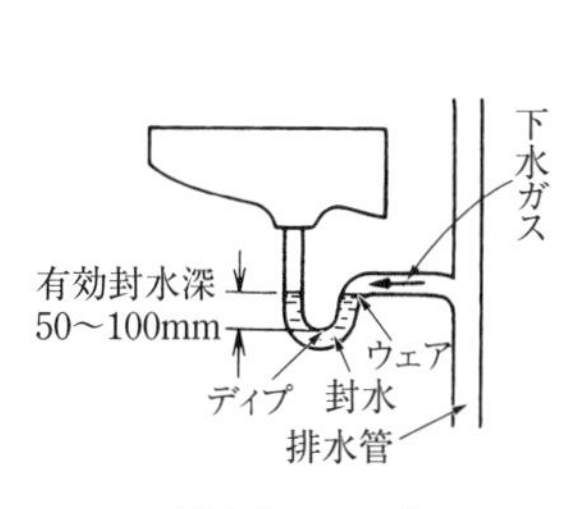

排水トラップ

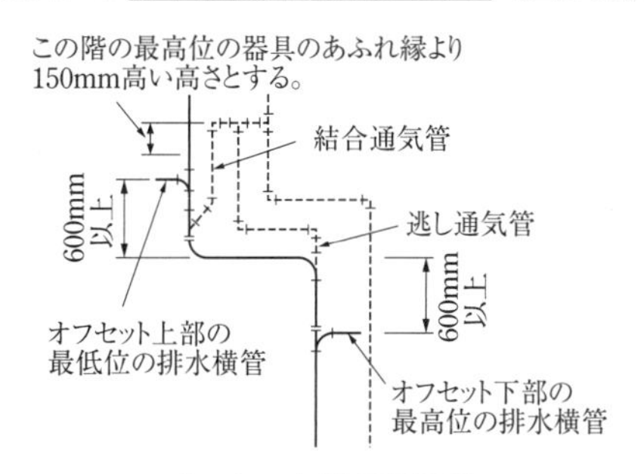

オフセット部の配管例

●5・5・2　排水管の勾配・管径，ブランチ間隔，掃除口

4
□□□

排水・通気設備に関する記述のうち，**適当でないもの**はどれか。

(1)　通気管どうしを接続する場合は，その階における最高位の器具のあふれ縁より150 mm 以上立ち上げて接続する。

(2)　ループ通気管の管径は，その排水横枝管と通気立て管の管径のうち，いずれか小さい方の1／2以上とする。

(3)　通気管末端の開口部は，戸や窓その他開口部の上端より400 mm 以上立ち上げていれば，水平方向の離隔制限はない。

(4)　器具排水口からトラップウェアまでの垂直距離は600 mm 以下とする。

《R5-A32》

5
□□□

排水・通気設備に関する記述のうち，**適当でないもの**はどれか。

(1)　ブランチ間隔とは，汚水又は雑排水立て管に接続する排水横枝管の垂直距離の間隔のことであり，2.5 m を超える場合を1ブランチ間隔という。

(2)　汚物ポンプは，固形物を多く含んだ水を排水するため，それに適したノンクロッグ形ポンプ，ボルテックス形ポンプ等を用いる。

(3)　結合通気管は，その階からの排水横枝管が排水立て管に接続する部分の下方からとり，45度Y継手等を用いて排水立て管から分岐して立ち上げ，その床面の下方で通気立て管に接続する。

(4)　伸頂通気方式の排水立て管には，原則としてオフセットを設けてはならない。

《R4-A33》

6
□□□

排水設備に関する記述のうち，**適当でないもの**はどれか。

(1)　管径100 mm の排水管の掃除口の設置間隔は，30 m 以内とする。

(2)　排水管の管径決定において，ポンプからの排水管を排水横主管に接続する場合は，器具排水負荷単位に換算して管径を決定する。

(3)　排水立て管に対して45°以下のオフセットの管径は，垂直な排水立て管とみなして決定してよい。

(4)　オイル阻集器は，洗車の時に流出する土砂及びワックス類も阻集できる構造とする。

《R3-A31》

▶解説

4　(3)　排水通気管の大気開放部が，建物及び隣地建物の出入り口，窓，外気取入れ口，換気口などの付近にある場合は，開口部の上部から600 mm 以上立ち上げるか，それらの開口部から水平に3 m 以上離して，大気に開口させる。よって，戸や窓その他開口部の上

〈p.114の解答〉 **正解**　**1** (3)，**2** (2)，**3** (3)

端より 400 mm 以上立ち上げは不十分であり，水平方向に離隔距離についても制限がある。したがって，適当でない。

間違いやすい選択肢▶ (2) ループ通気管の管径は，接続される排水横枝管と通気立て管の管径のうち，いずれか小さい方の 1/2 以上とする。また，結合通気管の管径は，通気立て管と排水立て管の管径のうち，いずれか小さい方の管径以上とする。

5 (3)　結合通気管は，下端はその階からの排水横枝管が排水立て管に接続する部分の下方から分岐して立上げ，その床面の 1 m 上方で通気立て管に接続する（下図①参照）。したがって，適当でない。

間違いやすい選択肢▶ (4) 伸頂通気方式の排水立て管には，原則としてオフセットを設けてはならない。最下階にピロティがあるような場合には，オフセットを必要とするが，その際には，排水立て管下部の正圧緩和のための通気管を設ける。

6 (1)　排水横管の掃除口の設置間隔は，管径 100 mm 以下は 15 m 以内，100 mm を超える場合は 30 m 以内とする。また，大きさは管径 100 mm 以下は同口径，100 mm を超える場合は 100 mm より小さくしてはならないと規定されている。したがって，適当でない。

間違いやすい選択肢▶ (4) 排水トラップの深さ（封水深）は 50～100 mm であるが，阻集器を兼ねる場合には 50 mm 以上と規定されている。

ワンポイントアドバイス　5・5・2　排水・通気設備

① 排水管は，立て菅と横管（器具排水管，横枝管，横主管）で構成される。

② 排水横管の**勾配**は，流速が 0.6 m/s 以上 1.5 m/s 以下となるようにする。管径 65 mm 以下は 1/50，75～100 mm は 1/100，125 mm は 1/150，150 mm 以上は 1/200 を標準とする。

③ 器具の排水管と排水横管の管径は，最小 30 mm とする。埋設管は 50 mm 以上が望ましい。

④ 通気管は排水トラップの封水を保護するために設ける。通気方式は，排水横管に用いる**各個通気方式**と**ループ通気方式**，排水立て菅に用いる**伸頂通気方式**に大別される（図参照）。

⑤ 各器具トラップの下流側の排水管から取り出す各個通気管は，自己サイホン作用と誘導サイホン作用の防止に有効だが，わが国ではループ通気方式の採用が多い。

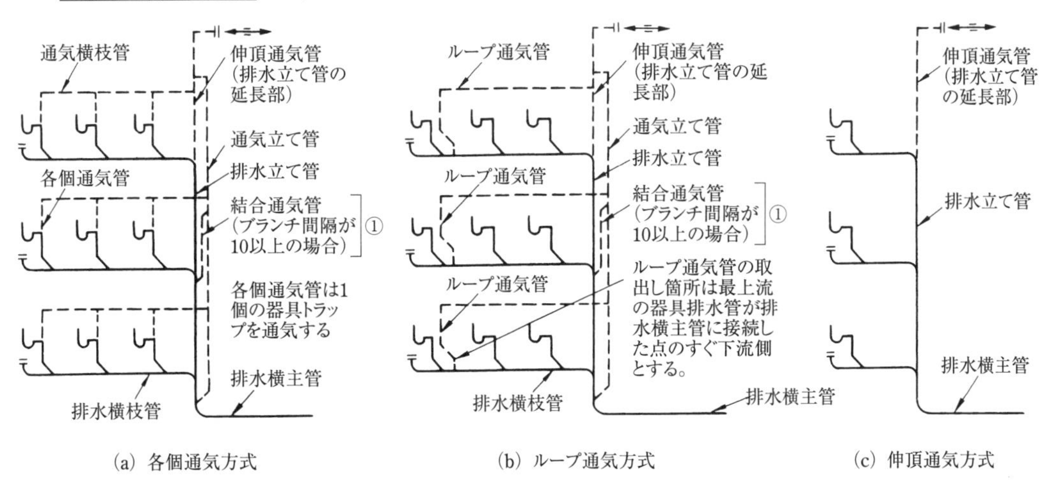

(a) 各個通気方式　(b) ループ通気方式　(c) 伸頂通気方式

●5・5・3　排水ます，排水槽，排水ポンプ

7

排水設備に関する記述のうち，**適当でないもの**はどれか。

(1)　排水槽に設置する排水用水中モーターポンプは，一般的に，排水槽の有効貯水量を10～20分で排出する能力とする。

(2)　排水用水中モーターポンプは，汚水用，雑排水用及び汚物用に区分され，汚水用は固形物をほとんど含まない水を排水するポンプである。

(3)　排水ポンプは，一般的に，水中モーターポンプとし，1台一組で設置する。

(4)　汚水排水ますの底部には，インバートを設けて，上流側管底と下流側管底の段差がないようにフラットに仕上げる。

《R5-A33》

8

排水槽及び排水ポンプに関する記述のうち，**適当でないもの**はどれか。

(1)　排水槽の容量は，一般的に，流入排水の負荷変動，ポンプの最短運転時間，槽内貯留時間等を考慮して決定する。

(2)　通気弁は，大気開口された伸頂通気のような正圧緩和の効果がないため，排水槽の通気管末端には使用してはならない。

(3)　排水の貯留時間が長くなるおそれがある場合は，臭気の問題等から，一定時間を経過するとタイマーでポンプを起動させる制御方法を考慮する。

(4)　汚水用水中モーターポンプは，小さな固形物が混入した排水に用いられ，口径の40％程度の径の固形物が通過可能なものである。

《R2-A33》

9

排水・通気設備に関する記述のうち，**適当でないもの**はどれか。

(1)　工場製造のグリース阻集器は，許容流量及び標準阻集グリース量を確認した上で選定する。

(2)　伸頂通気方式では，高さ30mを超える排水立て管の許容流量は，低減率を乗じて算出する。

(3)　定常流量法により通気管径を決定する際には，通気管の実管長に局部損失を加えた相当管長から許容圧力損失を求める。

(4)　排水ポンプの容量は，排水槽への流入量の変動が著しい場合，毎時平均排水量とする。

《基本問題》

〈p.116の解答〉**正解**　**4**(3)，**5**(3)，**6**(1)

▶解説

7　(4)　インバートますの上流側管底と下流側管底との間には，排水を円滑に流すためにこう配を設ける。したがって，適当でない。

間違いやすい選択肢▶ (1) 一般に排水ポンプは排水槽の有効容量を 10～20 分で排出するように選定する。また，排水ポンプは排水量がほぼ一定の場合は，時間平均排水量の 1.2～1.5 倍程度とし，排水量の変動が激しく排水タンクの容量が小さい場合，排水ポンプの容量は最大排水量を処理できる能力で決定する。

8　(4)　汚水用水中モーターポンプは口径 40 mm 以上とし，小さな固形物が混入した湧水や雨水などに用いられ，口径の 10% 程度の径の固形物が通過可能である。また，雑排水用は口径を 50 mm 以上，直径 20 mm の大きさの球形固形物を排出できるものとする。汚物用は口径を 80 mm 以上，直径 53 mm の大きさの球形固形物を排出できるものとする。したがって，適当でない。

9　(4)　排水槽への流入量の変動が著しい場合の排水ポンプの容量は，排水槽の容量が小さい場合は最大排水量を処理できる能力とする。したがって，適当でない。

間違いやすい選択肢▶ (3) 定常流量法により通気管径を決定する場合は，通気管の実管長にエルボなどの局部損失を加えた相当管長から求めるが，器具排水負荷単位法では，局部損失は加算しない。

ワンポイントアドバイス　5・5・3　排水ます，排水槽，排水ポンプ

① 排水ますには**汚水ます**（インバートます），**雨水ます**と**トラップます**があり，排水が合流する箇所や管径の 120 倍以内に設ける。

② トラップますには，50～100 mm の封水と 150 mm 以上の泥だめを設ける。

③ 排水槽の底部の勾配，ポンプの設置やマンホールについては右図参照。

④ **排水槽の容量**は，流入量の変動が大きい場合は最大排水流量の 30 分間程度とする。

⑤ **排水ポンプの容量**は，流入量がほぼ一定の場合は流入量の 1.2～1.5 倍程度，変動が大きく排水槽が小さい場合は最大排水流量とする。

通気管（50mm以上）は単独に立ち上げ，直接外気に衛生上有効に開放すること。
通気のための装置以外の部分から臭気がもれないこと。
流入管
1/15～1/10
小規模な排水槽の場合を除き，マンホールの内径は600mm以上。
流入管に近接しない位置に吸込みピットを設けること。
ポンプの吸込み部の周囲及び下部には200mm以上のクリアランスのあること。

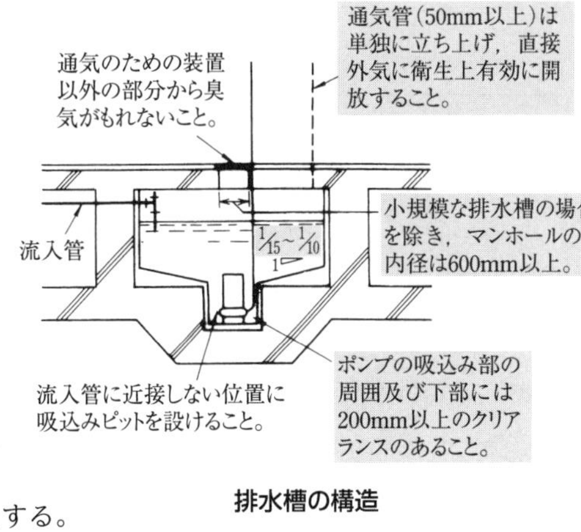

排水槽の構造

⑥ **排水ポンプ**の種類と用途

汚物ポンプ	汚水，厨房排水など固形物（直径 53 mm 以内）を含む排水を揚水するもので，ポンプの口径は 80 mm 以上とする。大便器の排水などには，ブレードレス形ポンプ，ノンクロッグ形ポンプなどを用いる。
雑排水ポンプ	雑排水など小さな固形物（直径 20 mm 以内）が混入した排水を揚水するもので，ポンプの口径は 50 mm 以上とする。配管径は 65 mm 以上が望ましい。
汚水ポンプ	浄化槽の処理水，雨水及び湧水など，固形物をほとんど含まない排水を揚水するもので，ポンプの口径は 40 mm 以上とする。

●5・5・4　通気管の種類・管径，大気開口

10

□□□

排水・通気設備に関する記述のうち，**適当でないもの**はどれか。

(1)　器具排水負荷単位法による通気管の管径算定において，所定の表を使用する場合，通気管長さは通気管の実長とし，局部損失相当長を加算しなくてよい。

(2)　通気弁は，大気に開放された伸頂通気管と同様に正圧緩和の効果が期待できる。

(3)　建物の階層が多い場合の1階の排水横枝管は，排水立て管に接続せず，単独で屋外の排水桝に接続する。

(4)　伸頂通気方式において，誘導サイホン作用の防止には，排水用特殊継手を用いて管内圧力の緩和を図る方法がある。

《R3-A32》

11

□□□

通気設備に関する記述のうち，**適当でないもの**はどれか。

(1)　通気立て管の上部は，管径を縮小せずに延長し，上端は単独で大気に開放するか，最高位の衛生器具のあふれ縁より150 mm以上立ち上げて伸頂通気管に接続する。

(2)　通気管の開口部が，建物の出入り口，窓，換気口等の付近にある場合は，水平距離で600 mm以上離す。

(3)　各個通気管の取り出し位置は，器具トラップのウェアから管径の2倍以上離れた位置とする。

(4)　排水横枝管に分岐がある場合は，それぞれの排水横枝管に通気管を設ける。

《R2-A32》

12

□□□

排水・通気設備に関する記述のうち，**適当でないもの**はどれか。

(1)　トラップの誘導サイホン作用の対策のうち，管内圧力を緩和させる方法としては，一般的に，ループ通気方式より伸頂通気方式のほうが有効である。

(2)　排水立て管の垂直に対して45度を超えるオフセットの管径は，排水横主管として決定する。

(3)　器具排水負荷単位法によって通気管径を求める場合の通気管長さは，通気管の実長とし，局部損失相当管長を加算しない。

(4)　通気管どうしを接続する場合は，その階における最高位の器具のあふれ縁より150 mm以上立ち上げて接続する。

《基本問題》

〈p.118の解答〉 **正解**　**7**(4)，**8**(4)，**9**(4)

▶解説

10 (2)　**通気弁**は伸頂通気管の頂部などに設け，排水管内の負圧の緩和には有効であるが，正圧緩和には有効でない。したがって，適当でない。

間違いやすい選択肢▶(4) 集合住宅などに用いられ通気立て管が不要となる**排水用特殊継手**（排水集合管ともいう）には，排水横枝管からの排水を円滑に流入させ，排水立て管内の流速を抑制（減速）する効果がある。

11 (2)　通気管の開口部が，建物の出入り口，窓，換気口等の付近にある場合は，その上端から600 mm以上立ち上げるか，水平距離で3 m以上離れた位置とする。また，屋上などを物干しなどに使用する場合は2 m（使用しない場合は600 mm）以上立ち上げて開口する。したがって，適当でない。

間違いやすい選択肢▶(3) 通気管には，器具排水管に設ける**各個通気管**，排水横枝管に設ける**ループ通気管**，排水主管に設ける**伸頂通気管・結合通気管・逃し通気管**などがある。各個通気管の管径は，接続する排水管径の1／2以上とする。

12 (1)　ループ通気方式では排水横枝管が通気されるのに対して，伸頂通気方式では排水立て管のみで排水横枝管は通気されないため，誘導サイホン作用の対策としてはループ通気方式のほうが有効といえる。したがって，適当でない。

間違いやすい選択肢▶(4) ループ通気管を通気立て管に接続する場合，最高位の器具のあふれ縁より150 mm以上立ち上げてから接続する。

ワンポイントアドバイス　5・5・4　通気管の種類・管径，大気開口

① 通気管の管径は30 mm以上とする。排水槽の通気管は50 mm以上で単独で大気に開放とする。

② ループ通気管などの管径は，右表参照。

伸頂通気管	排水立て管の管径より小さくしてはならない。
各個通気管	その接続される排水管の管径の1/2以上とする。
ループ通気管	排水横枝管と通気立て管のうち，いずれか小さいほうの管径の1/2以上とする。
逃し通気管	それを接続する排水横枝管の管径の1/2以上とする。
結合通気管	排水立て管と通気立て管のうち，いずれか小さいほうの管径以上とする。

③ ループ通気管などは，器具のあふれ縁より150 mm以上立ち上げて通気立て管に接続する（床下での接続は禁止されている）。

④ **結合通気管**は，ブランチ間隔10以内ごとに設ける。

⑤ 通気管末端の開口部（通気口）の開放位置は，下図の通りとする。

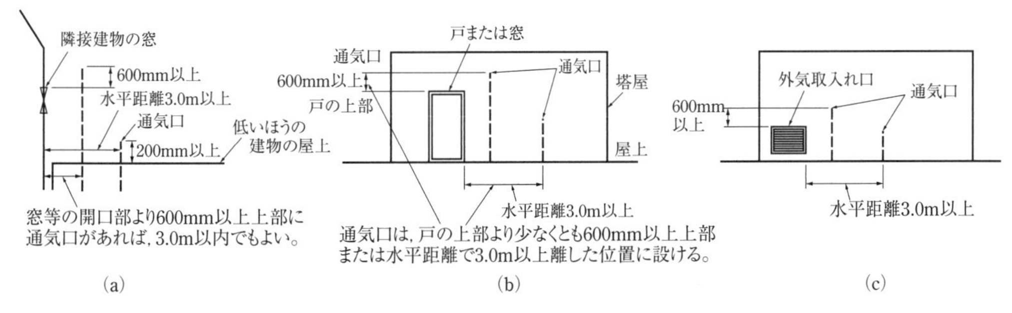

通気口の位置

5・6　消火設備

●5・6・1　消火の原理

1

消火設備の消火原理に関する記述のうち，**適当でないもの**はどれか。

(1)　水噴霧消火設備は，霧状の水の放射による冷却効果及び発生する水蒸気による窒息効果により消火するものである。

(2)　粉末消火設備は，粉末状の消火剤を放射し，消火剤の熱分解で発生した二酸化炭素や水蒸気による窒息効果，冷却効果等により消火するものである。

(3)　不活性ガス消火設備は，不活性ガスを放射し，ガス成分の化学反応による負触媒効果により消火するものである。

(4)　泡消火設備は，泡状の消火剤を放射し，燃焼物を泡の層で覆い，窒息効果と冷却効果により消火するものである。《R2-A34》

●5・6・2　不活性ガス，スプリンクラー設備

2

消火設備に関する記述のうち，**適当でないもの**はどれか。

(1)　屋内消火栓設備は，現場に到着した公設消防隊が使用するために設置されるもので，加圧した水をノズルから消火対象物に噴射させて，冷却効果を利用して消火するものである。

(2)　スプリンクラー消火設備は，火災を初期段階で自動的に消火する設備であり，水を消火剤とし，冷却効果を利用して消火するものである。

(3)　泡消火設備は，水と泡原液を混合させて作る泡水溶液を放出し，燃焼物を厚い泡で覆うことで空気を遮断し，窒息と冷却の効果を利用して消火するものである。

(4)　不活性ガス消火設備には，イナートガス消火設備と二酸化炭素消火設備があり，不活性ガスを空気中に放出して酸素の容積比を低下させ窒息効果を利用して消火するものである。《R5-A34》

3

不活性ガス消火設備に関する記述のうち，**適当でないもの**はどれか。

(1)　不活性ガス消火設備に用いる消火剤の種類には，二酸化炭素，窒素，IG-55，IG-541がある。

(2)　貯蔵容器は，防護区画以外の温度40℃以下で温度変化が少なく，直射日光及び雨水のかかるおそれの少ない場所に設ける。

(3)　全域放出方式又は局所放出方式の不活性ガス消火設備の非常電源は，当該設備を有効に30分間作動できる容量以上とする。

(4)　不活性ガス消火設備を設置した場所には，その放出された消火剤及び燃焼ガスを安全な場所に排出する措置が必要である。《R3-A34》

4

スプリンクラー設備の種類と概要に関する記述のうち，**適当でないもの**はどれか。

(1)　閉鎖型スプリンクラーヘッドを用いた湿式スプリンクラー設備は，火災報知器の

〈p.120の解答〉 **正解** 10(2), 11(2), 12(1)

感知又は手動によりポンプが作動し消火するものである。

(2) 閉鎖型スプリンクラーヘッドを用いた乾式スプリンクラー設備は，スプリンクラーヘッドが熱により開栓し，管内空気の圧力低下を感知することでポンプが作動し消火するものである。

(3) 閉鎖型スプリンクラーヘッドを用いた予作動式スプリンクラー設備は，火災報知器の感知により予作動弁が開放し，管内空気の圧力低下の感知によりポンプが作動するとともに，スプリンクラーヘッドが熱により開栓し消火するものである。

(4) 開放型スプリンクラーヘッドを用いたスプリンクラー設備は，火災報知器の感知によりポンプが作動するか，手動により一斉開放弁を開いて消火するものである。《R4-A34》

▶解説

1 (3) 二酸化炭素や窒素などの**不活性ガス消火設備**は，不活性ガスを放射し主に酸素の容積比を低下させ，窒息効果により消火するものである。したがって，適当でない。

2 (1) 連結送水管の記述である。一方，屋内消火栓設備は，火災が発生して公設消防隊が現場に到着するまでに，建築物関係者や自衛消防隊が初期消火を目的として使用する。したがって，適当でない。

間違いやすい選択肢▶ (3) 泡消火設備は，消火薬剤として，水と泡原液を混合させてつくる泡水溶液を用いる。この泡で燃焼物を覆い，窒息消火と冷却消火の2つ効果で消火を行うことに注意する。

3 (3) 不活性ガス消火設備に設ける非常電源は，有効に60分間作動できる容量とする。したがって，適当でない。

4 (1) 一般のビルなどに用いられる閉鎖型スプリンクラーヘッドを用いた湿式スプリンクラー設備は，スプリンクラーヘッドが熱により開栓し，ポンプが自動で作動し消火するものものである。したがって適当でない

ワンポイントアドバイス 5・6 消火設備

① **消火の原理**は，**窒息**効果（酸素の遮断），**冷却**効果，**負触媒**効果，**希釈**，除去，それらの併用である（不活性ガス消火設備などの消火の原理は，下表参照）。
② 屋内消火栓やスプリンクラー設備については，第8章設備関連法規を参照のこと。
③ 窒素などのイナートガスの場合は，放出時の区画内の圧力上昇防止のため**避圧口**を設ける。
④ ボイラー室などの多量に火気を使用する室の消火剤は，二酸化炭素とする（避圧口は不要）。

水噴霧消火設備	水を霧状に噴霧し，酸素の遮断と水滴の熱吸収による冷却効果で消火を行うもので，駐車場などの消火に適用されている。
泡消火設備	泡を放射して可燃性液体の表面を覆い，窒息効果と冷却効果で消火を行うもので，駐車場などの消火に適用されている。
不活性ガス消火設備	二酸化炭素などの不活性ガスを放射して酸素の容積比を低下させ，窒息効果により消火を行うもので，駐車場・電気室・ボイラ室などの消火に適用されている。
ハロゲン化物消火設備	ハロゲン化合物を放射して加熱により生じる重い気体による窒息効果と消火剤の負触媒効果により消火を行うもので，不活性ガス消火設備と同様な防火対象物の消火に適用されている。
粉末消火設備	噴射ヘッドから放射される粉末消火剤が熱分解により二酸化炭素を発生し，可燃物と空気を遮断する窒息作用と，熱分解の時の熱吸収による冷却作用により消火を行うもので，駐車場・変電室などの消火に適用されている。

5・7　ガス設備

●5・7・1〜2　都市ガスの種類・特徴，液化石油ガスの種類・特徴

1

ガス設備に関する記述のうち，**適当でないもの**はどれか。

(1)　供給ガスの発熱量は，一般的に，総発熱量（高発熱量）から排ガス中の水蒸気が持つ蒸発熱を差し引いた低発熱量で表される。

(2)　都市ガスの種類は，数字とアルファベットの組合せで表し，A，B，Cは燃焼速度を示しAが最も遅く，B，Cの順で速くなる。

(3)　都市ガス配管の試験は，最高使用圧力以上の圧力で気密試験を行い，漏洩がないことを確認する。

(4)　液化石油ガス（LPG）設備に用いる配管は，0.8 MPa以上の圧力で行う耐圧試験に合格したものとする。

《R5-A35》

2

ガス設備に関する記述のうち，**適当でないもの**はどれか。

(1)　液化石油ガス（LPG）は，圧力調整器によりガス容器（ボンベ）の中の高い圧力を1.0 kPaに減圧して燃焼機器に供給される。

(2)　都市ガスのガス漏れ警報器を天井部分に設置する場合は，警報器の下端は天井面の下方30 cm以内に設置する。

(3)　都市ガスの種類A・B・Cでは，燃焼速度はA・B・Cの順で速くなる。

(4)　液化石油ガス（LPG）設備で用いられる配管は，0.8 MPa以上で行う耐圧試験に合格したものとする。

《R3-A35》

3

ガス設備に関する記述のうち，**適当でないもの**はどれか。

(1)　都市ガスの種類A・B・Cにおける燃焼速度は，Aが最も速くB・Cの順で遅くなる。

(2)　液化天然ガスには，通常，一酸化炭素は含まれていない。

(3)　都市ガスのガス漏れ警報器は，天井面が0.6 m以上の梁等により区画されている場合は，燃焼器等側に設置する。

(4)　液化石油ガス設備士でなければ，液化石油ガス配管の気密試験の作業に従事できない。

《R1-A35》

▶解説

1　(1)　供給ガスの発熱量は，一般に低発熱量に蒸発熱を含めた高発熱量で表す。したがって，適当でない。

間違いやすい選択肢▶ (2) 都市ガスの種類は，記号A，B，Cで表され，A呼称のガスは燃焼速度が最も遅いグループで，B,C呼称の順に早くなる。またLPGは，プロパン，プロピレンの含有率により，い号，ろ号及びは号に区別され，い号はプロパン，プロピレンの含有率が高い。

〈p.122〜p.123の解答〉 **正解**　**1**(3)，**2**(1)，**3**(3)，**4**(1)

●5・7・3 ガス漏れ警報器

4

ガス設備に関する記述のうち，**適当でないもの**はどれか。

(1) 内容積が 20 L 以上の液化石油ガスの容器を設置する場合は，容器の設置位置から 2 m 以内にある火気を遮る措置を行う。

(2) 特定地下室等に都市ガスのガス漏れ警報器を設置する場合，導管の外壁貫通部より 10 m 以内に設置する。

(3) 一般消費者等に供給される液化石油ガスは，「い号」，「ろ号」，「は号」に区分され，「い号」が最もプロパン及びプロピレンの合計量の含有率が高い。

(4) 液化プロパンが気化した場合のプロパンの密度は，標準状態で約 2 kg/m^3 である。

《R2-A35》

2 (1) ガス器具入口でのガス供給圧力は，液化石油ガスで 2.3～3.3 kPa，都市ガスで 0.5～2.5 kPa 程度である。したがって，適当でない。

間違いやすい選択肢▶ (2) 液化石油ガス（LPG）の比重は約 1.6 で空気より重いので，**ガス漏れ警報器**は，天井面ではなく床面より 30 cm 以内に設置する（下図参照）。

3 (1) 都市ガスの種類はウォッベ指数及び燃焼速度により分類され，燃焼速度は，種別を表す記号 A が最も遅く，B，C の順で速くなる。したがって，適当でない。

間違いやすい選択肢▶ (2) 都市ガスは，メタンを主成分とした液化天然ガス（LNG）が使用される。無色・無臭で，一酸化炭素や硫黄分などの不純物を含んでおらず，二酸化炭素の発生量も少ない。比重は約 0.6 で空気よりも軽い。13 A のガスが多く使用されている。

4 (2) 特定地下室等に都市ガスの**ガス漏れ警報器**を設置する場合は，導管の外壁貫通部より 8 m 以内に設置しなければならない。なお，警報器の有効期間は 5 年を目安とし，検知部は周囲温度及びふく射温度が 50℃ を超えない位置とする。したがって，適当でない。

間違いやすい選択肢▶ (4) 気化したプロパンの密度は，標準状態で約 2 kg/m^3 である。

ワンポイントアドバイス 5・7 ガス設備

① 標準状態のガス 1 m^3 が完全燃焼したときに発生する熱量を発熱量という。

② **ウォッベ指数**とは，ガス発熱量をガスの比重の平方根で除したものをいう。

③ 中圧の都市ガスは，中圧 A（0.3～1.0 MPa）と中圧 B（0.1～0.3 MPa）に区分される。

④ ガス機器には開放式，半密閉式，密閉式（BF 形，FF 形）がある。排気筒には防火ダンパを設けてはならない。

⑤ LPG の硬質管のねじ切り作業などは，**液化石油ガス設備士**でなければ従事できない。

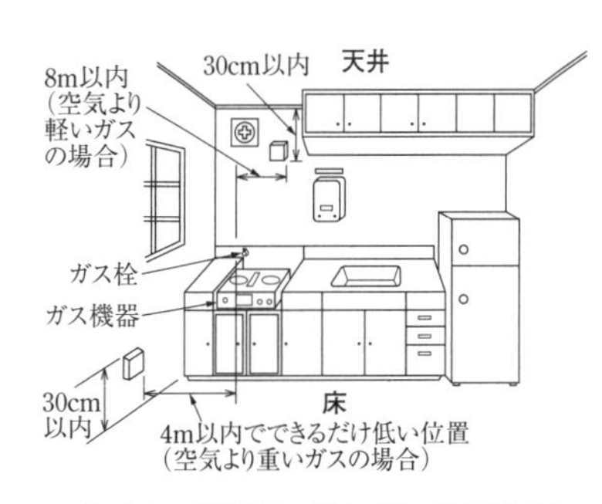

ガス漏れ警報器の検知部の設置位置

⑥ 小容量の低圧用ガスメータは，膜式が使用される。

⑦ ガス漏れ警報器検知部の設置位置は，都市ガスと液化石油ガスでは異なる（上図参照）。

給排水衛生設備

5・8　浄化槽

●5・8・1　処理方式の特徴，処理フロー

1

浄化槽に関する記述のうち，**適当でないもの**はどれか。

(1)　浄化槽は，し尿，雑排水，工場排水，雨水等を処理する設備又は施設である。

(2)　浄化槽の生物学的処理には，生物膜法や活性汚泥法がある。

(3)　生物膜法は，接触材に付着した生物膜で浄化する方式であり，回転板接触方式，接触ばっ気方式等がある。

(4)　活性汚泥法は，水中に浮遊する微生物を利用し浄化する方式であり，長時間ばっ気方式，活性汚泥方式等がある。　《R5-A36》

2

接触ばっ気方式の浄化槽の特徴に関する記述のうち，**適当でないもの**はどれか。

(1)　流入水が高負荷の場合，生物膜の肥厚が早くなるため，長時間ばっ気方式に比べて，浄化機能を保ちやすい。

(2)　出現する生物の種類が多く，比較的大型の生物が発生するため，長時間ばっ気方式に比べて，汚泥発生量はやや少なくなる。

(3)　生物膜のはく離と移送が生物管理の主たる作業となるため，長時間ばっ気方式に比べて，生物管理は容易である。

(4)　接触材に生物が付着しているため，長時間ばっ気方式に比べて，水量変動の影響はあまり受けない。　《R2-A37》

3

浄化槽の構造方法を定める告示に示された，処理対象人員30人以下の嫌気ろ床接触ばっ気方式の浄化槽のフローシート中，□内に当てはまる槽の**名称の組合せとして，正しいもの**はどれか。

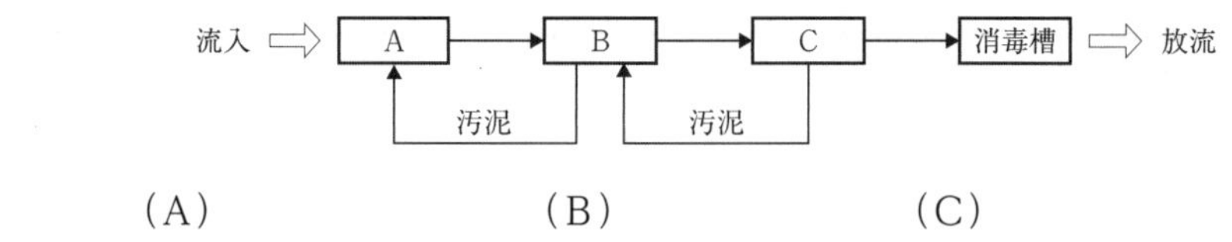

	(A)		(B)		(C)
(1)	嫌気ろ床槽	――	接触ばっ気槽	――	沈殿槽
(2)	嫌気ろ床槽	――	沈殿分離槽	――	接触ばっ気槽
(3)	接触ばっ気槽	――	嫌気ろ床槽	――	沈殿分離槽
(4)	沈殿分離槽	――	接触ばっ気槽	――	沈殿槽

《基本問題》

▶解説

1　(1)　浄化槽には理科系の実験・実習排水，病院の臨床検査室・放射線検査室・手術室の排水や放射線排水など一般の生活排水以外の排水を直接流入させてはならない。工場排水は一般の生活排水と異なり，また，雨水も流入させない。したがって，適当でない。

〈p.124～p.125の解答〉 **正解**　**1**(1)，**2**(1)，**3**(1)，**4**(2)

間違いやすい選択肢▶ (4) 浄化槽の処理方法として，活性汚泥法と生物膜法があり，活性汚泥法には長時間ばっ気法，標準活性汚泥法があり，生物膜法には接触ばっ気法，回転板接触法，散水ろ床法がある。なお，流入水が高負荷の場合，接触ばっ気法では生物膜の肥厚が早くなるため，長時間ばっ気法に比べて浄化性能を保ちにくい。処理方法の分類と種類に注意する。

2 (1) 浄化槽の処理方法には，**活性汚泥法**（①**長時間ばっ気法**，②標準活性汚泥法）と**生物膜法**（①**接触ばっ気法**，②回転板接触法，③散水ろ床法）とがある。**接触ばっ気方式**では，流入水が高負荷の場合は生物膜の肥厚が早くなるため，長時間ばっ気方式に比べて浄化機能を保ちにくい。したがって，適当でない。

間違いやすい選択肢▶ (4) 接触ばっ気方式は，長時間ばっ気方式に比べて水量変動や負荷変動の影響をあまり受けない。

3 (1) の組合せが正しい。出題が多い処理対象人員が30人以下の小型合併処理浄化槽の方式には，①**分離**接触ばっ気方式，②**嫌気ろ床**接触ばっ気方式，③**脱窒ろ床**接触ばっ気方式がある。それぞれのフローシートで，流入側第1槽の名称は処理方式名となるので覚えておくとよい（例：②の場合，第1槽は“嫌気ろ床槽“である。下図参照。）。

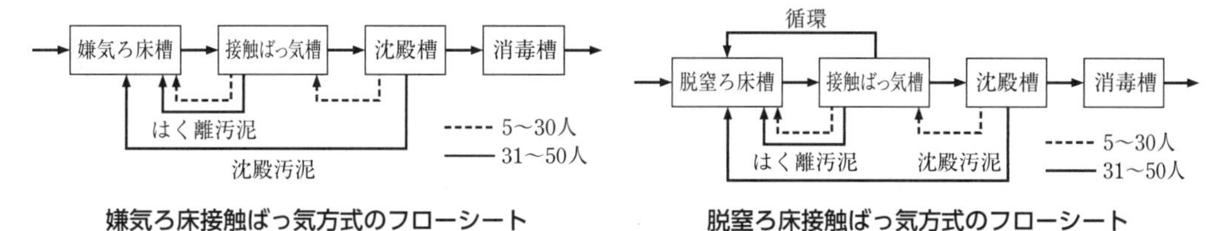

嫌気ろ床接触ばっ気方式のフローシート　　**脱窒ろ床接触ばっ気方式のフローシート**

ワンポイントアドバイス　5・8・1 処理方式の特徴

① 合併処理浄化槽の処理方法は，**生物膜法**と**活性汚泥法**に大別される。それぞれの特徴については，下表を参照のこと。

② 生物膜法は，水量変動や負荷変動がある場合に適し，低濃度の汚水処理に有効である。

③ 汚水中の窒素の除去は生物学的方法による。リンの除去はアルミニウムなどの凝集剤を加えて沈殿させる。浮遊物質SSの除去は，硫酸アルミニウムなどの凝集剤を加え沈殿処理する。

④ 浄化槽の処理水は，次亜塩素酸カルシウムなどにより塩素消毒して放流する。

浄化槽（合併処理）
- 生物膜法
  - 回転板接触方式
  - 接触ばっ気方式
  - 散水ろ床方式
- 活性汚泥法
  - 長時間ばっ気方式
  - 標準活性汚泥方式

浄化槽の処理方法

生物膜法と活性汚泥法との比較

項　目	生物膜法	活性汚泥法
適応性	生物分解速度の遅い物質の除去に有利。	生物分解速度の速い物質の除去に有利。
流量変動対応性	微生物が担体に付着しているので，あまり影響を受けない。	流入流量が増加すると，微生物が放流され，放流水質の低下を招く。
維持管理性	汚泥のはく離と移送が主であるので，比較的維持管理しやすい。	返送汚泥量とばっ気の調節が必要で，比較的維持管理しにくい。

給排水衛生設備

● 5・8・2　処理対象人員の算定

4

浄化槽（じょうかそう）の処理対象人員（しょりたいしょうじんいん）の算定（さんてい）に関（かん）する記述（きじゅつ）のうち，**適当（てきとう）でないもの**はどれか。

(1)　体育館（たいいくかん）は，延（の）べ面積（めんせき）に定数（ていすう）を乗（じょう）じて算定（さんてい）する。

(2)　公衆便所（こうしゅうべんじょ）は，利用人員（りようじんいん）に定数（ていすう）を乗（じょう）じて算定（さんてい）する。

(3)　事務所（じむしょ）は，業務用厨房設備（ぎょうむようちゅうぼうせつび）の有無（うむ）により，異（こと）なる定数（ていすう）を延（の）べ面積（めんせき）に乗（じょう）じて算定（さんてい）する。

(4)　ホテル・旅館（りょかん）は，結婚式場（けっこんしきじょう）又（また）は宴会場（えんかいじょう）の有無（うむ）により，異（こと）なる定数（ていすう）を延（の）べ面積（めんせき）に乗（じょう）じて算定（さんてい）する。

《R5-A37》

5

JIS に規定（きてい）する「建築物（けんちくぶつ）の用途別（ようとべつ）による屎尿浄化槽（しにょうじょうかそう）の処理対象人員算定基準（しょりたいしょうじんいんさんていきじゅん）」に定（さだ）められている「建築用途（けんちくようと）」と「算定単位（さんていたんい）」の組合（くみあわ）せのうち，**適当（てきとう）でないもの**はどれか。

	（建築用途（けんちくようと））	（算定単位（さんていたんい））
(1)	ホテル・旅館（りょかん）	延（の）べ面積（めんせき）〔m^2〕
(2)	病院（びょういん）・療養所（りょうようじょ）・伝染病院（でんせんびょういん）	ベッド数（すう）〔床（しょう）〕
(3)	共同住宅（きょうどうじゅうたく）	居室数（きょしつすう）〔室（しつ）〕
(4)	事務所（じむしょ）	延（の）べ面積（めんせき）〔m^2〕

《R3-A36》

● 5・8・3　放流水 BOD の計算，設置工事

6

FRP 製浄化槽（せいじょうかそう）の設置（せっち）に関（かん）する記述（きじゅつ）のうち，**適当（てきとう）でないもの**はどれか。

(1)　本体（ほんたい）の設置（せっち）は，本体（ほんたい）の損傷防止（そんしょうぼうし）や水平（すいへい）の調整（ちょうせい）のため，砂利事業（じゃりじぎょう）の後（あと）に山砂（やまずな）を適度（てきど）な厚（あつ）さに敷（し）き均（なら）し据（す）え付（つ）ける。

(2)　埋戻（うめもど）しは，本体（ほんたい）を安定（あんてい）させ，据付（すえつ）け位置（いち）からずれたり，水平（すいへい）が損（そこ）なわれることを防止（ぼうし）するため，水（みず）を張（は）った状態（じょうたい）で行（おこな）う。

(3)　上部（じょうぶ）スラブコンクリートは，雨水（うすい）が槽内（そうない）に浸入（しんにゅう）することを防（ふせ）ぐため，マンホールや点検口（てんけんこう）を頂点（ちょうてん）として水勾配（みずこうばい）を付（つ）ける。

(4)　浄化槽工事（じょうかそうこうじ）を行（おこな）う際（さい）には，浄化槽設備士（じょうかそうせつびし）が自（みずか）ら浄化槽工事（じょうかそうこうじ）を行（おこな）う場合（ばあい）を除（のぞ）き，浄化槽設備士（じょうかそうせつびし）に実地（じっち）に監督（かんとく）させて行（おこな）わなければならない。

《R4-A37》

〈p.126 の解答〉 **正解**　**1**(1)，**2**(1)，**3**(1)

7 □□□

合併処理浄化槽において，流入水が下表のとおりで，BOD 除去率が 95% の場合，放流水の BOD 濃度として，**適当なもの**はどれか。

排水の種類	流入水量（m³/日）	BOD 濃度（mg/L）
汚　水	50	260
雑排水	200	180

(1) 6.2 mg/L　(2) 9.8 mg/L　(3) 13.5 mg/L　(4) 18.7 mg/L

《R1-A37》

▶解説

4 (2) 公衆便所の処理対象人員は，総便器数に定数を乗じて算定するので，利用人員は用いない。したがって，適当でない。

間違いやすい選択肢▶ (4)ホテル・旅館の処理対象人員は，定員基準ではなく，延べ床面基準とし，結婚式場又は宴会場の有無により異なる乗数を延べ床面積に乗じて算定する。JIS A3302-2000 建築物の用途別による屎尿浄化槽の処理対象人員算定基準を参照。

5 (3) 共同住宅の**処理対象人員**は，延べ面積に定数 0.05 を乗じて算定する。なお，出題が多い戸建て住宅の処理対象人員は，延べ面積が 130 m² 以下は 5 人，それを超える場合は 7 人である（次ページ表参照）。したがって，適当でない。

6 (1) FRP 製浄化槽本体の据付け調整はライナにより行い，すき間をモルタルなどで充てんする。山砂で調整すると流出して傾斜してしまうおそれがある。したがって，適当でない。

間違いやすい選択肢▶ (2) 埋戻しは，本体を安定させ据付け位置からずれたり，水平が損なわれることを防止するため，水を張った状態で行う。

7 (2) が適当である。

まず，流入水の BOD を求めると，

$$\frac{50\ \text{m}^3/\text{日}\times 260\ \text{mg/L}+200\ \text{m}^3/\text{日}\times 180\ \text{mg/L}}{(50+200)\text{m}^3/\text{日}}=196\ \text{mg/L}$$

BOD 除去率が 95% であるから，放流水の BOD 濃度は，

$$196\ \text{mg/L}-196\ \text{mg/L}\times 0.95=\underline{9.8\ \text{mg/L}}$$

[類題] 水量や BOD 濃度が以下の場合の，合併処理浄化槽の BOD 除去率を求めると，

排水の種類		水量（m³/日）	BOD 濃度（mg/L）
流入水	便所の汚水	50	200
	雑排水	200	150
放流水		250	8

BOD 除去率は，次式により算出する。

$$\textbf{BOD 除去率}=\frac{\textbf{流入水の BOD}-\textbf{放流水の BOD}}{\textbf{流入水の BOD}}\times 100\ [\%]$$

流入水の BOD 濃度を求めると

$$\text{流入水の BOD 濃度}=\frac{50\times 200+200\times 150}{50+200}\times 160\ [\text{mg/L}]$$

$$\text{よって，BOD 除去率}=\frac{160-8}{160}\times 100=\underline{95\ [\%]}$$

ワンポイントアドバイス　5・8・2〜3　処理対象人員，BOD，設置工事

① **BOD（生物化学的酸素要求量）**は，有機物が微生物に分解される際に消費される酸素量をいう。**BOD負荷量**〔g/日〕とは，BOD濃度に汚水量を乗じたものをいう。

② **処理対象人員**の算定は，延べ面積に建物用途ごとの定数を乗じて求める場合が多い。その他，①**定員**（幼稚園，小中学校，工場，老人ホームほか），②**ベッド数**（病院），③**便器数**（公衆便所，遊園地，プールほか）などにより求める（表参照）。

③ 事務所では，厨房設備の有無により定数が異なる。また，2以上の用途がある建物の場合は，それぞれの処理対象人員を合算して求める。

④ **FRP製浄化槽の設置**は，積雪寒冷地を除き車庫などの建築物内は避ける。本体と底板コンクリートとのすき間は，ライナなどにより微調整する（山砂を充てんすると流出するおそれがあるので，してはならない）。

⑤ **漏水検査**は，槽を満水にして24時間以上放置し，漏水のないことを確認する。

⑥ **槽の埋戻し**は，土圧による本体及び内部設備などの変形を防止するため，槽に水張りしてから行う（水張り→埋戻しの順）。なお，流入管等の槽への接続は，埋戻しによる破損を防止するために管の埋設深さまで埋め戻してから行う。

⑦ FRP製浄化槽の**掘削深さ**は，本体底部までの寸法に，基礎工事に要する寸法を加える。

⑧ 流入管底が低い場合の槽本体のマンホールのかさ上げは，最大30 cmまでとする。

主な建築用途における処理対象人員の算定法

建築用途		処理対象人員	
		算定式	算定単位
公会堂・集会場・劇場・映画館・演芸場		$n=0.08A$	n：人員（人）　A：延べ面積［m²］
住　宅	A≦130の場合	$n=5$	n：人員（人）　A：延べ面積［m²］
	A＞130の場合	$n=7$	
共同住宅		$n=0.05A$	n：人員（人）　A：延べ面積［m²］
診療所・医院		$n=0.19A$	n：人員（人）　A：延べ面積［m²］
保育所・幼稚園・小学校・中学校		$n=0.20P$	n：人員（人）　P：定員［人］
事務所	業務用厨房設備あり	$n=0.075A$	n：人員（人）　A：延べ面積［m²］
	業務用厨房設備なし	$n=0.06A$	
店舗・マーケット		$n=0.075A$	n：人員（人）　A：延べ面積［m²］
百貨店		$n=0.15A$	n：人員（人）　A：延べ面積［m²］
喫茶店		$n=0.80A$	n：人員（人）　A：延べ面積［m²］

〈p.128〜p.129の解答〉 **正解**　**4**(2)，**5**(3)，**6**(1)，**7**(2)

第６章
建築設備一般

過去の出題傾向

- 建築設備一般は，必須問題が７問出題される。
- 内訳として，共通機材が２~３問，配管・ダクトが２~３問，設計図書が２問出題される。
- 例年，各設問はある程度限られた範囲（項目）から繰り返しの出題となっているので，過去問題から傾向を把握しておくこと。令和５年度も大きな出題傾向の変化はなかったので，令和６年度に出題が予想される項目について重点的に学習しておくとよい。

●過去5年間の出題内容と出題箇所●

出題内容・出題数	年度（和暦）	令和 5	4	3	2	1	計
6・1　共通機材	1. ボイラー		1		1		2
	2. 冷凍機	1	1	1			3
	3. 遠心ポンプ・送風機		1	1	1	1	4
	4. 冷却塔	1				1	2
	5. 空気調和機と空気清浄装置	1		1		1	3
6・2　配管・ダクト	1. 配管材料及び配管付属品	1	1	1	1	1	5
	2. 保温材の種類と特性				1		1
	3. ダクト及びダクト付属品	1	1	1	1	1	5
6・3　設計図書	1. 公共工事標準請負契約約款	1	1	1	1	1	5
	2. 配管材料とその記号（規格）	1	1		1		3
	3. 設計図書に記載する機器の仕様項目			1		1	2

●出題傾向分析●

6・1　共通機材

①　ボイラーでは，鋳鉄製（温水）ボイラー，小型貫流ボイラー・炉筒煙管ボイラー・真空式温水発生機の特性，安全弁・逃し弁の機能・水処理などについて理解しておく。

②　冷凍機では，直だき吸収冷温水機，二重効用吸収冷凍機の機器構成・仕組みや特性，圧力容器の適用などについて理解しておく。その他の冷凍機では，遠心，往復動，スクリュー，吸収，スクロールなど各種の冷凍機の特性，デフロスト運転などについて理解しておく。

③　遠心ポンプ・送風機では，遠心（渦巻）ポンプの特性（回転数と吐出し量，揚程と軸動力・回転数，単独・並列・直列運転の吐出し量や揚程の関係），サージング現象などについて理解しておく。また，送風機では，各種の送風機（軸流，遠心，多翼，斜流，後向き羽根・横流など）の特性などについて理解しておく。

④　冷却塔（開放式・密閉式，直交流形・向流形など）では，形式ごとの特徴及びスケール・スライム除去，ブローダウン，キャリーオーバ，レンジ，アプローチ，白煙などの用語とその内容について理解しておく。

⑤　空気調和機と空気清浄装置では，空気調和機（大温度差送風方式，マルチパッケージ形，ユニット形，デシカント空調機）の構成，全熱交換器の仕組み，空気清浄装置（電気集じん器など）・フィルター（自動巻取形，粗じん用，高性能，HEPA，活性炭，静電式の空気清浄装置など）の捕集原理などについて理解しておく。

6・2　配管・ダクト

①　配管材料及び配管付属品では，各種の管（使用温度，使用圧力，用途及び亜鉛めっき付着量）・管継手（フレキシブル継手，伸縮継手，絶縁フランジなど）・バルブ類（仕切弁（外ねじ式・内ねじ式），玉形弁，バタフライ弁，水位調整弁など）・蒸気トラップなどの特性や用

途などについて理解しておく。

② 保温材の種類と特徴などについて理解しておく。

③ ダクト及びダクト付属品では，各種のダクト（長方形ダクトと円形ダクトの圧力損失，ダクトの種類と特性，（鉄板ダクト・スパイラルダクト・グラスウールダクト）消音・吸音（内張りダクト），吹出し口・吸込み口（誘引比・誘引作用など），防火ダンパー（温度ヒューズ可溶温度），ピストンダンパーなどの特性や工法・用途などについて理解しておく。

6・3 設計図書

① 公共工事標準請負契約約款では，広い範囲から出題されているが，第一条（総則），仮設，施工方法等，第三条 (請負代金内訳書及び工程表)，第九条 (監督員)，第十条 (現場代理人及び主任技術者等)，第十三条 (工事材料の品質及び検査等)，第二十二条 (発注者の請求による工期の短縮等)，第十八条（条件変更等），第三十一条 (検査及び引渡し)，第三十二条（請負代金の支払），第四十四条（A）（瑕疵担保：品確法に該当する場合），第四十七条（発注者の解除権），第五十一条（火災保険等）などからの出題が多いので重点的にその内容を理解しておく。

② 配管材とその記号（規格）では，水道用硬質ポリ塩化ビニル管・水配管用亜鉛めっき鋼管ステンレス鋼鋼管，各種ライニング鋼管，（水道用硬質塩化ビニルライニング鋼管・排水用硬質塩化ビニルライニング鋼管），銅管，架橋ポリエチレン管などについて，公的規格（JIS，JWWA，その他協会・工業会規格など）で規定している名称・記号などについて理解しておく。

③ 設計図書に記載する機器（全熱交換器，空調用ポンプ，冷却塔，チリングユニット，ユニット形空調機）の仕様項目などについて理解しておく。

6・1　共通機材

●6・1・1　ボイラー

1

ボイラー等に関する記述のうち，**適当でないもの**はどれか。

(1)　小型貫流ボイラーは，単管又は多管によって構成されており，保有水量が少ないため予熱時間は短いが，高度な水処理を必要とする。

(2)　鋳鉄製ボイラーは，材料の制約上，高温・高圧・大容量ものは製作できず，法令により温水ボイラーの圧力は0.5 MPa，温水温度は120℃までに制限されている。

(3)　炉筒煙管ボイラーは，負荷変動に対して安定性があり，水処理は比較的容易であるが，保有水量が多いため予熱時間は長くなる。

(4)　真空式温水発生機は，胴内を加圧状態に保持しながら水を沸騰させ，胴内に内蔵した熱交換器等に伝熱する構造である。

《R4-A40》

2

ボイラー等に関する記述のうち，**適当でないもの**はどれか。

(1)　ボイラー本体は，ガスや油の燃焼を行わせる燃焼室と，燃焼ガスとの接触伝熱によって熱を吸収する対流伝熱面で構成される。

(2)　鋳鉄製ボイラーは，鋼製ボイラーに比べて急激な温度変化に弱いが，高温，高圧，大容量のものの製作が可能である。

(3)　真空式温水発生機は，運転中の内部圧力が大気圧より低いため，「労働安全衛生法」におけるボイラーに該当せず，取扱いにボイラー技士を必要としない。

(4)　炉筒煙管ボイラーは，胴内部に炉筒（燃焼室）と多数の煙管を配置したもので，胴内のボイラー水は煙管内を通過する燃焼ガスで加熱される。

《R2-A38》

3

ボイラー等に関する記述のうち，**適当でないもの**はどれか。

(1)　鋳鉄製ボイラーは，分割搬入が可能で，鋼板製に比べて，耐食性が優れている。

(2)　小型貫流ボイラーは，蒸発量に対する保有水量が少なく，ボイラー水の濃縮度が大きいため，水質管理には注意を要する。

(3)　炉筒煙管ボイラーは，保有水量は多いが，煙管群内に燃焼ガスを高速に対流させ加熱するため，予熱時間が短い。

(4)　真空式温水発生機は，運転中の内部圧力が大気圧より低いため，ボイラーの適用を受けず，取扱い資格も不要である。

《基本問題》

4 □□□

温熱源機に関する記述のうち，**適当でないもの**はどれか。

(1) 真空式温水発生機本体内の圧力は，大気圧以下である。

(2) 炉筒煙管ボイラーは，小型貫流ボイラーに比べて，高度な水処理が必要である。

(3) 鋳鉄製ボイラーは，分割搬入が可能で，鋼鈑製に比べ耐食性に優れている。

(4) 小型貫流ボイラーは，保有水量が少ないため，起動時間が短い。

《基本問題》

▶解説

1 (4) 真空式温水発生機は，胴内を33 kPa程度の真空に保持しながら水を低温で沸騰させ，その蒸気を熱源として胴内に内蔵した熱交換器等に伝熱する構造である。したがって，適当でない。

間違いやすい選択肢▶ (2) 鋳鉄製ボイラーは，材料の制約上，高温・高圧・大容量ものは製作できず，法令により温水ボイラーの圧力は0.5 MPa，温水温度は120℃までに制限されている。

2 (2) **鋳鉄製ボイラー**は，鋳鉄製のセクションを何枚か前後方向に組み合わせ，その上部及び下部に設けた穴にテーパ付きニップルを圧入して一体化し，外部からボルトで締め付けた構造である。鋳鉄という材料の制約上，高温・高圧・大容量ものは製作不可能である。適当でない。

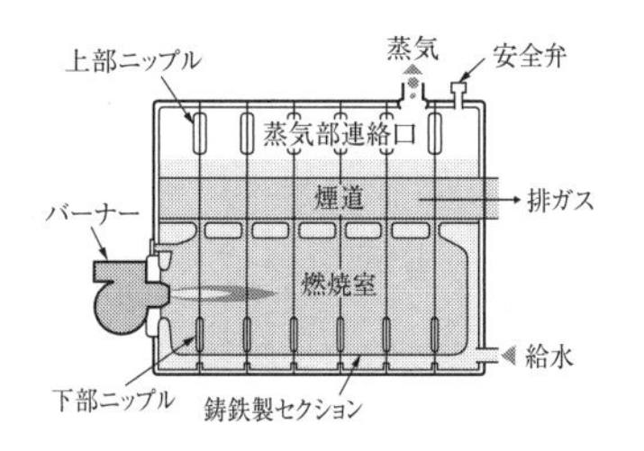

鋳鉄製ボイラーの構造

間違いやすい選択肢▶ (3) **真空式温水発生機**は，運転中の内部圧力が大気圧より低いため，労働安全衛生法におけるボイラーに該当せず，取扱いにボイラー技士を必要としない。

3 (3) **炉筒煙管ボイラー**は，大きな直径の胴を本体とし，その内部に設けた炉筒（燃焼室）と直管の煙管群（対流伝熱面）とから構成される。燃焼ガスの流れは，炉筒後部より煙管群を通ってボイラー前部の煙室より排出される2パス順流燃焼式が主流である。すなわち，胴体の保有水量が多いので，予熱時間が相当長い。適当でない。

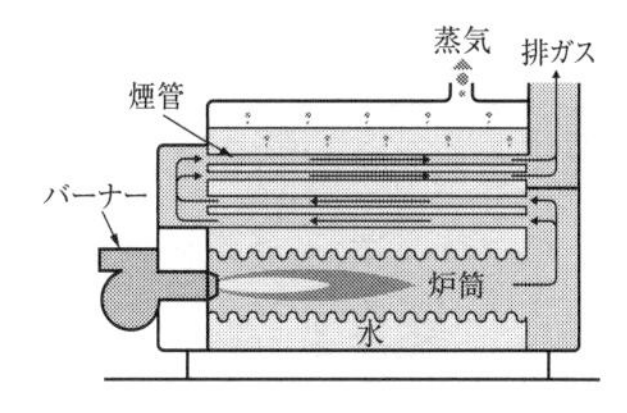

炉筒煙管ボイラーの構造

間違いやすい選択肢▶ (1) 鋳鉄製ボイラーは，分割搬入が可能で，鋼板製に比べて，耐食性が優れている。

4 (2) 炉筒煙管ボイラーの給水は，前処理として軟水処理程度の水処理を行うが，これに比べ，**小型貫流ボイラー**の給水水質は高純度のものが要求される。なぜなら，小型貫流ボイラーの場合，蒸発量に対する保有水量が少なく，ボイラー水の濃縮度が大きいため，水質管理には注意を要する。適当でない。

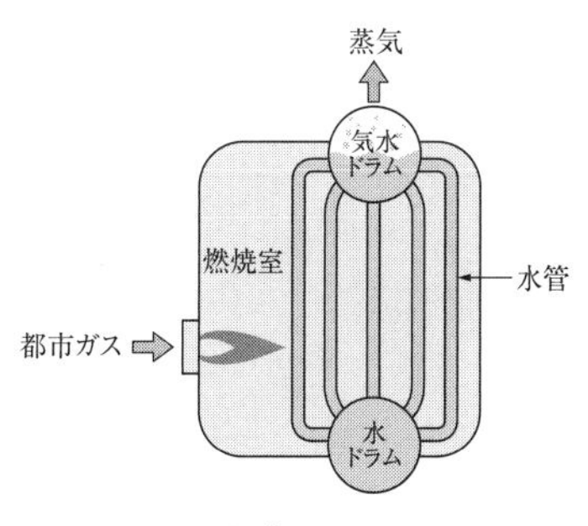

小型貫流ボイラーの構造

間違いやすい選択肢▶ (1) 真空式温水発生機本体内の圧力は，大気圧以下である。

●6・1・2　冷凍機

5

冷凍機に関する記述のうち，**適当でないもの**はどれか。

(1)　遠心冷凍機の容量制御には，圧縮機に設けた吸込みベーンの開度を変えることで冷媒ガス流入量を制御する吸込みベーン制御がある。

(2)　蒸気を加熱源とする吸収冷凍機の容量制御には，再生器に入る蒸気量を制御する方法がある。

(3)　遠心冷凍機は，往復動冷凍機に比べて，負荷変動に対する追従性がよく，容量制御も容易である。

(4)　吸収冷凍機は，運転中も機内が大気圧以下のため，加熱源に蒸気を使用する場合でも，圧力容器の規則は適用されない。

《R5-A38》

6

吸収冷凍機及び吸収冷温水機に関する記述のうち，**適当でないもの**はどれか。

(1)　ガス吸収冷温水機の容量制御は，ガスバーナの燃焼量を調節して制御する。

(2)　吸収冷温水機で暖房用の温水を取り出す方法には，蒸発器から温水を得るものがある。

(3)　二重効用吸収冷凍機は，一般的には，高圧蒸気により高温再生器と低温再生器を同時に加熱するものである。

(4)　二重効用吸収冷凍機の高温再生器は，一重効用吸収冷凍機の再生器に比べて高温の加熱媒体を必要とする。

《R4-A39》

7

冷凍機に関する記述のうち，**適当でないもの**はどれか。

(1)　遠心冷凍機は低圧冷媒又は高圧冷媒を使用する機器があり，低圧冷媒を使用する機器は一般的な空調条件では高圧ガス保安法の適用を受けない。

(2)　二重効用吸収冷凍機は，高圧蒸気により低温再生器を加熱し，低温再生器で発生した冷媒蒸気をさらに高温再生器の加熱に用いる構造である。

(3)　空気熱源ヒートポンプのデフロスト運転には，運転を冷房サイクルに切り替えて空気熱交換器に高温高圧のガスを流し付着した霜を溶かす方法がある。

(4)　スクリュー冷凍機は，高圧縮比でも体積効率がよいため，一般的に，高い圧縮比を必要とするヒートポンプ用として用いられる。

《R3-A38》

〈p.134～p.135の解答〉 **正解**　**1**(4)，**2**(2)，**3**(3)，**4**(2)

建築設備一般

▶解説

5　(4)　高温再生器で蒸気を保有する場合は，第二種圧力容器の適用を受ける。なお，直だき吸収冷温水機の場合，再生器の内部は大気圧以下であるので，ボイラ関係法規の適用を受けない。適当でない。

※第二種圧力容器は，労働安全衛生法施行令第一条第７号に定める圧力容器で，第二種圧力容器構造規格に基づく製造，製造時又は輸入時に個別検定の受検，１年に１回の定期自主検査などが義務付けられている。

第二種圧力容器は，ゲージ圧力 0.2 MPa 以上の気体をその内部に保有する容器（第一種圧力容器を除く。）のうち，次に掲げる容器をいう。

イ　内容積が 0.04 m^3 以上の容器

ロ　胴の内径が 200 mm 以上で，かつ，その長さが 1000 mm 以上の容器

間違いやすい選択肢▶ (1) 容量制御機構には，圧縮機吸い込み側にベーンを設け，吸い込みガス風量を制御することによる容量制御機構を持つものが一般的である。また，製作メーカーによっては部分負荷運転時の効率を上昇させる目的で，可変デフューザー，回転数制御等も装備される。

6　(3)　二重効用吸収冷凍機は，一般的には，高圧蒸気により高温再生器を加熱し，高温発生器で発生した冷媒蒸気をさらに低温再生器の加熱に用いる構造となっている。したがって，適当でない。

間違いやすい選択肢▶ (4) 二重効用吸収冷凍機の高温再生器は，一重効用吸収冷凍機の再生器に比べて高温の加熱媒体を必要とする。

7　(2)　**二重効用吸収冷凍機**は，高圧蒸気により高温再生器を加熱し，高温再生器で発生した冷媒蒸気をさらに低温再生器の加熱に用いる構造である。適当でない。

間違いやすい選択肢▶ (4) **スクリュー冷凍機**は，高圧縮比でも体積効率がよいため，一般的に，高い圧縮比を必要とするヒートポンプ用として用いられる。

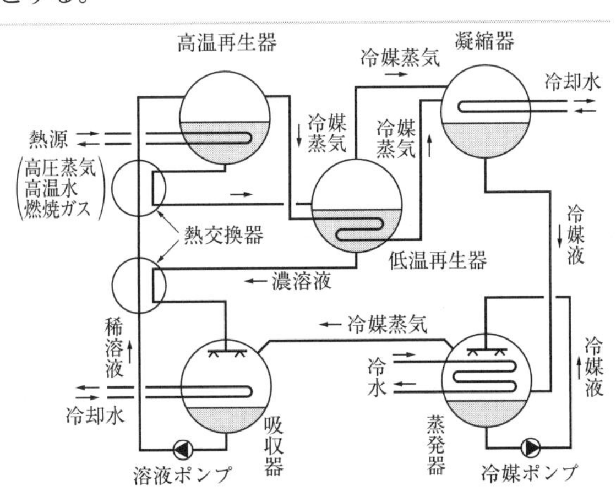

二重効用吸収冷凍機の冷凍サイクル

ワンポイントアドバイス　6・1・2　冷凍機

(1)　**吸収冷凍機**

①　**加熱源**　　高温水や蒸気を使用し，一重効用（単効用）と成績係数の大きい二重効用がある。

②　**抽気装置**　　機内を真空に保つため真空ポンプまたは溶液エゼクタを用いる。

③　**冷却水**は，吸収器を冷却したのち凝縮器を冷却する。

④　**圧力**　　蒸発器及び吸収器の圧力は，再生器及び凝縮器の圧力より低い。運転資格者が不要。

⑤　**特性**　　大きな電力は不要で低負荷時の効率もよいが，遠心冷凍機に比べて，運転開始から定格能力に達するまでの時間が長い（始動時間が長い）。

(2)　**直だき吸収冷温水機**　　特徴は吸収冷凍機と同じであるが，加熱源としてガスや油を直接燃焼させ，冷水と温水を別々あるいは同時に取り出しができる。

●6・1・3　遠心ポンプ・送風機

8

□□□

遠心ポンプに関する記述のうち，**適当でないもの**はどれか。

(1)　締切り動力が低く，水量の増大に伴い軸動力は減少する特性がある。

(2)　吐出し量は，ポンプの羽根車の直径が変わった場合，羽根車の出口幅が一定であれば，直径の変化の2乗に比例して変化する。

(3)　渦巻ポンプの渦巻ケーシングは，スロート部から吐出し口にかけて流速を緩やかに減速して速度エネルギーを圧力エネルギーに変換している。

(4)　ポンプや送水系に外力が働かないのに，吐出し量と圧力が周期的に変動する現象をサージングという。

《R3-A39》

9

□□□

遠心ポンプに関する記述のうち，**適当でないもの**はどれか。

(1)　キャビテーションは，ポンプの羽根車入口部等で局部的に生じる場合があり，騒音や振動の原因となる。

(2)　同一配管系で，同じ特性の2台のポンプを直列運転して得られる揚程は，ポンプを単独運転した場合の揚程の2倍より小さくなる。

(3)　同一配管系で，同じ特性の2台のポンプを並列運転して得られる吐出量は，ポンプを単独運転した場合の吐出量の2倍になる。

(4)　ポンプの軸動力は回転速度の3乗に比例し，揚程は回転速度の2乗に比例する。

《R1-A38》

10

□□□

遠心ポンプに関する記述のうち，**適当でないもの**はどれか。

(1)　ポンプの揚程は，羽根車の回転速度の2乗に比例して変化する。

(2)　同一配管系で，同じ特性のポンプを2台並列運転して得られる吐出し量は，それぞれのポンプを単独運転した場合の吐出し量の和より小さくなる。

(3)　ポンプの吸込み側が正圧の場合，吸込み口径と吐出し口径が同じときの全揚程は，吐出し側圧力計の読みと吸込み側圧力計の読みの差となる。

(4)　ポンプ及び配管系に外部から強制的な力が与えられていないにもかかわらず，管路の流量と圧力が周期的に変動する現象をキャビテーションという。

《基本問題》

〈p.136の解答〉 **正解**　**5**(4)，**6**(3)，**7**(2)

建築設備一般

▶解説

8　(1)　遠心ポンプは，締切り軸動力が低く，水量の増大に伴い軸動力は増加する特性がある。適当でない。

間違いやすい選択肢▶ (2) 吐出し量は，ポンプの羽根車の直径が変わった場合，羽根車の出口幅が一定であれば，直径の変化の 2 乗に比例して変化する。

遠心ポンプの特性曲線▶

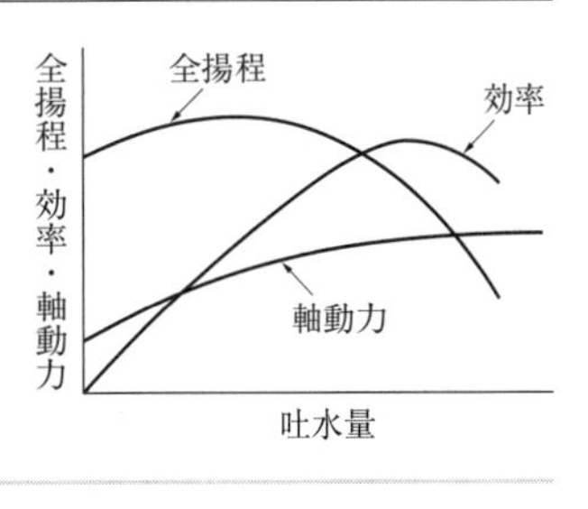

9　(3)　同一配管系で，同じ特性のポンプを 2 台並列運転して得られる吐出し量は，ポンプを単独運転した場合の吐出し量の 2 倍よりも小さくなる。なお，直列運転の場合の揚程は，運転台数の和より小さい。適当でない。

間違いやすい選択肢▶ (4) ポンプの軸動力は回転速度の 3 乗に比例し，揚程は回転速度の 2 乗に比例する。

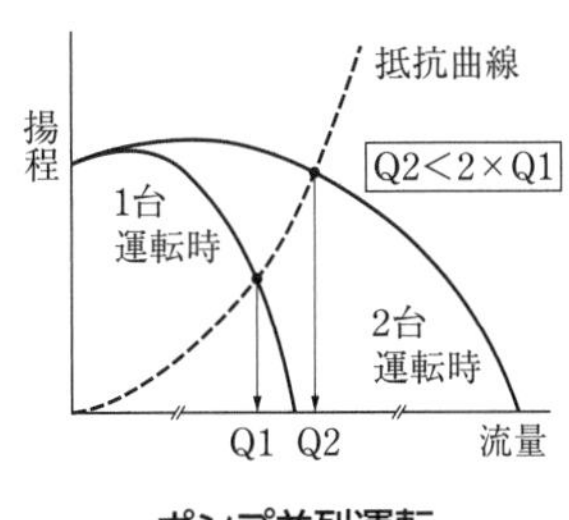

ポンプ並列運転

10　(4)　サージングに関する記述である。サージングは，ポンプの揚程曲線が山形特性を有し，こう配が右上がりの揚程曲線部分で運転する場合に起こりやすい。ポンプ性能曲線上の C 点が，サージングの起こりはじめの点（サージング点）で，EC の間がサージングを起こす範囲となる。ED は逆流性能で，ポンプの羽根車が正回転していても，水が吐出側から吸込側の方向に逆流する場合の性能曲線を示している。一方，ポンプの**キャビテーション**は，ポンプの羽根の進行方向の水には押す力が働くため，局所的な圧力が高くなる一方，羽根の裏側では水に引張り力が働くため，局所的にかなりの低圧になる。このように複雑な圧力変動のあるところに，低い吸込圧力の水が入ってくると，羽根の裏側では圧力が下がり過ぎて，減圧沸騰という現象を起こすことをいう。管路の流量と圧力が周期的に変動することにはならない。したがって，適当でない。

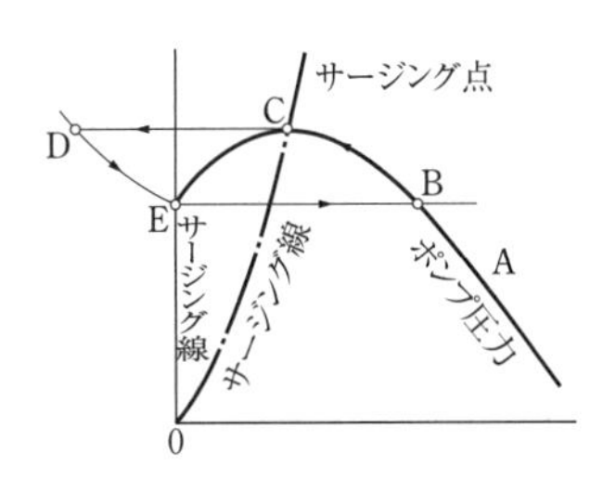

ポンプのサージング

間違いやすい選択肢▶ (3) ポンプの吸込み側が正圧の場合，吸込み口径と吐出し口径が同じときの全揚程は，吐出し側圧力計の読みと吸込み側圧力計の読みの差となる。

11

送風機に関する記述のうち，**適当でないもの**はどれか。

(1) 斜流送風機は，小型の割には取り扱う風量が大きく比較的高い静圧も出すことができ，効率，騒音面でも優れている。

(2) 軸流送風機のベーン型は，羽根車の前又は後ろに案内羽根が設けてあり，チューブラ型に比べ効率も良く高い圧力に対応できる。

(3) 横流送風機（クロスフローファン）は，ルームエアコン，ファンコイルユニット，エアカーテン等の送風用に用いられる。

(4) 多翼送風機（シロッコファン）の羽根車は，構造上高速回転に適しており，高い圧力を出すことができる。

《R4-A38》

12

送風機に関する記述のうち，**適当でないもの**はどれか。

(1) 多翼送風機は，高い圧力を出すことはできないが，他の遠心送風機に比べて，小型で大風量を扱うことができるため，空調用として広く用いられる。

(2) 横流送風機は，羽根車の軸方向の長さを変えることで風量の増減が可能で，エアカーテン等に利用される。

(3) 斜流送風機の軸動力は，風量の変化に対してほぼ変わらず，圧力曲線の山の付近で最大となるリミットロード特性を持つ。

(4) 軸流送風機にはプロペラ型，チューブラ型，ベーン型があり，プロペラ型が最も効率がよく，高圧力に対応できる。

《R2-A40》

13

送風機に関する記述のうち，**適当でないもの**はどれか。

(1) 軸流送風機は，構造的に高圧力を必要とする場合に適している。

(2) 斜流送風機は，羽根車の形状や風量・静圧特性が遠心式と軸流式のほぼ中間に位置している。

(3) 後向き羽根送風機は，羽根形状などから多翼送風機に比べ高速回転が可能な特性を有している。

(4) 多翼送風機の軸動力は，風量の増加とともに増加する。

《基本問題》

▶解説

11 (4) 多翼送風機（シロッコファン）の羽根車は，構造上高速回転に適してなく，一般に低圧で使用される。したがって，適当でない。

間違いやすい選択肢▶ (1) 斜流送風機は，小型の割には取り扱う風量が大きく比較的高い静圧も出すことができ，効率，騒音面でも優れている。

〈p.138 の解答〉 **正解** **8** (1)，**9** (3)，**10** (4)

12 (4) **軸流送風機**（下図(a)）は，ケーシングあるいは案内羽根の有無により，プロペラ型，チユーブラ型及びベーン型に分かれる。軸流送風機は，小型で低圧力・大風量を扱うのに適している。やや騒音が高いので消音機と組み合わせるか，騒音が問題とならない場所で使用される。

プロペラ型は，圧力がきわめて低い0～100 Pa程度の場所に達したもので，主に局所換気用の換気扇・冷却塔や空冷凝縮器用として用いられる。プロペラとそれを取り囲むリングから構成されており，効率はよくない。

チユーブラ型は，プロペラ型に比べ効率が高く，圧力も高い用途に使用される。ケーシングの中に，羽根車だけがあり，案内羽根はない。

ベーン型は，羽根車の前又は後ろに案内羽根が設けてあり，チューブラ型に比べ，効率もよく，高い圧力に対応できる。駐車場や共同溝などの換気・通風用や排煙機用に用いられる。適当でない。

間違いやすい選択肢▶ (3) **斜流送風機**の軸動力は，風量の変化に対してほぼ変わらず，圧力曲線の山の付近で最大となるリミットロード特性をもつ。

---

13 (1) 軸流送風機は，軸方向から吸い込み軸方向に送風する構造なので，ダクト途中の少ない空間に設置でき，風量を多くすることが可能で，可変翼の場合部分負荷でも効率がよい。ただし，騒音値は大きく，高圧力を必要とする場合に適していない。適当でない。

間違いやすい選択肢▶ (2) 斜流送風機は，羽根車の形状や風量・静圧特性が遠心式と軸流式のほぼ中間に位置している。

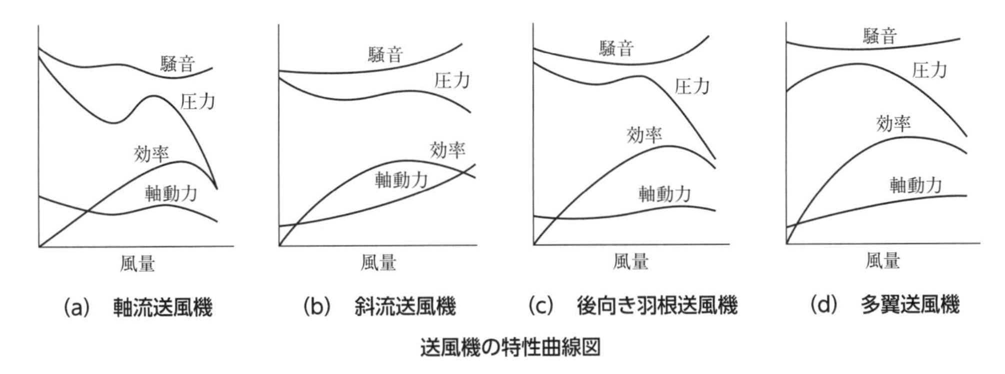

(a)　軸流送風機　(b)　斜流送風機　(c)　後向き羽根送風機　(d)　多翼送風機

送風機の特性曲線図

ワンポイントアドバイス　6・1・1　ボイラー

① **貫流ボイラー**　代表的な小型貫流ボイラーは，蒸発量50 kg/h～6 t/hの暖房用・業務用などの小型ボイラーで，単管又は多管によって構成され，一端から水を送り込み発生した気水混合物は，気水分離器で蒸気と熱水に分離され，蒸気は送り出され，熱水は再び加熱管に戻す循環ボイラーである。蒸発量に対する保有水量が少なく，ボイラー水の濃縮度が大きいため，水質管理には注意を要する。保有水量が少ないため，起動時間が短い。

② **真空式温水発生機**　缶体内の空気を抽気して，缶内を33 kPa程度の真空に保持しながら水を沸騰させて，ボイラー内に内蔵した暖房用熱交換器及び給湯用熱交換器に伝熱する構造のものである。運転中の内部の圧力は大気圧より低いので，ボイラーとしての適用を受けず，取扱い資格も不要である。

●6・1・4　冷却塔

14

冷却塔に関する記述のうち，**適当でないもの**はどれか。

(1)　開放式冷却塔は，冷却水の一部を蒸発させて，その蒸発潜熱により冷却水温度を下げる装置である。

(2)　開放式冷却塔には，充てん材を通過して滴下する水滴の塔外飛散防止として塔本体の外部側面にエリミネーターを設けている。

(3)　密閉式冷却塔は，開放式冷却塔に比べて熱交換器等の空気抵抗が大きくなるため，送風機の動力が大きくなる。

(4)　外気温度が低い冬季や湿度の高い梅雨期に運転する場合には，周囲の空気より高温で飽和状態に近い冷却塔の吐出し空気が，外気と混合して白煙を発生する場合がある。

《R5-A39》

15

冷却塔に関する記述のうち，**適当でないもの**はどれか。

(1)　密閉式冷却塔は，熱交換器などの空気抵抗が大きく，開放式冷却塔に比べて送風機動力が大きくなる。

(2)　開放式冷却塔で使用される送風機には，風量が大きく静圧が小さい軸流送風機が使用される。

(3)　冷却塔の微小水滴が，気流によって塔外へ飛散することをキャリーオーバーという。

(4)　冷却塔の冷却水入口温度と出口温度の差をアプローチという。

《R1-A39》

16

冷却塔に関する記述のうち，**適当でないもの**はどれか。

(1)　冷却水のスケールは，補給水中のカルシウムなどの硬度成分が濃縮されて塩類が析出したもので，連続的なブローなどにより抑制できる。

(2)　レンジとは，冷却塔出口水温と入口空気湿球温度の差をいう。

(3)　開放型冷却塔は，充てん材の上部などにエリミネーターを設け，水滴の塔外への飛散を防止している。

(4)　密閉型冷却塔は，熱交換器などの空気抵抗が大きく，開放型冷却塔に比べて送風機動力が大きくなる。

《基本問題》

〈p.140の解答〉 **正解**　**11**(4)，**12**(4)，**13**(1)

▶解説

14 (2) 充てん材を通過して滴下する水滴の塔外飛散防止として塔本体の外部側面にルーバー，冷却塔からの水の飛散を防ぐためのエリミネータ（徐水板）を設けている。したがって，適当でない。

間違いやすい選択肢▶(3) 密閉式冷却塔は，熱交換器等で間接熱交換とするので，表面積が増え，その分空気抵抗が増す。

15 (4) 冷却塔の入口水温と出口水温の差は，「レンジ」という。一方，冷却塔出口水温と入口空気湿球温度の差は，「アプローチ」という。したがって，適当でない。

間違いやすい選択肢▶(3) 冷却塔の微小水滴が，気流によって塔外へ飛散することをキャリーオーバーという。

16 (2) 冷却塔出口水温と入口空気湿球温度の差は，「アプローチ」という。一方，冷却塔の入口水温と出口水温の差を「レンジ」という。設問の蛇足ではあるが，一般に「アプローチ」は5℃前後であり，冷却塔出口水温を32℃とするには，少なくとも入口空気湿球温度は27℃以下でなくてはならない。したがって，適当でない。

間違いやすい選択肢▶(3) 開放型冷却塔は，充てん材の上部などにエリミネーターを設け，水滴の塔外への飛散を防止している。

ワンポイントアドバイス 6・1・4 冷却塔

❶ 冷却塔の種類

(1) **開放式冷却塔**

塔内における水と空気の接触方向により，向流冷却塔と直交流冷却塔がある。充てん材の上部などにエリミネーターを設け，水滴の塔外への飛散を防止している。

(2) **密閉式冷却塔**

開放式の充てん層の部分に，多管式・フィン付き管式又はプレート式などの熱交換器を設置して，熱交換器の外表面に散布した水の蒸発潜熱を利用して熱交換器内の水を冷却する構造である。熱交換器などの空気抵抗が大きく，開放式冷却塔に比べて送風機動力が大きくなる。

(3) **設計理論**

① **アプローチ**　冷却塔出口水温と入口空気湿球温度の差を「アプローチ」と呼び，一般に5℃前後としている。

② **レンジ（温度レンジ）**　冷却塔の入口水温と出口水温の差を「レンジ」と呼び，一般に5℃前後としている。

③ **キャリーオーバ**　冷却塔の微小水滴が，気流によって塔外へ飛散することをキャリーオーバという。循環水量の約0.1%程度。

④ **循環水量**　冷凍能力［RT］×13［L/min・RT］である。

❷ **維持管理**

① **濃縮倍率**　冷却塔の場合，補給水の水質に見合った適切な濃縮倍数（通常は3～4倍）に濃度管理を行う方法が一般的に採用されている。

② **レジオネラ症対策**　比較的温度が高い水を循環使用するので，空気中のじんあいが混入するなど藻や細菌が繁殖しやすく，冷却水がレジオネラ症の感染源となることがある。対策としては，冷却塔内にレジオネラ菌の栄養源となる藻や細菌などを発生させないようにすると同時に，薬剤注入，紫外線・オゾンによる殺菌，ろ過器を併用する方法が採用されている。

●6・1・5 空気調和機と空気清浄装置

17 □□□

全熱交換器に関する記述のうち，**適当でないもの**はどれか。

(1) 全熱交換器は，建物からの排気と導入外気を熱交換させ，顕熱と潜熱を同時に熱回収できる装置で省エネルギーが図れる。

(2) 回転形全熱交換器は，給気側と排気側をセパレートしたケーシング内にハニカムロータを設置し回転させる構造で，給気と排気は直交方向に流れる。

(3) 静止形全熱交換器は，給排気を隔てる仕切板と間隔板で構成され，給気と排気は混り合うことはほとんどない。

(4) 回転形全熱交換器は，一般的に，顕熱交換効率と潜熱交換効率は，ほぼ同じ値である。

《R5-A40》

18 □□□

空気調和機に関する記述のうち，**適当でないもの**はどれか。

(1) 大温度差送風方式は，送風量を減らして，送風搬送動力を削減するため，一般的に，冷房吹出温度差を10℃と大きくとる。

(2) マルチパッケージ形空気調和機の冷房暖房同時型は，冷房運転時に発生する排熱を暖房運転中の屋内機に利用することで高い省エネルギー効果が得られる。

(3) ユニット形空気調和機の冷却コイルは，コイル面通過風速を2.0～3.0 m/sで選定し，コイル面の凝縮した水滴の飛散が多くならないようにする。

(4) デシカント空気調和機は，デシカントローターで高温の排気と給気とを熱交換する際に供給空気の湿度を除去し，乾燥した空気を給気する。

《R3-A40》

19 □□□

ユニット形空気調和機に関する記述のうち，**適当でないもの**はどれか。

(1) スクロールダンパ方式では，回転操作ハンドルにより送風機ケーシングのスクロールの形状を変えて送風特性を変化させる。

(2) 冷却コイルは，供給冷水温度は通常5～7℃，コイル面通過風速は2.5 m/s前後で選定される。

(3) デシカント除湿ローターは，高温の排気と外気とを熱交換する際に外気の湿度を除去する。

(4) 加熱コイルには温水コイルと蒸気コイルがあり，温水コイル，蒸気コイルとも冷却コイルと兼用することができる。

《R1-A40》

〈p.142の解答〉 **正解** **14**(2)，**15**(4)，**16**(2)

▶解説

17 (2) 回転形熱交換器は，給気側と排気側をセパレートしたケーシング内にハニカムロータを設置し回転せせる構造で，給気と排気は向流方向に流れる。なお，静止形熱交換器の場合，給気と排気は直交方向に流れる。したがって，適当でない。

間違いやすい選択肢▶ (4)回転形熱交換器は，一般的に，顕熱交換率と潜熱交換率は近似的に同じ値であるといわれている。

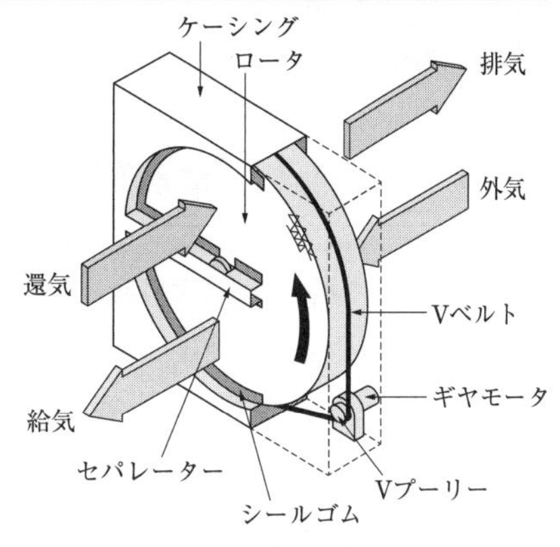

回転形全熱交換器

18 (1) **大温度差送風（低温送風）方式**とは，二次側の送風温度の送りと返りの温度差を従来方式（温度差 10 deg（送り 16℃，返り 26℃））よりも大きくする方式である。一般的に，低温送風における空気温度を送り 10℃ と低くし，返り 26℃ とすると，その温度差は 16 deg となるので，従来方式に比べ，6 割送風量を減らして，送風搬送動力を削減できる。したがって，適当でない。

間違いやすい選択肢▶ (2) マルチパッケージ形空気調和機の冷房暖房同時型は，冷房運転時に発生する排熱を暖房運転中の屋内機に利用することで高い省エネルギー効果が得られる。

19 (4) 温水コイルは，通常 40～80℃ の温水が供給され，空気を加熱する装置で，制御弁を含め冷却コイルと同じ構造であり兼用することができる（冷温水コイル）。一方，蒸気コイルは，低圧蒸気（0.2 MPa 以下）が供給され，列数は 1～2 列が一般的で，蒸気の熱膨張によるチューブの破損防止のため，伸縮ベンド付きや凝縮ドレンの排水をスムーズにするため片こう配コイルとなっている。したがって，一般に列数の多い冷却コイルとは兼用できない。したがって，適当でない。

間違いやすい選択肢▶ (3) **デシカント除湿ローター**は，高温の排気と外気とを熱交換する際に外気の湿度を除去する。

6・2　配管・ダクト

●6・2・1　配管材料及び配管付属品

1

配管材料及び配管附属品に関する記述のうち，**適当でないもの**はどれか。

(1)　圧力配管用炭素鋼鋼管は，蒸気，高温水等の圧力の高い部分に使用され，スケジュール番号により管の厚さが区分されている。

(2)　配管用炭素鋼鋼管（白）は，水配管用亜鉛めっき鋼管よりも亜鉛付着量が多いため，耐食性に優れている。

(3)　外ねじ式仕切弁は，ハンドルを回転させることにより弁棒が昇降することから，外部から弁の開度を確認することができる。

(4)　架橋ポリエチレン管は，中密度・高密度ポリエチレンを架橋反応させることで，耐熱性，耐クリープ性を向上させた管である。

《R5-A41》

2

配管材料に関する記述のうち，**適当でないもの**はどれか。

(1)　水道用硬質塩化ビニルライニング鋼管の継手を含めた配管系の流体の温度は，40℃以下が適当である。

(2)　配管用炭素鋼鋼管の最高使用圧力は，1.0 MPa 程度である。

(3)　排水用硬質塩化ビニルライニング鋼管を圧力変動が大きい系統に使用する場合，その接合にはねじ込み式排水管継手を使用する。

(4)　排水用リサイクル硬質ポリ塩化ビニル管（REP－VU）は，屋外排水用の塩化ビニル管であり，重車両の荷重が加わらない場所での無圧排水用である。

《R4-A41》

3

配管材料及び配管附属品に関する記述のうち，**適当でないもの**はどれか。

(1)　圧力配管用炭素鋼鋼管は，蒸気，高温水等の圧力の高い配管に使用され，スケジュール番号により管の厚さが区分されている。

(2)　架橋ポリエチレン管は，中密度・高密度ポリエチレンを架橋反応させることで，耐熱性，耐クリープ性を向上させた管である。

(3)　空気調和機ドレン配管の排水トラップの封水は，送風機の全静圧を超えないようにする。

(4)　蒸気トラップには，メカニカル式，サーモスタチック式，サーモダイナミック式がある。

《R3-A41》

〈p.144 の解答〉 **正解**　**17**(2)，**18**(1)，**19**(4)

4

配管材料に関する記述のうち，**適当でないもの**はどれか。

(1)　排水用硬質塩化ビニルライニング鋼管の接合には，排水鋼管用可とう継手のほか，ねじ込み式排水管継手が用いられる。

(2)　鋼管とステンレス鋼管等，イオン化傾向が大きく異なる異種金属管の接合には，絶縁フランジを使用する。

(3)　架橋ポリエチレン管は，中密度・高密度ポリエチレンを架橋反応させることで，耐熱性，耐クリープ性を向上させた配管である。

(4)　圧力配管用炭素鋼鋼管（黒管）は，蒸気，高温水等の圧力の高い配管に使用され，スケジュール番号により管の厚さが区分されている。

《R2-A41》

▶解説

1　(2)　水配管用亜鉛めっき鋼管（JIS G 3442　亜鉛めっき付着量=550 kg/m^{2}以上）は，配管用炭素鋼鋼管（白）（JIS G 3452　亜鉛めっき付着量の規定はない）よりも亜鉛付着量が多いため，耐食性に優れている。したがって，適当でない。

間違いやすい選択肢▶(3)外ねじ式仕切弁は，ハンドルを回転させることにより弁棒が昇降することから，外部から弁の開度が確認できる。なお，内ねじ式の場合は，外部からバルブの開度が確認できない。

2　(3)　排水用硬質塩化ビニルライニング鋼管の鋼管部分の肉厚は，軽量化のため硬質塩化ビニルライニング鋼管のそれに比べ薄くなっており，切削ねじ加工ができない。すなわち，ねじ込み式排水管継手は使用できず，専用の排水管用可とう継手（MD 継手）を使用して接合する。したがって，排水用硬質塩化ビニルライニング鋼管は圧力変動が大きい系統には使用できない。したがって，適当でない。

間違いやすい選択肢▶(4)排水用リサイクル硬質ポリ塩化ビニル管（REP−VU）は，屋外排水用の塩化ビニル管であり，重車両の荷重が加わらない場所での無圧排水用である。

3　(3)　空気調和機ドレン配管の排水トラップの封水深は，ドレンパン箇所が負圧の場合，空気調和機が運転したときでも，排水トラップの封水が機内に吸い込まれないようにするため，送風機の機外静圧を超える寸法とする。したがって，適当でない。

間違いやすい選択肢▶(4)**蒸気トラップ**には，メカニカル式，サーモスタチック式，サーモダイナミック式がある。

4　(1)　排水用硬質塩化ビニルライニング鋼管の鋼管部分の肉厚は，軽量化のため硬質塩化ビニルライニング鋼管に使用されている配管用炭素鋼鋼管（SGP）に比べ薄くなっており，切削ねじ加工ができない。すなわち，ねじ込み式排水管継手は使用できず，専用の**排水鋼管用可とう継手（MD 継手）**を使用して接合する。したがって，適当でない。

間違いやすい選択肢▶(2)鋼管とステンレス鋼管等，イオン化傾向が大きく異なる異種金属管の接合には，絶縁フランジを使用する。

排水鋼管用可とう継手（MD 継手）の例

5

配管材料に関する記述のうち，**適当でないもの**はどれか。

(1)　圧力配管用炭素鋼鋼管は，350℃ 程度以下の蒸気や高温水などの圧力の高い配管に使用される。

(2)　配管用炭素鋼鋼管の使用に適した流体の温度は，−15～350℃ 程度である。

(3)　硬質ポリ塩化ビニル管（VP）の設計圧力の上限は，1.0 MPa である。

(4)　水道用硬質塩化ビニルライニング鋼管の使用に適した流体の温度は，60℃ 以下である。

《R1-A41》

6

配管付属品に関する記述のうち，**適当でないもの**はどれか。

(1)　圧力調整弁は，弁の一次側の圧力を一定に保つ目的で，ポンプのバイパス弁などに使用される。

(2)　温度調整弁は，通過流体の量を調整して，貯湯槽内の温水温度を一定に保つ目的で使用される。

(3)　フロート分離型の定水位調整弁は，主弁が作動不良の場合，フロートの作動により副弁から給水を開始又は停止するものである。

(4)　定流量弁は，送水圧力の変動が生じた場合においても流量を一定に保つ目的で，ファンコイルユニットなどに使用される。

《基本問題》

7

配管材料及び配管付属品に関する記述のうち，**適当でないもの**はどれか。

(1)　圧力配管用炭素鋼鋼管は，蒸気，高温水などの圧力の高い配管に使用され，スケジュール番号により管の厚さが区分されている。

(2)　フレキシブルジョイントは，一般的に，接続口径が大きいほど全長を長くする必要がある。

(3)　排水用硬質塩化ビニルライニング鋼管を圧力変動が大きい系統に使用する場合，その接合にはねじ込み式排水管継手を使用する。

(4)　鋼管とステンレス鋼管など，イオン化傾向が大きく異なる異種金属管の接合には，絶縁フランジを使用する。

《基本問題》

〈p.146～p.147 の解答〉 **正解**　**1** (2)，**2** (3)，**3** (3)，**4** (1)

▶解説

5 (4)　水道用硬質塩化ビニルライニング鋼管の使用に適した流体の温度は，実用上の使用温度として常温（40℃）以下である（JWWA K116）。したがって，適当でない。

間違いやすい選択肢▶ (3) 硬質ポリ塩化ビニル管（VP）の設計圧力の上限は，1.0 MPa である。

6 (3)　フロート分離型の**定水位調整弁**は，副弁付定水位調整弁ともいい，受水槽等に採用されていて，大口径の弁本体の主弁と主弁の弁体上部室に接続された小口径のフロート（副弁）が分離した構造となっており，フロート（副弁）の作動により主弁から給水を開始または停止するものである。水位が下がるとフロートが下がり副弁から水が抜けるので，主弁の弁体上部室の水が抜け，弁体が給水圧力で上へ動き主弁が開き給水される。一方，水位が上昇し副弁が閉まると，主弁の弁体上部室に給水圧力がかかり弁体を下に押し下げ主弁が下がり給水が停止する。設問にある主弁が作動不良の場合，給水は不能となる。したがって，適当でない。

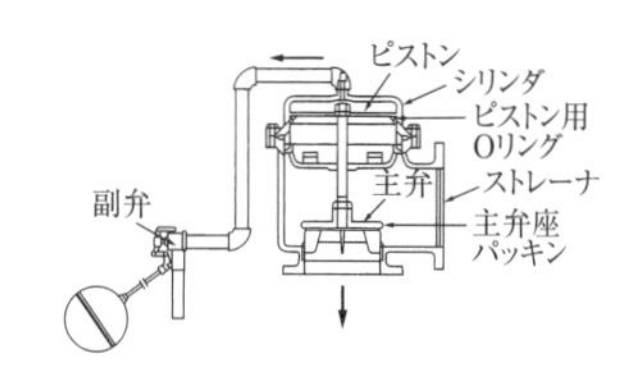

フロート分離型の定水位調整弁

間違いやすい選択肢▶ (1) **圧力調整弁**は，弁の一次側の圧力を一定に保つ目的で，ポンプのバイパス弁などに使用される。

7 (3)　排水用硬質塩化ビニルライニング鋼管の鋼管部分の肉厚は，軽量化のため硬質塩化ビニルライニング鋼管のそれに比べ薄くなっており，切削ねじ加工ができない。すなわち，ねじ込み式排水管継手は使用できず，専用の排水管用可とう継手（MD 継手）を使用して接合する。したがって，適当でない。

間違いやすい選択肢▶ (2) フレキシブルジョイントは，一般的に，接続口径が大きいほど全長を長くする必要がある。

ワンポイントアドバイス　6・2・1　配管材料及び配管付属品

(1)　**配管及び配管付属品の種類・名称・特性・用途**

①　**配管用炭素鋼鋼管**　　蒸気・飲料水を除く水・油・ガス・空気などに使用される。黒管と白管（亜鉛めっき）があり，最高使用圧力は 1.0 MPa が目安である。

②　**水配管用亜鉛めっき鋼管**　　水道用・給水用以外の水配管などに使用される。亜鉛めっきの付着量は，白管より多く，良質なめっき層を有している。

③　**水道用硬質塩化ビニルライニング鋼管**　　使用圧力 1.0 MPa 以下の水道用に使用される。ねじ込み接合には，管端防食形継手を使用する。使用に適した流体の温度は，40℃ 程度まで。

④　**排水用硬質塩化ビニルライニング鋼管**　　排水用に使用される。薄肉の鋼管を使用しているため，ねじ接合は使えず，メカニカル継手（MD 継手）を使う。

⑤　**水道用硬質ポリ塩化ビニル管**　　使用圧力 0.75 MPa 以下の水道用に使用される。VP，HIVP（耐衝撃性タイプ）がある。一般流体輸送用途として，硬質ポリ塩化ビニル管（VP・HIVP・VM・VU）がある。接合は，主に接着接合であるが，ゴム輪接合，メカニカル接合もある。90℃ 以下の給湯・温水用としては，耐熱性硬質ポリ塩化ビニル管（HTVP）がある。

⑥　**架橋ポリエチレン管**　　中密度・高密度ポリエチレンを架橋反応させることで，耐熱性，耐クリープ性を向上させた配管である。

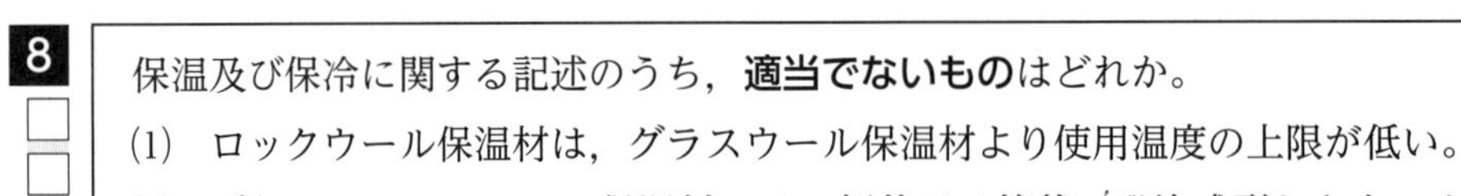

●6・2・2　保温材の種類と特性

8

保温及び保冷に関する記述のうち，**適当でないもの**はどれか。

(1)　ロックウール保温材は，グラスウール保温材より使用温度の上限が低い。

(2)　ポリエチレンフォーム保温材には，板状又は筒状に発泡成形したものや，板又はシート状に発泡した後に筒状に加工したものがある。

(3)　保冷とは，常温以下の物体を被覆し侵入熱量を小さくすること，又は，被覆後の表面温度を露点温度以上とし表面に結露を生じさせないことである。

(4)　ロックウール保温材のブランケットは，密度により１号と２号に区分される。

《R2-A39》

9

保温材に関する記述のうち，**適当でないもの**はどれか。

(1)　ロックウール保温材は，グラスウール保温材より使用温度の上限が高い。

(2)　グラスウール保温板は，その密度により１・２・３号に分類されている。

(3)　ポリスチレンフォーム保温材は，耐熱性の面から主に防露・保冷用として使われる。

(4)　ポリエチレンフォーム保温材は，独立気泡構造を有しているため，吸水・吸湿がほとんどない。

《基本問題》

〈p.148 の解答〉 **正解**　**5**(4)，**6**(3)，**7**(3)

▶解説

8　(1)　各種保温材の特性を下表に示す。

保温材の適用

保温材の種類	使用温度上限（目安）	熱伝導性		透湿性	耐炎性
		常温	高温		
ロックウール保温材	600℃	◎	◎	△	◎
グラスウール保温材	350℃	◎	○	△	○
A種ビーズ法ポリスチレンフォーム保温材	70～80℃	◎	－	◎	－
備考）凡例　◎：優，○：良，△：可，－：評価せず					

ロックウール保温材の使用温度上限は600℃で，グラスウール保温材のそれは350℃であるので，ロックウール保温材は，グラスウール保温材より使用温度の上限が高い。したがって，適当でない。

間違いやすい選択肢▶(4)ロックウール保温材のブランケットは，密度により1号と2号に区分される。

9　(2)　グラスウール保温板は，その基材の密度により7種類に区分される（24K，32K，40K，48K，64K，80K，96K，例えば24Kは24kg/m^{3}である）。一方，ロックウール保温板は，1・2・3号に分類されている。したがって，適当でない。

間違いやすい選択肢▶(3)ポリスチレンフォーム保温材は，耐熱性の面から主に防露・保冷用として使われる。

ワンポイントアドバイス　6・2・2　保温材の種類と特性

① **グラスウール保温材**　国土交通省告示「平12建告第1400号」で不燃材料として示され，避難上有害な煙・ガスを発生させないことが特徴である。耐火性能は融点の違いからロックウールに劣るために650℃以上の断熱には，ロックウールやセラミックファイバーを混合した製品が使用される。

② **ロックウール保温材**　ロックウール(岩綿)とは玄武岩，鉄炉スラグなどに石灰などを混合し，高温で溶解し生成される人造鉱物繊維である。耐火性にも優れていることから，防火区画貫通箇所に広く使われている。700℃まで形状を維持できるだけの耐熱性能があり，水に対してはグラスウールよりも非常に良好で撥水性があり吸湿性が低い。グラスウールには無いアルカリに対する耐薬品性がある。

③ **ポリスチレンフォーム保温材**　発泡スチロールの別名で，気泡を含ませたポリスチレンである。軽量かつ断熱性に優れ，また極めて成型や切削しやすく，安価で弾力性があり衝撃吸収性にも優れるので，断熱性を利用して保温・保冷が必要な物の断熱に用いられる。ポリスチレンは耐熱温度が約80～90℃なので高温用には使用できない。また，ポリスチレンは炭化水素なので，燃やすと水と二酸化炭素になり，不完全燃焼で大量の煤を発生させやすい。

④ **ポリエチレンフォーム保温材**　気泡を含ませたポリエチレンである。軽量かつ断熱性に優れ，衝撃吸収性にも優れるので，断熱性を利用して冷媒管の保冷材として広く使用されている。

●6・2・3　ダクト及びダクト付属品

10

ダクト及びダクト附属品に関する記述のうち，**適当でないもの**はどれか。

(1)　ピストンダンパーは，消火ガス放出時にピストンレリーザーにより自動的に閉鎖する機構を有する。

(2)　グラスウール製ダクトは，ダクト内温度が75℃以下の範囲で使用する。

(3)　スパイラルダクトは，亜鉛鉄板をスパイラル状に甲はぜ機械がけしたもので，甲はぜが補強の役目を果たすため強度は高い。

(4)　断面積が等しい円形ダクトと長方形ダクトでは，風量と材質が同じ場合，単位長さ当たりの圧力損失は長方形ダクトのほうが小さい。

《R5-A42》

11

ダクト及びダクト附属品に関する記述のうち，**適当でないもの**はどれか。

(1)　低圧ダクトは，常用圧力において，正圧，負圧ともに800 Pa以内で使用する。

(2)　排煙ダクトに設ける防火ダンパーの温度ヒューズの作動温度は280℃とする。

(3)　風量調節ダンパーの風量調節性能は，平行翼形ダンパーよりも対向翼形ダンパーの方が優れている。

(4)　誘引作用の大きい吹出口は，吹出し温度差を大きくとることができる。

《R4-A42》

12

ダクト及びダクト附属品に関する記述のうち，**適当でないもの**はどれか。

(1)　グラスウール等の多孔質吸音材を内張りしたダクトでは，中高周波数域の音の減衰が大きい。

(2)　同一材料，同一断面積のダクトの場合，同じ風量では長方形ダクトの方が円形ダクトより単位長さ当たりの圧力損失が大きい。

(3)　シーリングディフューザー形吹出口は，中コーンを上げると拡散半径が大きくなる。

(4)　ピストンダンパーは，消火ガス放出時にガスシリンダーの作動で閉鎖する機構を有する。

《R3-A42》

▶解説

10　(4)　長方形ダクトの圧力損失は，それと同一材質，同一風量で等しい圧力損失を持つ円形ダクトとの関係は，相当直径De，長方形ダクトの長辺，短辺をa，bとすると，次式が成り立つ。

$$De=1.3\times((a\times b)^5/(a+b)^2)^{0.125}$$

〈p.150の解答〉 **正解**　**8** (1)，**9** (2)

今，長方形ダクトで最も圧力損失が小さい正方形ダクトで各辺を1mとすると，円形ダクトの相当直径 $De=1.3\times(0.25)^{0.125}=0.84$ m

一方，1 m^2 の断面積をもつ円形ダクトの直径Dは，

$D=\sqrt{4/\pi}=1.13$ m

よって，D>Deであり，長方形ダクトの方が円形ダクトより単位長さ当たりの圧力損失が大きい。円形ダクトが最も圧力損失が小さいダクトといえる。したがって，適当でない。

間違いやすい選択肢▶ (1) ピストンダンパーは，消火ガスを設けてある部屋のダクトに取り付けられるダンパーで，消火ガス放出時にピストンレリーザーにより自動的に閉鎖する機構を有する。

(2) グラスウール製ダクトは，ダクト内温度が75℃以下の範囲で使用する。ただし，グラスウールダクト施工要領書（2023年7月改定版グラスウールダクト工業会）では，ダクト内の許容温度は70℃となっているので注意したい。

11 (1)　低圧ダクト，高圧ダクトの常用圧力，制限圧力を下表に示す。常用圧力における低圧ダクトと高圧ダクトは，正圧・負圧ともに500 Paで区分される。したがって，適当でない。

間違いやすい選択肢▶ (2) 排煙ダクトに設ける防火ダンパーの温度ヒューズの作動温度は280℃とする。

ダクト内圧による種類と常用圧力，制限圧力

ダクト内圧による種類	常用圧力［Pa］		制限圧力［Pa］	
	正圧	負圧	正圧	負圧
低圧ダクト	+500以下	−500以上	+1,000	−750
高圧1ダクト	+500を超え+1,000以下	−500未満−1,000以上	+1,500	−1,500
高圧2ダクト	+1,000を超え+2,500以下	−1,000未満−2,000以上	+3,000	−2,500

12 (3)　**シーリングディフューザー形吹出口**は，中コーンを上げると冬季の暖房モードになり，ほぼ垂直に吹き出す気流となり，拡散半径が小さくなる。逆に中コーンを下げると夏季の冷房モードとなり，ほぼ水平に拡散する気流となり，拡散半径は大きくなる。したがって，適当でない。

間違いやすい選択肢▶ (2) 同一材料，同一断面積のダクトの場合，同じ風量では長方形ダクトの方が円形ダクトより単位長さ当たりの圧力損失が大きい。

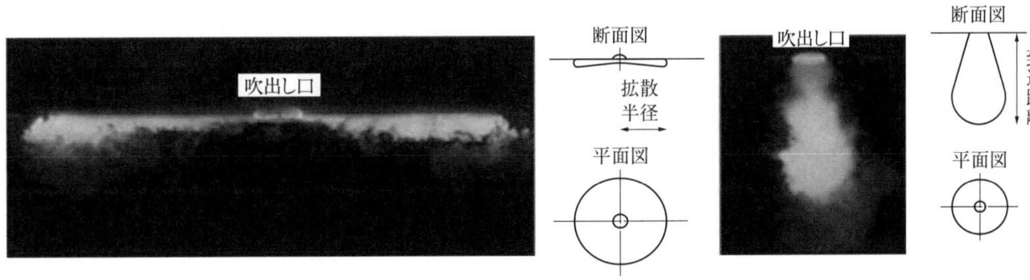

(a) 夏季冷房　水平吹出し（コーン下げる）　(b) 冬季暖房　垂直吹出し（コーン上げる）

シーリングディフューザー形吹出し口の気流特性

13
□
□
□

ダクト及びダクト付属品に関する記述のうち，**適当でないもの**はどれか。

(1) 吸込口へ向かう気流は，吹出口からの気流のような指向性はなく，前面から一様に吸込口へ向かう気流となるため，可動羽根や風向調節ベーン等は不要である。

(2) スパイラルダクトは，亜鉛鉄板をスパイラル状に甲はぜ機械がけしたもので，甲はぜが補強の役目を果たすため補強は不要である。

(3) たわみ継手は，たわみ部が負圧になる場合，正圧部が全圧 300 Pa を超える場合等には，補強用のピアノ線が挿入されたものを使用する。

(4) 等摩擦法（定圧法）で寸法を決定したダクトでは，各吹出口に至るダクトの長さが著しく異なる場合でも，各吹出口での圧力差は生じにくい。

《R2-A42》

14
□
□
□

ダクト及びダクト付属品に関する記述のうち，**適当でないもの**はどれか。

(1) 低圧ダクトと高圧ダクトは，通常運転時におけるダクト内圧が正圧，負圧ともに 300 Pa で区分される。

(2) 定風量ユニット（CAV）は，上流側の圧力が変動する場合でも，風量を一定に保つ機能を持っている。

(3) 変風量ユニット（VAV）は，外部からの制御信号により風量を変化させる機能を持っている。

(4) 材料，断面積，風量が同じ場合，円形ダクトの方が長方形ダクトより単位摩擦抵抗が小さい。

《R1-A42》

15
□
□
□

ダクトに関する記述のうち，**適当でないもの**はどれか。

(1) フレキシブルダクトは，無理な屈曲による取付け方をした場合，圧力損失が大きくなる。

(2) 低圧ダクトは，常用圧力において，正圧，負圧ともに 500 Pa 以内で使用する。

(3) 幅又は高さが 450 mm を超えるダクトで保温を施さないものには，300 mm 以下のピッチで補強リブを設ける。

(4) アングルフランジ工法ダクトは，共板フランジ工法ダクトに比べて，フランジ接合部の締付け力が小さい。

《基本問題》

〈p.152 の解答〉 **正解** **10** (4)，**11** (1)，**12** (3)

▶解説

13 (4) **等摩擦損失法**は，ダクトの単位長さ当たりの摩擦損失が一定になるようにダクト流量線図を用いて，ダクトのサイズを決定する方法である。この方法では，ダクトの長さに比例して抵抗が増加するため，各吹出し口に至るダクトの長さがほぼ等しければこのままの寸法で決定してよいが，各吹出し口に至るダクトの長さが著しく異なる場合や風量が異なる場合は，各吹出し口での圧力差が生じてしまうので，摩擦抵抗のバランスを取るようにダクト寸法を変えるなりの対応が必要となる。したがって，適当でない。

間違いやすい選択肢▶ (1) 吸込口へ向かう気流は，吹出口からの気流のような指向性はなく，前面から一様に吸込口へ向かう気流となるため，可動羽根や風向調節ベーン等は不要である。

---

14 (1) 低圧ダクト，高圧ダクトの常用圧力，制限圧力を下表に示す。常用圧力における低圧ダクトと高圧ダクトは，正圧・負圧ともに500 Paで区分される。したがって，適当でない。

間違いやすい選択肢▶ (2) 定風量ユニット（CAV）は，上流側の圧力が変動する場合でも，風量を一定に保つ機能をもっている。

---

15 (4) **アングルフランジ工法**は，剛性のあるアングルフランジをボルト・ナットで締付けるので，ダクト鉄板でできた共板フランジをフランジ押さえ金具でクリップする**ダクト共板フランジ工法**に比べ，接合部の締付け力が大きい。したがって，適当でない。

	アングルフランジ工法 (AF ダクト)	コーナーボルト工法	
		共板フランジ工法 (TF ダクト)	スライドオンフランジダクト (SF ダクト)
構成図	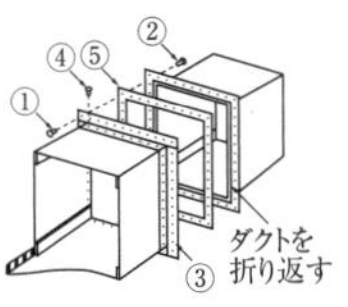 ダクトを折り返す	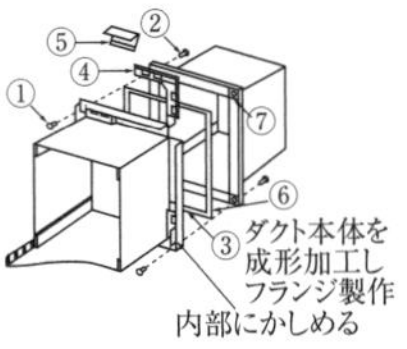 ダクト本体を成形加工しフランジ製作 内部にかしめる	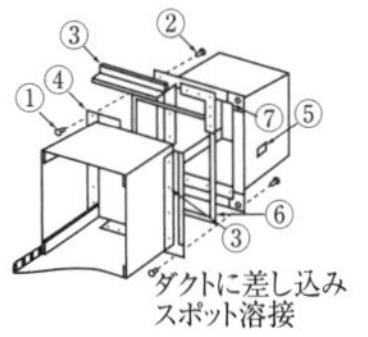 ダクトに差し込みスポット溶接
フランジ接合方法	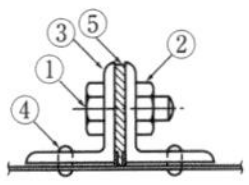	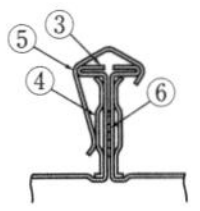	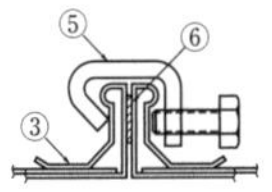

アングルフランジ工法とコーナーボルト工法

間違いやすい選択肢▶ (3) 幅または高さが450 mmを超えるダクトで保温を施さないものには，300 mm以下のピッチで補強リブを設ける。

6・3　設計図書

●6・3・1　公共工事標準請負契約約款

1

「公共工事標準請負契約約款」に関する記述のうち，**適当でないもの**はどれか。

(1)　発注者が監督員を置いたときは，約款に定める請求，通知，報告，申出，承諾及び解除については，設計図書に定めるものを除き，監督員を経由して行う。

(2)　発注者は，完成通知を受けたときは，通知を受けた日から14日以内に完成検査を完了し，検査結果を受注者に通知しなければならない。

(3)　発注者は完成検査合格後，受注者から請負代金の支払い請求があったときは，請求を受けた日から40日以内に請負代金を支払わなければならない。

(4)　現場代理人，主任技術者は，これを兼ねることができるが，専門技術者は，主任技術者を兼ねることはできない。

《R5-A43》

2

「公共工事標準請負契約約款」に関する記述のうち，**適当でないもの**はどれか。

(1)　受注者は，約款（契約書を含む。）及び設計図書に特別の定めがない仮設，施工方法等を定める場合は，監督員の指示によらなければならない。

(2)　発注者が設計図書を変更し，請負代金額が$\frac{2}{3}$以上減少した場合，受注者は契約を解除することができる。

(3)　発注者は，引渡し前においても，工事目的物の全部又は一部を受注者の承諾を得て使用することができる。

(4)　受注者は，工事現場内に搬入した工事材料を監督員の承諾を受けないで工事現場外に搬出してはならない。

《R4-A43》

3

「公共工事標準請負契約約款」に関する記述のうち，**適当でないもの**はどれか。

(1)　発注者は，完成通知を受けたときは，通知を受けた日から14日以内に完成検査を完了し，検査結果を受注者に通知しなければならない。

(2)　受注者は，工事目的物及び工事材料等を設計図書に定めるところにより，火災保険，建設工事保険等に付さなければならない。

(3)　発注者は，受注者が工期内に工事を完成させることができないとき，これによって生じた損害の賠償を受注者に対して請求することができる。

(4)　発注者の完成検査で，必要と認められる理由を受注者に通知した上で，工事目的物を最小限度破壊する場合，その検査又は復旧に直接要する費用は発注者の負担となる。

《R3-A43》

〈p.154の解答〉**正解**　**13**(4)，**14**(1)，**15**(4)

▶解説

1 (4) (現場代理人及び主任技術者等) 第十条第4項 現場代理人，主任技術者及び監理技術者並びに専門技術者は，これを兼ねることができる。したがって，適当でない。

間違いやすい選択肢▶(2) 発注者は，完成通知を受けたときは，通知を受けた日から14日以内に完成検査を完了し，検査結果を受注者に通知しなければならない。

2 (1) 仮設，施工方法その他工事目的物を完成するために必要な一切の手段については，この契約書及び設計図書に特別の定めがある場合を除き，受注者がその責任において定める（約款（総則）第一条)。したがって，適当でない。

間違いやすい選択肢▶(3) 発注者は，引渡し前においても，工事目的物の全部又は一部を受注者の承諾を得て使用することができる。

3 (4) 仮設、施工方法その他工事目的物を完成するために必要な一切の手段については、この契約書及び設計図書に特別の定めがある場合を除き、受注者がその責任において定める（約款（総則）第一条)。したがって，適当でない。

間違いやすい選択肢▶(1) 発注者は，完成通知を受けたときは，通知を受けた日から14日以内に完成検査を完了し，検査結果を受注者に通知しなければならない。

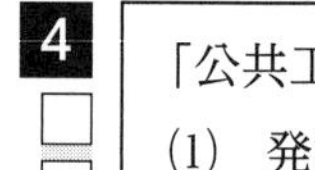

4

「公共工事標準請負契約約款」に関する記述のうち，**適当でないもの**はどれか。

(1)　発注者が設計図書を変更し，請負代金額が 2/3 以上減少した場合，受注者は契約を解除することができる。

(2)　発注者は完成検査合格後，受注者から請負代金の支払い請求があったときは，請求を受けた日から 30 日以内に請負代金を支払わなければならない。

(3)　受注者は，請負代金内訳書に健康保険，厚生年金保険及び雇用保険に係る法定福利費を明示するものとする。

(4)　発注者は，受注者が正当な理由なく，工事に着手すべき期日を過ぎても工事に着手しないときは，必要な手続きを経た後，契約を解除することができる。　《R2-A43》

5

「公共工事標準請負契約約款」に関する記述のうち，**適当でないもの**はどれか。

(1)　受注者は，工事現場内に搬入した材料を監督員の承諾を受けないで工事現場外に搬出してはならない。

(2)　受注者は，工事目的物及び工事材料等を設計図書に定めるところにより，火災保険，建設工事保険等に付さなければならない。

(3)　設計図書の表示が明確でない場合は，工事現場の状況を勘案し，受注者の判断で施工する。

(4)　約款及び設計図書に特別な定めがない仮設，施工方法等は，受注者がその責任において定める。　《R1-A43》

▶解説

4　(2)　発注者は，前項の規定による請求があったときは，請求を受けた日から40日以内に請負代金を支払わなければならない（約款第三十二条）。したがって，適当でない。

間違いやすい選択肢▶ (1) 発注者が設計図書を変更し，請負代金額が 2/3 以上減少した場合，受注者は契約を解除することができる。

5　(3)　受注者は，工事の施工に当たり，①図面，仕様書，現場説明書及び現場説明に対する質問回答書が一致しないこと，②設計図書に誤謬又は脱漏があること，③設計図書の表示が明確でないことなどに該当する事実を発見したときは，その旨を直ちに監督員に通知し，その確認を請求しなければならない（約款第十八条）。したがって，適当でない。

間違いやすい選択肢▶ (1) 受注者は，工事現場内に搬入した材料を監督員の承諾を受けないで工事現場外に搬出してはならない。

ワンポイントアドバイス　6・3・1　公共工事標準請負契約約款（抜粋）

（総則）第一条

3　仮設，施工方法その他工事目的物を完成するために必要な一切の手段（「施工方法等」という。以下同じ。）については，この契約書及び設計図書に特別の定めがある場合を除き，受注者がその責任において定める。【R1，R4】

〈p.156 の解答〉 **正解**　**1** (4)，**2** (1)，**3** (4)

(請負代金内訳書及び工程表) 第三条 受注者は，設計図書に基づいて請負代金内訳書及び工程表を作成し，発注者に提出し，その承認を受けなければならない。

2 内訳書には，健康保険，厚生年金保険及び雇用保険に係る法定福利費を明示するものとする。【R2】

(監督員) 第九条 発注者は，監督員を置いたときは，その氏名を受注者に通知しなければならない。監督員を変更したときも同様とする。

5 この契約書に定める請求，通知，報告，申出，承諾及び解除については，設計図書に定めるものを除き，監督員を経由して行うものとする。【R5】この場合においては，監督員に到達した日をもって発注者に到着したものとみなす。

(現場代理人及び主任技術者等) 第十条 受注者は，次の各号に掲げる者を定めて工事現場に設置し，設計図書に定めるところにより，その氏名その他必要な事項を発注者に通知しなければならない。これらの者を変更したときも同様とする。

一 現場代理人 二 主任技術者，監理技術者 三 専門技術者。

4 現場代理人，主任技術者及び監理技術者並びに専門技術者は，これを兼ねることができる。【R5】

(工事材料の品質及び検査等) 第十三条 工事材料の品質については，設計図書に定めるところによる。設計図告にその品質が明示されていない場合にあっては，中等の品質を有するものとする。

4 受注者は，工事現場内に搬入した工事材料を監督員の承諾を受けないで工事現場外に搬出してはならない。【R1，R4】

(条件変更等) 第十八条 受注者は，工事の施工に当たり，次の各号のいずれかに該当する事実を発見したときは，その旨を直ちに監督員に通知し，その確認を請求しなければならない。

三 設計図書の表示が明確でないこと。【R1】

(設計図書の変更) 第十九条 発注者は，必要があると認めるときは，設計図書の変更内容を受注者に通知して，設計図書を変更することができる。この場合において，発注者は，必要があると認められるときは工期若しくは請負代金額を変更し，又は受注者に損害を及ぼしたときは必要な費用を負担しなければならない。

(発注者の請求による工期の短縮等) 第二十二条 発注者は，特別の理由により工期を短縮する必要があるときは，工期の短縮変更を受注者に請求することができる。

(検査及び引渡し) 第三十一条 受注者は，工事を完成したときは，その旨を発注者に通知しなければならない。

2 発注者は，前項の規定による通知を受けたときは，通知を受けた日から 14 日以内に受注者の立会いの上，設計図書に定めるところにより，工事の完成を確認するための検査を完了し，当該検査の結果を受注者に通知しなければならない。【R5】この場合において，発注者は，必要があると認められるときは，その理由を受注者に通知して，工事目的物を最小限度破壊して検査することができる。

3 前項の場合において，検査又は復旧に直接要する費用は，受注者の負担とする。【R3】

(請負代金の支払) 第三十二条 2 発注者は，前項の規定による請求があったときは，請求を受けた日から 40 日以内に請負代金を支払わなければならない。【R2，R5】

(瑕疵担保) 品確法に該当する場合 **第四十四条 (A)** 発注者は，工事目的物に瑕疵があるときは，受注者に対して相当の期間を定めてその瑕疵の修補を請求し，又は修補に代え若しくは修補とともに損害の賠償を請求することができる。

(発注者の解除権) 第四十七条 発注者は，受注者が次の事項の一に該当するときは，契約を解除できる。

一 正当な理由なく，工事に着手すべき期日を過ぎても工事に着手しないとき。【R2】

(受注者の解除権) 第四十九条 受注者は，次の各号のいずれかに該当するときは，この契約を解除することができる。

一 第十九条の規定により設計図書を変更したため請負代金額が 2/3 以上減少したとき。【H29】，【R2，R4】

(火災保険等) 第五十一条 受注者は，工事目的物及び工事材料等を設計図書に定めるところにより火災保険，建設工事保険その他の保険に付さなければならない。【R1】

注.【 】は過去問題

●6・3・2　配管材料とその記号（規格）

6

設計図書に記載する「配管材料」とその「記号（規格）」の組合せのうち，**適当でないもの**はどれか。

［配管材料］　　　　　　　　　　　　　［記号（規格）］

(1)　水道用硬質塩化ビニルライニング鋼管（黒）――――SGP-VA（JWWA）
(2)　排水用硬質塩化ビニルライニング鋼管――――SGP-VD（JWWA）
(3)　リサイクル硬質ポリ塩化ビニル三層管――――RS-VU（JIS）
(4)　水道用ポリエチレン粉体ライニング鋼管（白）――――SGP-PB（JWWA）

《R5-A44》

7

JIS に規定している，「配管材料」と「記号」の組合せのうち，**適当でないもの**はどれか。

（配管材料）　　　　　　　　（記号）

(1)　配管用炭素鋼鋼管――――SGP
(2)　圧力配管用炭素鋼鋼管――――STPG
(3)　架橋ポリエチレン管（二層管）――――XM
(4)　水道用硬質ポリ塩化ビニル管――――VP

《R4-A44》

8

JIS に規定する配管に関する記述のうち，**適当でないもの**はどれか。

(1)　配管用ステンレス鋼鋼管は，一般配管用ステンレス鋼鋼管に比べて，管の肉厚が厚く，ねじ加工が可能である。
(2)　一般配管用ステンレス鋼鋼管は，給水，給湯，冷温水，蒸気還水等の配管に用いる。
(3)　硬質ポリ塩化ビニル管には，VP，VM，VU の３種類があり，設計圧力の上限が最も低いものは VM である。
(4)　水道用硬質ポリ塩化ビニル管の VP 及び HIVP の最高使用圧力は，同じである。

《R2-A44》

▶解説

6　(2)　排水用硬質塩化ビニルライニング鋼管は，日本水道鋼管協会規格 WSP 042 で記号は D-VA である。D は排水（Drainage）を表す。一方，SGP-VD（JWWA：日本水道協会）は，水道用硬質塩化ビニルライニング鋼管の地中埋設用（記号で VD：V は Vinyl）で外側が硬質ポリ塩化ビニル管である。なお，SGP-VA は外側が一次防錆処理，SGP-VB は外側が亜鉛めっき処理を表す。したがって，適当でない。

間違いやすい選択肢▶(3) リサイクル硬質ポリ塩化ビニル三層管は，RS-VU である。使用済みの塩ビ管をリサイクル材として原料化して中間層に採用している。

〈p.158 の解答〉 **正解**　**4** (2)，**5** (3)

7 (3) 架橋ポリエチレン管（二層管）の記号は，PE-X XE である。一方，記号 PE-X XM は，架橋ポリエチレン管（単層管）である。したがって，(3)の組合せは適当でない。

間違いやすい選択肢 ▶ (2) 圧力配管用炭素鋼鋼管は，記号 STPG である。

8 (3) 設計圧力の上限値は，VP が 1.0 MPa，VM が 0.8 MPa，VU が 0.6 MPa とある（JIS K6741：2007　硬質ポリ塩化ビニル管）。すなわち，設計圧力の上限が最も低いものは VU である。したがって，適当でない。

間違いやすい選択肢 ▶ (1) 配管用ステンレス鋼鋼管は，一般配管用ステンレス鋼鋼管に比べて，管の肉厚が厚く，ねじ加工が可能である。

ワンポイントアドバイス　6・3・2　配管材料とその記号（規格）

管の名称，規格，記号

管の名称	規格	記号
配管用炭素鋼鋼管	JIS G 3452	SGP（黒），（白）
水配管用亜鉛めっき鋼管	JIS G 3442	SGPW
圧力配管用炭素鋼鋼管	JIS G 3454	STPG
水道用硬質塩化ビニルライニング鋼管	JWWA K 116	SGP-VA，VB，VD
水道用ポリエチレン粉体ライニング鋼管	JWWA K 132	SGP-PA，PB，PD
水道用耐熱性硬質塩化ビニルライニング鋼管	JWWA K 140	SGP-HVA
排水用硬質塩化ビニルライニング鋼管	WSP 042	D-VA
排水用ノンタールエポキシ塗装鋼管	WSP 032	SGP-NTA
一般配管用ステンレス鋼鋼管	JIS G 3448	SUS-TPD
配管用ステンレス鋼鋼管	JIS G 3459	SUS-TP
ダクタイル鋳鉄管	JIS G 5526	D
排水用鋳鉄管（直管）	JIS G 5525	CIP
銅及び銅合金の継目無管	JIS H 3300	C1220（K，L，M）
硬質ポリ塩化ビニル管	JIS K 6741	VP，HIVP，VM，VU
水道用硬質ポリ塩化ビニル管	JIS K 6742	VP，HIVP
耐熱性硬質ポリ塩化ビニル管	JIS K 6776	HTVP
リサイクル硬質塩化ビニル三層管	JIS K 9797	RS-VU
架橋ポリエチレン管	JIS K 6769	PEX（XE（二層），XM（単層））
ポリブテン管	JIS K 6778	PB

建築設備一般

●6・3・3　設計図書に記載する機器の仕様項目

9

設計図書に記載する「機器名」と「機器仕様」の組合せのうち，**適当でないもの**はどれか。

ただし，電動機に関する事項は除く。

（機器名）　（機器仕様）

(1) 全熱交換器――形式，種別，風量，全熱交換効率，面風速，初期抵抗（給気・排気）

(2) 空調用ポンプ――形式，吸込口径，水量，揚程，押込圧力

(3) 冷却塔――形式，冷却能力，冷却水量，冷却水出入口温度，外気乾球温度，騒音値

(4) チリングユニット――冷凍能力，冷水量，冷水出入口温度，冷却水量，冷却水出入口温度，冷水・冷却水損失水頭

《R3-A44》

10

設計図書に記載する「ユニット形空調機」の仕様に関する文中，［　　］内に当てはまる用語の組合せとして，**適当なもの**はどれか。

設計図書は，ユニット形空気調和機の形式，冷却能力，加熱能力，風量，［A］，コイル通過風速，コイル列数，水量，冷水入口温度，温水入口温度，コイル出入口空気温度，加湿器形式，有効加湿量，電動機の電源種別，［B］，基礎形式等を記載する。

（A）　（B）

(1) 機外静圧――電動機出力

(2) 機外静圧――電流値

(3) 全静圧――電動機出力

(4) 全静圧――電流値

《R1-A44》

▶解説

9　(3)　冷却塔には，形式，冷却能力，冷却水量，冷却水出入口温度，外気湿球温度，騒音値を設計図書の機器仕様に記載する必要がある。外気乾球温度は必要でない。したがって，適当でない。

間違いやすい選択肢▶(4) チリングユニット—冷凍能力，冷水量，冷水出入口温度，冷却水量，冷却水出入口温度，冷水・冷却水損失水頭

10　(1)　送風機の全静圧から，空気調和機内のフィルター，コイル，チャンバなどの機内摩擦抵抗分（機内静圧）を差し引いたものが「機外静圧」となる。一般に，空気調和機に接続するダクト系の必要静圧を設計図書の機器仕様に記載する必要があるので，（A）は「機外静圧」が適当である。また，電気設計で，空気調和機の動力盤の電源容量を記載する必要があるので，（B）は「電動機出力」が適当である。

間違いやすい選択肢▶(3) 全静圧――――――電動機出力

〈p.162 の解答〉 **正解**　**9** (3),　**10** (1)

第7章
施工管理法
(知識)

令和5年度の出題について

- 令和5年度の問題BのNo.1～No.10の10問は，従来通りの「施工管理法(知識)」を問う問題で構成されており，必須問題となっている。
- 特に，令和3年度から採用された「施工管理法（応用能力)」と併せて，内容の理解を深める必要がある。
- 本章の7・1～7・9の最初の問題は，令和5年度に出題された内容で，それからの問題は，令和4年度までの出題内容から抜粋し，過去問を参照できるように構成している。
- 例年，各設問はある程度限られた範囲（項目）からの繰り返しの出題となる傾向があり，過去問題から傾向を把握しておくことが重要である。
- 頻出する引用文献の略期は，次による（いずれも令和4年版)。

  公共：建築工事標準仕様書（機械設備工事編)：標準仕様書（機械）

  公共：建築設備工事標準図（機械設備工事編)：標準図（機械）

  (公社）空気調和・衛生工学会規格：SHASE-S

●過去５年間の出題内容と出題箇所●

出題内容・出題数 ＼ 年度（和暦）		令和 5	4	3	2	1	計
7・1　工事の申請届出書類の提出先と提出時期	1. 工事の申請届出書類の提出先と提出時期	1	1	1	1	1	5
	2. 公共工事における施工計画等				1	1	2
7・2　工程管理	1. ネットワーク工程表	1	1	1	1	1	5
	2. 工程管理（各種工程表と用語）				1	1	2
7・3　建設工事における品質管理	1. 建設工事における品質管理	1		1	1	1	4
	2. 品質管理の統計的手法		1		1	1	3
7・4　建設工事における危険防止	1. 工事現場における危険防止			1	1	1	3
	2. 建設工事における安全管理	1	1		1	1	4
7・5　機器の据付け	1. 機器の据付けと点検	1	1	1	1	1	5
	2. 機器の据付けと基礎				1	1	2
7・6　配管の施工	1. 配管の施工		1	1	1	1	4
	2. 配管及び配管付属品の施工	1			1	1	3
7・7　ダクトの施工	1. ダクトの施工	1		1	1		3
	2. ダクト及びダクト付属品の施工		1		1	2	4
7・8　保温・保冷・塗装工事		1	1	1	1	1	5
7・9　その他施工管理	1. 試運転調整	1	1	1	1		4
	2. 腐食・防食	1	1	1		1	4
	3. 振動・騒音の防止と対策				1	1	2

●出題傾向分析●

7・1　工事の申請届出書類の届出先と提出期間

施工時の各種届出に関する，届け出先や提出期限などが毎年出題されている。

① 令和５年度は，工事着工に伴う届出書と提出先の組み合わせについて出題されており，令和４年度にも出題された高圧ガス製造届出書の届け出先，特定施設設置届（騒音）の提出先や，特定建設作業実施届出書（振動），小型ボイラー設置報告書の提出先について出題された。

② 毎年１問出題されており，四肢択一なので，過去５年間の出題内容を確実に理解する必要がある。

7・2　工程管理

① ネットワークに関する日数計算は毎年出題されており，令和６年度も出題されることが予想される。

② 工程管理に使用される専門用語の理解と，確実にイベント間の日数計算ができるよう，過去５年間の出題内容を確実に理解する必要がある。

③　令和元年から令和５年度に頻出する用語は，次の通りである。
　クリティカルパス（５回），トータルフロート（５回），フリーフロート（４回），最早開始時刻（４回），最遅完了時刻（４回）

7・3　建設工事における品質管理

①　令和５年度は，各種工程表の特徴と目的についての出題であった。
②　QC 工程図，PDCA，抜取り検査，全数検査などが，過去にも出題されており，理解を深める必要がある。
③　統計的手法の用語として，デミングサークル，散布図，パレード図，ヒストグラム，管理図，特性要因図の内容は，十分に理解する必要がある。

7・4　建設工事における危険防止

①　令和５年度は，安全管理に関わる内容が出題された。
②　リスクアセスメントの内容，アーク溶接の安全確保，解体作業での石綿の有無の調査，安全データシート（SDS）の意味などについての設問であった。
③　特に塗料などに含まれる化学物質の安全性を使用者が確認するための安全データシート（SDS Safety Data Sheet）が設問として採用されており，化学物質の安全管理についても理解する必要がある。
④　危険防止又は安全管理が毎年出題されており，過去の出題問題を数多く研究しておくとよい。

7・5　機器の据付け

①　機器の据付けと点検に関する設問は，毎年出題されている。
②　令和５年度は床置形ファンコイルの据付け位置，吸収式冷温水機の設置基準，冷凍機据付け時に確保すべき保守点検スペース，基礎での耐震支持計算時の注意点などについて，基本的な内容の設問であった
③　衛生面での点検としての６面点検や，保温施工が可能な離隔距離，貯湯槽のコイル引抜きスペース，ポンプなどの機器の設置間隔など，過去の出題を数多く参照し規程内容を理解しておくとよい。

7・6　配管の施工

配管の施工若しくは配管及び配管付属品の施工については，毎年出題されている。
①　令和５年度は蒸気管の振れ止め支持，硬質塩化ビニル管の切断，溶接作業時の注意点，空調配管での三方弁の設置個所などについて，基本的な内容の設問であった。
②　多方面の知識を問う設問が出題されている。
③　特に，配管の加工や伸縮対応，変位吸収や炭素鋼鋼管での溶接作業，膨張管のバルブ設置など，施工品質を確保するための対応策について，内容を理解しておくとよい。

7・7　ダクトの施工

ダクトの施工若しくはダクト及びダクト付属品の施工については，配管と同様に毎年出題されている。
①　令和５年度は低圧ダクトの耐圧性能についての問題で，令和１年度，令和２年度にはスパイラルダクトに関わる設問が出題されている。
②　ダクトの各種施工法（コーナーボルト，アングルフランジ工法，共板フランジ工法など）の特徴については，理解する必要がある。

③ パネル形排煙口のパネル回転軸の取付方や，送風機と直近設置のエルボとの間隔など，性能を発揮させるための施工法や，各ダクトの支持・固定方法などを理解しておくと良い。

7・8 保温・保冷・塗装工事

保温・保冷・塗装工事も毎年出題されている。

① 令和５年度は，令和４年度と同様にグラスウール保温板の密度と断熱性能について出題された。

② 保温材・保冷材の種類毎の特徴と性能を問う問題が多く採用されている。

③ 配管，ダクトについて，保温材・保冷材施工の方法と注意点を理解しておくことも重要である。

7・9 その他施工管理

試運転調整，腐食・防食，振動・騒音の防止と対策は，毎年この中から２問出題されており，令和５年度も令和４年度と同様に，試運転調整と腐食・防食に関わる，問題が出題された。令和６年度は，試運転調整と振動・騒音の防止と対策から出題される可能性が高い。

【試運転調整】

① 令和５年度は，排水用水中ポンプの確認事項に関する設問であった。

② 軸封箇所のシール種類別でのポンプの軸封装置からの滴下の特徴についての設問も，令和４年度は採用されており，内容を理解しておく必要がある。

③ 熱源機器（冷凍機，ボイラ，冷却塔，冷水・冷却水ポンプなど）に関する発停方法や試運転調整時の確認事項，冷凍機器，蒸気ボイラの保護回路の目的，高置水槽・排水槽の満水警報の目的などが過去に出題されている。

【腐食・防食】

① 令和５年度は，pHの値による配管用炭素鋼鋼管（白）の腐食に関する設問であった。

② 令和４年度は，蒸気系統に採用する配管用炭素鋼鋼管（黒）の腐食，令和３年度は，標準仕様書（機械）“2.7.3 防食処置”からの出題であった。

③ 外部電源での電気防食法の施工方法や，配管の腐食発生に影響する溶存酸素濃度や流速，ガルバニック腐食（異種金属接触腐食）についても，理解する必要がある。

【振動・騒音の防止と対策】

① 令和５年度も令和４年度，令和３年度同様に，振動・騒音の防止と対策に関する出題はなかったので，令和６年度は出題される可能性は高い。

② 振動防止，固体音対策として用いる金属ばねや防振ゴムなどについて，防振材の特徴と特性はよく理解しておく必要がある。

③ 空気伝搬音の低減対策に用いる吸音材や遮音材の特徴と特性はよく理解しておく必要がある。

④ 配管の流水時に発生する放射音，固体音について，発生要因となる空気の混入による影響から，キャビテーション，サージング，ウォータハンマなどの現象について理解しておく必要がある。

施工管理上の「知識」及び「応用能力」の出題対照表（令和５年度）

<table>
<tr><th>施工管理区分</th><th colspan="2">第７章「知識」の構成</th><th>施工管理区分</th><th colspan="2">第９章　「応用能力」の構成</th></tr>
<tr><td>施工計画</td><td>No.1</td><td>7·1·1　工事の申請届出書類の届出先と提出期間</td><td rowspan="2">施工計画・工程管理</td><td>No.23</td><td>9·1·1　公共工事における施工計画</td></tr>
<tr><td>工程管理</td><td>No.2</td><td>7·2·1　ネットワーク工程表</td><td>No.24</td><td>9·1·2　工程管理（各種工程表と用語）</td></tr>
<tr><td>品質管理</td><td>No.3</td><td>7·3·2　品質管理の統計的手法</td><td rowspan="2">品質管理と安全管理</td><td>No.25</td><td>9·2·1　品質管理の統計的手法</td></tr>
<tr><td>安全管理</td><td>No.4</td><td>7·4·2　建設工事における安全管理</td><td>No.26</td><td>9·2·2　建設工事における安全管理</td></tr>
<tr><td>機器の据付</td><td>No.5</td><td>7·5·1　機器の据付けと点検</td><td rowspan="3">機器・配管・ダクトの施工</td><td>No.27</td><td>9·3·1　機器の据付けと基礎</td></tr>
<tr><td>配管工事</td><td>No.6</td><td>7·6·1　配管の施工</td><td>No.28</td><td>9·3·2　配管及び配管付属品の施工</td></tr>
<tr><td>ダクト工事</td><td>No.7</td><td>7·7·2　ダクト及びダクト付属品の施工</td><td>No.29</td><td>9·3·3　ダクト及びダクト付属品の施工</td></tr>
<tr><td>保温・保冷・塗装</td><td>No.8</td><td>7·8　保温・保冷・塗装</td><td></td><td></td><td></td></tr>
<tr><td>試運転調整</td><td>No.9
No.10</td><td>7·9·1　試運転調整
7·9·2　腐食・防食</td><td></td><td></td><td></td></tr>
</table>

注）

① この章では施工管理に関わる問題BのNo.1～No.10までの必須問題を扱っている。

② 令和５年度は，「振動・騒音の防止と対策」の出題はなかった。

③ それぞれの出題区分ごとに広範囲の知識が要求される。

④ 機器の据付け，配管工事，ダクト工事，保温・保冷・塗装からは毎年出題されている。

⑤ 試運転調整からは，「試運転調整」と「腐食・防食」又は「振動・騒音の防止と対策」が組み合わされて２問出題されている。

7・1　工事の申請届出書類の提出先と提出時期

●7・1・1　工事の申請届出書類の提出先と提出時期

1

工事の着工に伴う届出書等と提出先の組合せとして，**適当でないもの**はどれか。

	［届出書等］	［提出先］
(1)	高圧ガス製造許可申請書	労働基準監督署長
(2)	特定施設設置届出書（騒音）	市町村長
(3)	特定建設作業実施届出書（振動）	市町村長
(4)	小型ボイラー設置報告書	労働基準監督署長

《R5-B1》

2

工事の申請・届出書類と提出先に関する記述のうち，**適当でないもの**はどれか。

(1) 屋内消火栓設備の設置に係る工事の場合，工事整備対象設備等着工届出書を消防長又は消防署長に届け出なければならない。

(2) 搬入のための工事用車両を道路上に停めて一時的に作業を行う場合，警察署長に道路占用許可申請書を提出しなければならない。

(3) 高圧ガス保安法で定められている高圧ガス製造届書は，都道府県知事あるいは指定都市の長に届け出なければならない。

(4) 原動機の定格出力が7.5 kW以上の送風機を設置する場合，騒音規制法の特定施設設置届出書（騒音）を市町村長に提出しなければならない。

《R4-B1》

3

工事の「届出書等」，「提出時期」及び「提出先」の組合せとして，**適当でないもの**はどれか。

	（届出書等）	（提出時期）	（提出先）
(1)	ばい煙発生施設設置届出書	工事完了日から４日以内	都道府県知事
(2)	消防用設備等設置届出書	工事完了日から４日以内	消防長又は消防署長
(3)	特定施設設置届出書(騒音)	工事開始日の30日前まで	市町村長
(4)	ボイラー設置届	工事開始日の30日前まで	労働基準監督署長

《R3-B1》

▶解説

1　(1)　高圧ガス製造許可申請書は，都道府県知事に提出しなければならない。したがって，適当でない。

間違いやすい選択肢▶(3)著しい騒音又は振動を発生する作業を行う場合には，当該作業の開始日の7日前までに，特定建設作業実施届出書（振動）を各市町村に届出が必要となります。

2　(2)　搬入のため，工事用車両を道路上に一時的に止める場合は，道路使用許可申請書を警察署長に提出しなければならない。したがって，適当でない。

間違いやすい選択肢▶(3)の高圧ガス保安法と，(4)の騒音規制法に関わる設問は，令和3年，平成30年にも出題されており，**ワンポイントアドバイス　7・1・1　工事の申請届出・申請書一覧表**を熟読し，届け出の期日も含めて覚えてくこと。

3　(1)　ばい煙発生施設設置届出書は，大気汚染防止法の定めにより，着工60日前までに提出しなければならない。したがって，適当でない。

間違いやすい選択肢▶諸官庁への届出・申請書一覧表（下表）の提出期限が，着工開始前，着工時，10日前，30日前，60日前，よく出題されるので，確実に覚えておくこと。また提出先も混乱しやすいので注意する。(2)～(4)は，下表を参照のこと。

ワンポイントアドバイス　7・1・1　工事の申請届出・申請書一覧表

諸官庁への届出・申請書一覧表

諸届・申請書類名称	提出先	提出期限（関係法令）
床面積合計が1,000 m^{2}以上の事務所の液化石油ガス設備工事の設置届	都道府県知事	完了時（液化石油ガスの保安の確保及び取引の適正化に関する法律）
高さ8 mを超える高架水槽の設置届出	建築主事・指定確認検査機関	着工前（建築士法）
貯蔵量1,000 Lを超える灯油用（第2石油類）オイルタンクの設置届出	都道府県知事	（消防法危険物規則）
指定数量以上の危険物貯蔵所設置許可申請	都道府県知事	着工前（消防法危険物規則）
少量危険物取扱届出書	消防署長	（消防法危険物規則）
ボイラー届出書	労働基準監督署長	着工30日前まで（ボイラー規則）
小型ボイラー設置届出書	労働基準監督署長	完了時（ボイラー規則）
クレーン設置届出書	労働基準監督署長	（労働安全衛生法）
高圧ガス製造許可申請書	都道府県知事	製造開始前まで（高圧ガス保安法）
ばい煙発生施設設置届出書	都道府県知事	着工60日前まで（大気汚染防止法）
消防用設備等着工届出書	消防長又は消防署長	着工10日前まで（消防法）
騒音・振動の特定施設設置届出書	市町村長	着工30日前まで
道路占用許可申請	道路管理者	着工前（道路法）
道路使用許可申請	警察署長	着工前（道路交通法）
工事整備対象施設	消防長又は消防署長	着工10日前まで（消防法）

4

工事の申請書等，提出時期及び提出先の組合せとして，**適当でないもの**はどれか。

	（申請書等）	（提出時期）	（提出先）
(1)	労働安全衛生法における第一種圧力容器設置届	工事開始の30日前まで	労働基準監督署長
(2)	消防法における指定数量以上の危険物貯蔵所設置許可申請書	着工前	消防長又は消防署長
(3)	道路法における道路の占用許可申請書	着工前	道路管理者
(4)	建設工事に係る資材の再資源化等に関する法律における対象建設工事の届出	工事着手の7日前まで	都道府県知事

《R2-B2》

5

工事の「申請・届出書類」と「関係法に基づく提出先」の組合せとして，**適当でないもの**はどれか。

	（申請・届出書類）	（関係法に基づく提出先）
(1)	指定数量以上の危険物貯蔵所設置許可申請書	市町村長又は都道府県知事
(2)	高圧ガス製造届	都道府県知事
(3)	道路占用許可申請書	警察署長
(4)	ボイラー設置届	労働基準監督署長

《基本問題》

〈p.170 の解答〉 **正解** **1** (1)，**2** (2)，**3** (1)

▶解説

4　(2)　危険物貯蔵所設置許可申請書の届出先は，都道府県知事または市町村長である。したがって，適当でない。

間違いやすい選択肢▶ (3)道路占用許可（申請先：道路管理者）と道路使用許可（同：所轄警察署）は，よく出題されるので要注意。届出はいずれか一方でよい。

5　(3)　①道路占用許可申請と②道路使用許可申請は，紛らわしいので出題頻度が高い。①は道路管理者，②は警察署長に提出する。「占用」は埋設管など恒久的な道路の使用，「使用」は工事や物品の搬入出などで一時的な場合である。

したがって，適当ではない。

間違いやすい選択肢▶ (1)は消防法の危険物規則（R2-B2 でも出題されている），(2)は高圧ガス保安法，(4)は労働安全衛生法ボイラー則によるが，ワンポイントアドバイス　7・1・1　工事の申請届出・申請書一覧表の表を暗記してほしい。

●7・1・2　公共工事における施工計画

6
□
□
□

公共工事における施工計画等に関する記述のうち，**適当でないもの**はどれか。

⑴　工事目的物を完成させるための施工方法は，設計図書等に特別の定めがない限り，受注者の責任において定めなければならない。

⑵　予測できなかった大規模地下埋設物の撤去に要する費用は，設計図書等に特別の定めがない限り，受注者の負担としなくてもよい。

⑶　総合施工計画書は受注者の責任において作成されるが，設計図書等に特記された事項については監督員の承諾を受けなければならない。

⑷　受注者は，設計図書等に基づく請負代金内訳書及び実行予算書を，工事契約の締結後遅滞なく発注者に提出しなければならない。

《R2-B1》

7
□
□
□

公共工事における施工計画等に関する記述のうち，**適当でないもの**はどれか。

⑴　現場代理人は，当該工事現場に常駐してその運営取り締まりを行うほか，請負代金の変更に関する権限も付与されている。

⑵　工事材料は，設計図書にその品質が明示されていない場合，中等の品質を有するものとする。

⑶　施工計画書には，総合施工計画書，工種別施工計画書があり，一般的に，仮設計画や施工要領書も含まれる。

⑷　総合工程表は，現場での仮設工事や機器製作手配から試運転調整，後片付け，清掃，検査までの全体の工程の大要を表すものである。

《R1-B1》

〈p.172 の解答〉 **正解**　**4**(2)，**5**(3)

▶解説

6　(4)　実行予算書（実施工事予算書）は，契約締結後に作成される受注者の内部書類であり，発注者に対して通常は公開しないものである。したがって，適当でない。

間違いやすい選択肢▶(1)施工方法は，設計図書等の記載の仕様書の範囲内であれば，受注者（工事請負者）の裁量に任される。

(2)掘削によって廃棄物が出てきて，通常の残土処理費用を上回る場合でも，受注者はその費用を別途請求できる。

(3)建築工事監理業務委託共通仕様書（国交省）には「設計図書に基づき監督（職）員が請負（受注）者に指示した書面及び請負（受注）者が提出し監督（職）員が承諾した書面は，特記仕様書に含まれる。」とある。

7　(1)　公共工事標準請負契約約款 第十条第２項では，「現場代理人は，この契約の履行に関し，工事現場に常駐し，その運営，取締りを行うほか，請負代金額の変更，請負代金の請求及び受領，第十二条第一項の請求の受理，同条第三項の決定及び通知並びにこの契約の解除に係る権限を除き，この契約に基づく受注者の一切の権限を行使することができる。」とあり，請負代金の変更の権限は付与されていない。したがって，適当でない。

間違いやすい選択肢▶(4)　綜合工程表は全体工程表とも呼ばれ，一つの建物全体での施工の大きな流れを示すもので，出題問題に記載された各イベントもその範囲に含まれる。

　公共工事標準請負契約約款（平成25.2）からの出題が多いので，過去問に出題された項目を整理し覚えておくこと。

ワンポイントアドバイス　7・1・2　施工計画の順序

(1)　**着工時の業務**　①契約書，設計図書の検討，確認，②工事組織の編成，③実行予算書の作成，④施工計画書（総合仮設計画，工種別施工計画書）の作成，⑤総合工程表の作成，⑥仮設計画，⑦資材，労務計画，⑧着工に伴う諸届出，申請（施主への諸届出，官庁への届出・申請）など

(2)　**施工中の業務**　①細部工程表の作成，②施工図・製作図等の作成，③機器材料の発注・搬入計画，④関係者との打合せ，⑤諸官庁への申請・届出，⑥作業の確認と記録（施工上の技術確認，施工の立会，工事記録・報告・写真）など

(3)　**完成時の業務**　①完成検査など（完成に伴う自主検査，官庁検査，完成検査），②引渡し業務（装置の概要説明，取扱説明，取扱説明書・完成図・機器の保証書・引渡し書など各種引渡し図書の提出），③撤収業務（仮設物の撤去，他業者，下請との精算）など

7・2　工程管理

●7・2・1　ネットワーク工程表

1

下図に示すネットワーク工程表に，**適当でないもの**はどれか。
ただし，図中のイベント間のA～Jは作業内容，日数は作業日数を表す。

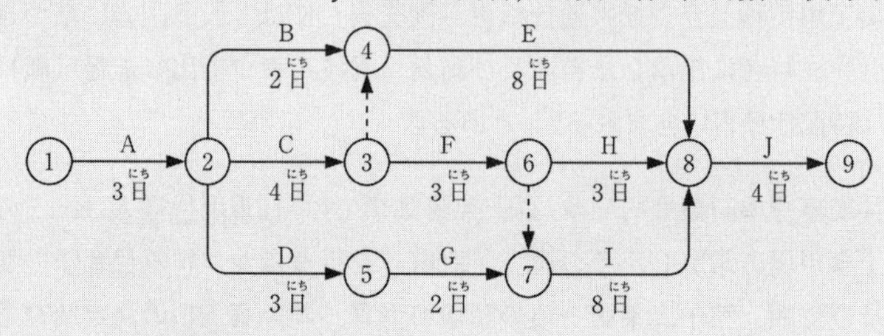

(1)　クリティカルパスは①→②→⑤→⑦→⑧→⑨である。
(2)　作業Dの作業日数を1日短縮しても，全体工期は1日短縮とはならない。
(3)　イベント⑧の最早開始時刻，最遅完了時刻はともに18日である。
(4)　作業Bのインターフェアリングフロートは3日である。

《R5-B2》

2

下図のネットワーク工程表に関する記述のうち，**適当でないもの**はどれか。
ただし，図中のイベント間のA～Iは作業内容，日数は作業日数を表す。

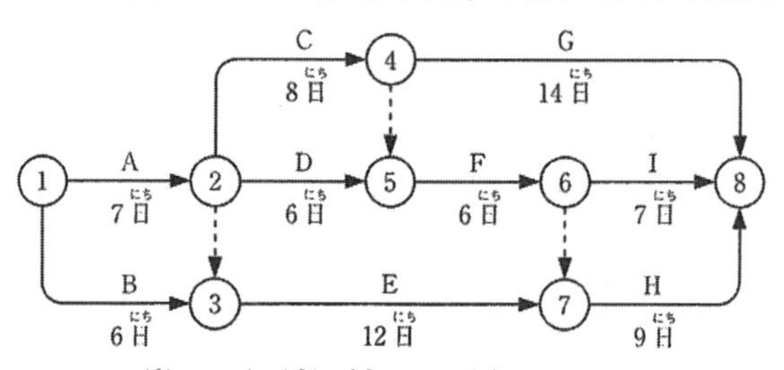

(1)　クリティカルパスは1本で，所要日数は30日である。
(2)　作業内容Bのトータルフロートは，3日である。
(3)　作業内容Iのフリーフロートは，1日である。
(4)　作業内容Iの作業日数が3日遅延すれば，クリティカルパスが変更となり所要日数は1日遅延する。

《R4-B2》

〈p.174の解答〉 **正解**　**6**(4)，**7**(1)

3 □□□

下図のネットワーク工程表に関する記述のうち，**適当でないもの**はどれか。
ただし，図中のイベント間のA～Iは作業内容，日数は作業日数を表す。

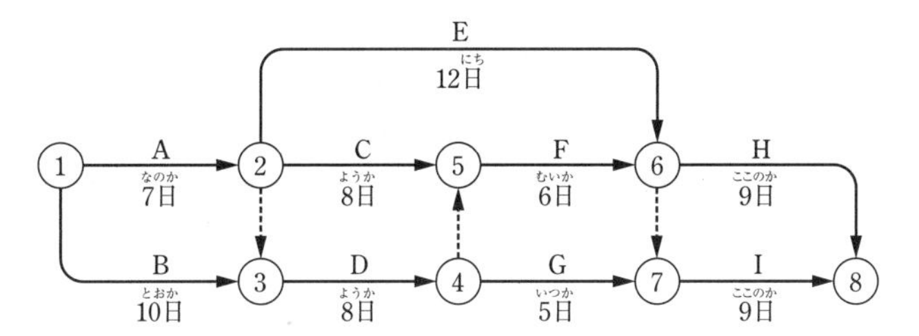

(1)　クリティカルパスの所要日数は33日で，ルートは2本ある。
(2)　イベント⑤の最早開始時刻と最遅完了時刻は同じで，15日である。
(3)　作業内容Eのトータルフロートは，5日である。
(4)　作業内容Cの作業日数を2日短縮しても，工期は2日短縮されない。

《R3-B2》

▶解説

1　(1)　作業内容のクリティカルパスは①→②→③→⑥⋯→⑦→⑧→⑨で22日となる。したがって，適当でない。

間違いやすい選択肢▶(2)作業Dのインターフェアリングフロートは2日（18日-16日）となり，1日短縮しても後続の作業には影響を及ぼさない。

2　(3)　作業内容Iのフリーフロートは，クリティカルパス30日（①→②→④⋯→⑤→⑥⋯→⑦→⑧）と，次の完了日数28日（①→②→⑤→⑥⋯→⑦→⑧）の差で2日となる。したがって，適当でない。

間違いやすい選択肢▶(2)の作業内容Bトータルフローは，イベント⑦までの日数を基に，①→②→④⋯→⑤→⑥⋯→⑦の経路での21日と，①→③→⑦の18日より3日となる。

3　(2)　イベント⑤の最早開始時刻はイベント④に縛られるので10+8=18日（①→③→④⋯→⑤）である。一方，最遅完了時刻は6+9=15日（⑤→⑦→⑧）であり，適当でない。

間違いやすい選択肢▶(1)クリティカルパス33日は，①→③→④⋯→⑤→⑥→⑧及び①→②→⑥→⑧の2ルートがある。
(3)イベント⑥に至るルートはクリティカルパス上の①→③→④⋯→⑤→⑥の24日及び①→②→⑥の19日である。一方イベント②はイベント③に縛られない。また，作業Eは8日目から開始可能なのでトータルフロートは，24−19=5日で，適当である。
(4)作業Cはクリティカルパス上にないので，全体工程の短縮には寄与しない。

4

図に示すネットワーク工程表に関する記述のうち，**適当でないもの**はどれか。
ただし，図中のイベント間のＡ～Ｉは作業内容，日数は作業日数を表す。

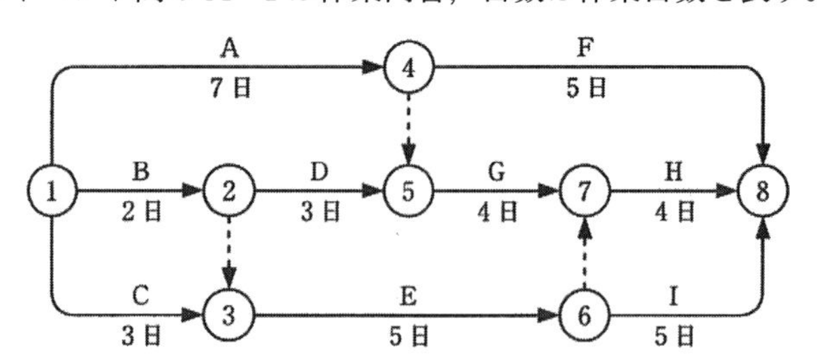

(1)　クリティカルパスは，①→④→⑤→⑦→⑧で所要日数は 15 日である。
(2)　作業Ｃのトータルフロートは，２日である。
(3)　作業Ｄのフリーフロートは，３日である。
(4)　イベント④と⑤の最遅完了時刻と最早開始時刻は同じで，７日である。

《R1-B4》

5

図に示すネットワーク工程表に関する記述のうち，**適当でないもの**はどれか。
ただし，図中のイベント間のＡ～Ｉは作業内容，日数は作業日数を表す。

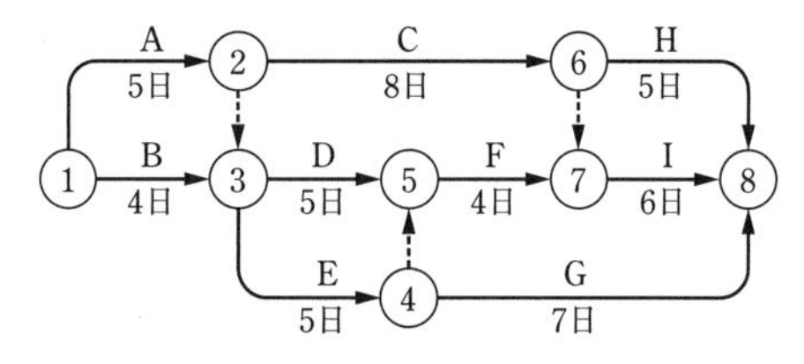

(1)　クリティカルパスは２本あり，所要日数は 20 日である。
(2)　作業Ｃの所要日数を２日短縮すれば，工期も２日間短縮できる。
(3)　イベント⑦の最早開始時刻，最遅完了時刻はともに 14 日である。
(4)　作業Ｇのトータルフロートは３日である。

《基本問題》

〈p.176～p.177 の解答〉 **正解**　**1** (1)，**2** (3)，**3** (2)

▶解説

4 (3) 作業Dのトータルフロートは，作業A（7日）と作業B（2日)+D（3日）の差2日である。したがって，(3)は適当ではない。

間違いやすい選択肢▶ (1)クリティカルパスは①→④⋯→⑤→⑦→⑧なので，作業A+G+H=15日である。

ネットワーク工程表の表現の記号
・○付数字　：イベント
・矢印(実線)　：アクティビティ(作業)
→作業名(A, B, C⋯)，所要時間も付記
・矢印(破線)　：ダミー

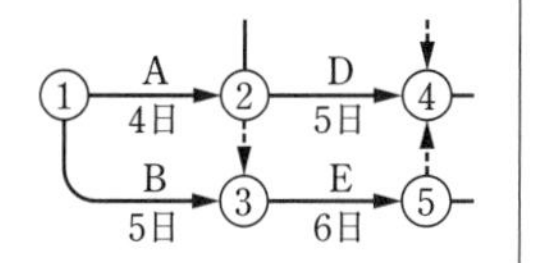

(2)作業Cのトータルフロートは，他イベントの縛りがないので，クリティカルパス15日から作業C+E+I=13日を差引いた2日である。

(4)イベント④⑤はいずれもクリティカルパス上にあるので，最遅完了時刻・最早開始時刻とも①→④→⑤の7日である。

5 (2) 作業Cの所要日数が8日→6日となっても，イベント⑦の完了時刻には影響を与えない。言い換えると，クリティカルパス上にない作業を短縮しても，全体工程の短縮には寄与できない。したがって，(2)は適当ではない。

間違いやすい選択肢▶ (1)クリティカルパスは①→②⋯→③→⑤→⑦→⑧と①→②⋯→③→④⋯→⑤→⑦→⑧であり，いずれも20日である。

(3)開始時刻は⑤→⑦では14日，⑥⋯→⑦で13日。

(4)イベント④の最早開始時刻は①→②⋯→③→④の10日であり，作業Gの最遅完了時刻は，20日−7日=13日である。トータルフロートは13日−10日=3日となる。

●7・2・2　工程管理（各種工程表と用語）

6

工程管理に関する記述のうち，**適当でないもの**はどれか。

(1)　手持資源等の制約のもとで工期を計画全体の所定の期間に合わせるために調整することをスケジューリングという。

(2)　ネットワーク工程表は，作業内容を矢線で表示するアロー形と丸で表示するイベント形に大別することができる。

(3)　ネットワーク工程表において日程短縮を検討する際は，日程短縮によりトータルフロートが負となる作業について作業日数の短縮を検討する。

(4)　ネットワーク工程表において日程短縮を検討する際は，直列作業を並行作業に変更したり，作業の順序を変更したりしてはならない。

《R2-B3》

7

工程管理に関する記述のうち，**適当でないもの**はどれか。

(1)　マンパワースケジューリングとは，工程計画における配員計画のことをいい，作業員の人数が経済的，合理的になるように作業の予定を決めることである。

(2)　総工事費が最小となる最も経済的な施工速度を経済速度といい，このときの工期を最適工期という。

(3)　ネットワーク工程表において，クリティカルパスは，最早開始時刻と最遅完了時刻の等しいクリティカルイベントを通る。

(4)　ネットワーク工程表において，ダミーは，架空の作業を意味し，作業及び時間の要素は含まないため，フォローアップ時には工程に影響しない。

《基本問題》

▶解説

6　(4)　工程表において，作業の順序を入れ換えることは基本的に不可である。また「直列作業を並行作業に変更」はできるものとできないものがある。
日程短縮は(3)の記述に基づき①投入人員を増やす，②作業時間を延長する，などを検討する。したがって，適当でない。

間違いやすい選択肢▶ (1)～(3)は適当である。ネットワーク工程表の表現の記号についてはp.181 解説の囲みを参照のこと。

7　(4)「フォローアップ」とは，“工程が計画通りに進捗していることの確認と工程を見直して修正すること”である。ダミーであっても，他の作業開始時刻を拘束する場合があり時間的要素を含んでいる。したがって，適当でない。

間違いやすい選択肢▶ ワンポイントアドバイス参照。

〈p.178 の解答〉 **正解**　**4** (3)，**5** (2)

ワンポイントアドバイス 7・2・2 工程管理に関する用語

試験によく出る工程管理に関する用語

用語	説明
フォローアップ	全体のスケジューリングを行うときに設計変更・天候・その他予期できない要因で工事の進捗が遅延する。進行過程で計画と実績を比較し，その都度計画を修正して遅延に即応できる手続きをとることをいう
特急作業時間（クラッシュタイム）	費用をかけても作業時間の短縮には限度があり，その限界の作業時間を示す，ネットワーク工程管理手法の用語で，技術者・労務者を経済的・合理的に各作業の作業時刻・人数などで割振ることをいう
配員計画	具体的には人員，資材，機材などを平準化すること，マンパワースケジューリングともいう
山積み（図）	配員計画で各作業に必要な人員・資機材などを合計し，柱状に図示したもの
山崩し	山積み図の凹凸をならし，毎日の作業を平均化すること。工期全体を調整する
インターフェアリングフロート	トータルフロートのうちフリーフロート以外の部分をいう。使わずにとっておけば後続する他の工程でその分を使用することのできるフロートを意味する

出典 https://wikitech.info/1152 http://www.ads3d.com/sekokan/kote_01.html

各種工程表の特徴

名 称	概 要	メリット	デメリット
ネットワーク工程表	大規模な工事に向いており，各作業の相互関係を図式化して表現	➢各作業の数値的把握が可能 ➢重点作業の管理ができる ➢変更による全体への影響を把握しやすい ➢フォローアップにより信頼度向上	➢作成が難しく熟練を要する ➢工程全体に精通している必要がある
バーチャート	縦軸に工程・作業名・施工手順，横軸に工期を記入	➢各作業の時期・所要日数が明快 ➢単純工事の管理に最適 ➢出来高予測累計から工事予定進度曲線（S字カーブ）が描ける	➢全体進捗の把握困難 ➢重点管理作業が不明確 ➢大規模工事に不向き
ガントチャート	縦軸に作業名，横軸に達成度を記入	➢作成が簡単 ➢現時点の各作業達成度が明確	➢変更に弱い ➢問題点の明確化が困難 ➢各作業の相互関係・重点管理作業が不明確 ➢工事総所要時間の明示が困難
タクト工程表	縦軸に建物階数，横軸に工期（暦日）を記入し，各階作業をバーチャートで示す	➢高層ビルなどの積層工法において全体工程の把握がしやすい ➢ネットワーク工程表より作成が容易 ➢バーチャートより他作業との関連が把握しやすい	➢低層建物への適用は困難 ➢作業項目ごとの工程管理ができない

7・3　建設工事における品質管理

●7・3・1　建設工事における品質管理

1

品質管理に関する記述のうち，**適当でないもの**はどれか。

(1)　デミングサークルの目的は，作業において，計画(P)→実施(D)→点検(C)→改善(A)の4つの段階を繰り返し，品質を向上させ改善を図ることである。

(2)　品質計画を具現化するためのQC工程図は，一連の工程の流れに沿い，管理項目，管理水準，管理方法等を設定し，管理値を外れた場合の処置方法等を定めておくものである。

(3)　特性要因図は，大きな不良項目，不良項目の順位，各不良項目が全体に占める割合等を読み取ることができる。

(4)　品質管理を行うことによる効果には，品質の向上以外にも，手直しの減少，工事原価の低減等がある。

《R5-B3》

2

品質管理に関する記述のうち，**適当でないもの**はどれか。

(1)　計量抜取検査は，ロットの特性値が正規分布とみなせる場合に実施する。

(2)　計数抜取検査には，不良個数による検査と欠点数による検査がある。

(3)　ISO 9000ファミリー規格は，製品やサービスを作り出すプロセスに関する規格である。

(4)　ISO 14000ファミリー規格は，公害対策として企業が遵守すべき基準値を定めた規格である。

《R3-B3》

3

品質管理に関する記述のうち，**適当でないもの**はどれか。

(1)　品質管理において，品質の向上と工事原価の低減は，常にトレードオフの関係にある。

(2)　PDCAサイクルは，計画→実施→確認→処理→計画のサイクルを繰り返すことであり，品質の改善に有効である。

(3)　全数検査は，特注機器の検査，配管の水圧試験，空気調和機の試運転調整等に適用する。

(4)　抜取検査は，合格ロットの中に，ある程度の不良品の混入が許される場合に適用する。

《R2-B6》

〈p.180の解答〉 **正解**　**6**(4)，**7**(4)

4

品質管理に関する記述のうち，**適当でないもの**はどれか。

(1)　品質管理のための QC 工程図には，工事の作業フローに沿って，管理項目，管理水準，管理方法等を記載する。

(2)　PDCA サイクルは，計画→実施→チェック→処理→計画のサイクルを繰り返すことであり，品質の改善に有効である。

(3)　品質管理として行う行為には，搬入材料の検査，配管の水圧試験，風量調整の確認等がある。

(4)　品質管理のメリットは品質の向上や均一化であり，デメリットは工事費の増加である。

《基本問題》

▶解説

1　(3)　特性要因図は，不良原因を整理し，その原因を追究し改善の手段を決定する手法であり，不良項目や不良順位他が全体に占める割合を示すのはパレート図である。したがって，適当でない。

間違いやすい選択肢▶ (3) PDCA サイクルは，デミング・サイクルとしても知られ，4つのステップが論理的につながることで構成された，品質の継続改善手法である。

2　(4)　ISO 14000 ファミリーは企業等が独自に定めた環境目標を達成するために規格に則った基準書に基づいて，環境に関わるあらゆる課題を達成するものであり，公害に関わるものはその一部である。労働安全等も含まれる。したがって，適当でない。

間違いやすい選択肢▶ (3) ISO 9000 ファミリーは製品・サービス等のプロセスと目標を基準化して，その通り実施していく方法である。

3　(1)「トレードオフ」(Tradeoff) とは“あちらを立てれば，こちらは立たず”ということである。一般的に，品質管理の徹底は，品質は向上するが原価が増額するとされているが，手戻り工事の削減や工法見直しの機会となり，原価低減の道具になる。したがって，適当でない。

間違いやすい選択肢▶ (3)全数検査は建築工事のように一品生産（統計的手法が不可能）の場合に適用される検査手法である。

(4)大量生産の工業製品では無作為なサンプリングによってエラーの検出を行う手法で，検出率によりサンプリング数を増減させて精度を上げる。適当である。(3)，(4)はワンポイントアドバイスにまとめてあるので頭に入れてほしい。

4　(4)　品質管理のメリットは品質の向上や均一化（標準化）であり，その結果，手戻り工事が減少するなど工事費の増加を抑制できる。したがって，適当でない。

間違いやすい選択肢▶ (1) QC 管理図は，各工程の管理特性や管理基準等をこのフォーマットを使ってまとめることにより，品質管理方法や品質を把握する手法である。

(3)搬入材料の検査，配管の水圧試験，風量調整の確認等は「工程内検査」に分類されるもので，各プロセスの完了基準として，次のプロセスへ進むためのハードルとなる。試験にはよく出るので，まとめて学習してほしい。

●7・3・2　品質管理の統計的手法

5

品質管理で用いられる手法に関する記述のうち，**適当でないもの**はどれか。

(1)　パレート図は，データをプロットして結んだ折れ線と管理限界線により，データの時間的変化や異常なばらつきがわかる。

(2)　特性要因図とは，問題としている特性とそれに影響を与えると想定される要因との関係を魚の骨のような図に体系的に整理したものである。

(3)　散布図とは，グラフに点をプロットしたもので，点の分布状態より２つのデータの相関関係がわかる。

(4)　層別とは，データの特性を適当な範囲別にいくつかのグループに分けることをいい，データ全体の傾向や管理対象範囲の把握が容易になる等の効果がある。

《R4-B3》

6

品質管理に用いられる下図（図 A, 図 B）の名称の組合せのうち，**適当なもの**はどれか。

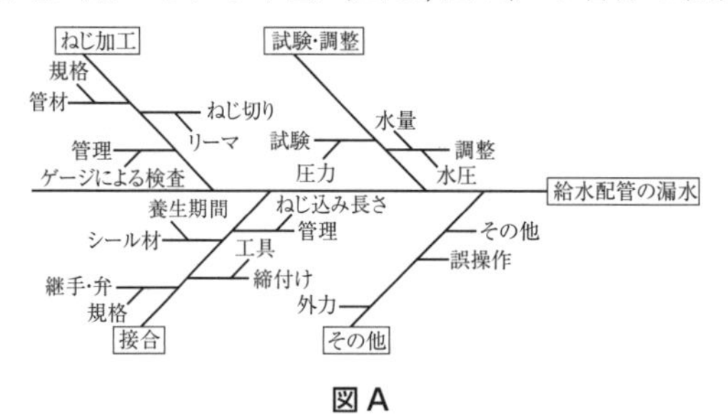

図 A

下限規格値　上限規格値　計量データの区分

図 B

(1)　特性要因図 ―――― パレート図

(2)　管理図 ―――――― ヒストグラム

(3)　特性要因図 ―――― ヒストグラム

(4)　管理図 ―――――― パレート図

《R2-B5》

7

品質管理に用いられる統計的手法の名称と特徴の組合せとして，**適当でないもの**はどれか。

（統計的手法の名称）　　　　　　（特　　徴）

(1)　特性要因図 ――― 各不良項目の件数の全体不良件数に占める割合がわかる。

(2)　ヒストグラム ―― データの全体分布やばらつきの状況がわかる。

(3)　散布図 ―――――― プロットされた点の分布の状態により２つの特性の相関関係がわかる。

(4)　管理図 ―――――― データの時間的変化や異常なばらつきがわかる。

《基本問題》

〈p.182～p.183 の解答〉 **正解**　**1**(3)，**2**(4)，**3**(1)，**4**(4)

▶解説

5 (1)　管理限界線と折線グラフにより，データの異常を監視するものは管理図である。一方，パレート図は，項目別に分類したデータを，大きい順に並べた棒グラフと，累積度数などの折れ線グラフを図に示したものである。したがって，適当でない。

間違いやすい選択肢▶ データをプロットして結んだ折れ線と管理限界線を用いた品質管理の手法は，管理図であり，**ワンポイントアドバイス**を熟読し，さらに，第９章の「品質管理のツールとそのイメージ」を参照し，管理手法の内容を覚えてくこと。

6 (3)　図Ａは特性要因図，図Ｂはヒストグラムである。したがって，適当である。

間違いやすい選択肢▶ これらとは別に，試験に頻出する「散布図」と「パレート図」については　9・2・2　建設工事における安全管理　解説に示した。

7 (1)　特性要因図は「魚の骨」とも呼ばれ，ある事象に対する原因を追求するときに，要因ごとに問題点を詰めていく手法である。出題の“各不良項目の件数の全体不良件数に占める割合がわかる”はパレート図の説明である。したがって，適当でない。
(ワンポイントアドバイス7・3・2参照)

ワンポイントアドバイス　7・3・1　品質管理

抜取検査

計　数 抜取検査	不良個数による抜取り検査（ロットの品質を不良点数で表し，合否を判定する）
	欠点数による抜取り検査（ロットの品質を平均点数で表し，合否を判定する）
計　量 抜取検査	特性値による抜取り検査ロットから試料を抜き取り，試料の特性を測定し，その平均値，標準偏差，範囲などが決められた条件に合致すれば合格，しなければ不合格と判定する。

ワンポイントアドバイス　7・3・2　品質管理で用いられる表現手法の特徴

散布図……２つの特性を各々 x 軸 y 軸とするグラフにプロットされた点により，２つの特性の関係を把握できる。データが右上がりであれば正の相関関係にあり，右下がりであれば負の相関関係にある。大きくばらついていれば，相関関係はほとんどないということが判明する。

パレート図……①大きな不良項目　②不良項目の順位　③不良項目の各々が全体に占める割合　④全体の不良をある率まで減らす対策の対象となる重点不良項目がわかる。

ヒストグラム……縦軸に度数，横軸にその計量数をある幅ごとに区分し，その幅を底辺とした柱状図で表す。通常，上限・下限の規格値の線を入れ，規格や標準値からはずれている度合，データの全体分布，大体の平均やばらつき，工程の異常がわかる。

管理図……管理限界を示す一対の線を引き，これに品質または工程の条件などを表す点を打って，工程が安定な状態にあるかを調べる図である。

特性要因図……魚の骨ともいわれ，不良原因を整理し，その原因を追究し改善の手段を決定するために使用する。

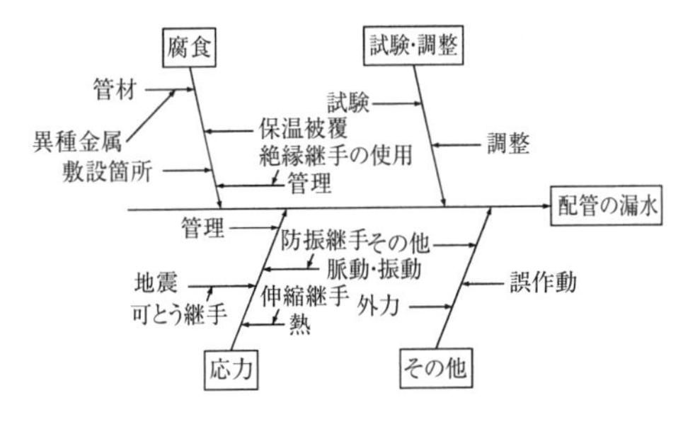

特性要因図（配管の漏水原因の例）

7・4　建設工事における危険防止と安全管理

●7・4・1　工事現場における危険防止

1

建設工事における安全管理に関する記述のうち，**適当でないもの**はどれか。

(1)　危険有害な化学品を取り扱う作業では，安全データシートを常備し，当該化学品の情報を作業場内に表示する。

(2)　ハインリッヒの法則によれば，１つの重大災害発生の過程には数十件の軽度の事故と数百件のヒヤリ・ハットの発生がある。

(3)　リスクアセスメントとは，労働災害が発生した場合に，当該災害発生の責任の所在を評価して，被災者への補償額を算定する手法である。

(4)　送り出し教育とは，工事現場に労働者を送り出そうとする関係請負人が当該労働者に対し事前に実施する教育で，新規入場者教育の効率化に有効である。《R3-B4》

2

建設工事における安全管理に関する記述のうち，**適当でないもの**はどれか。

(1)　高さが２ｍ以上，6.75ｍ以下の作業床がない箇所での作業において，胴ベルト型の墜落制止用器具を使用する場合，当該器具は一本つり胴ベルト型とする。

(2)　ヒヤリハット活動とは，作業中に怪我をする危険を感じてヒヤリとしたこと等を報告させることにより，危険有害要因を把握し改善を図っていく活動である。

(3)　ZD（ゼロ・ディフェクト）運動とは，作業方法のマニュアル化と作業員に対する監視を徹底することにより，労働災害ゼロを目指す運動である。

(4)　安全施工サイクルとは，安全朝礼から始まり，安全ミーティング，安全巡回，安全工程打合せ，後片付け，終業時確認までの作業日ごとの安全活動サイクルのことである。

《R2-B7》

3

建設工事における安全管理に関する記述のうち，**適当でないもの**はどれか。

(1)　屋内でアーク溶接作業を行う場合は，粉じん障害を防止するため，全体換気装置による換気の実施又はこれと同等以上の措置を講じる。

(2)　導電体に囲まれた著しく狭隘な場所で，交流アーク溶接等の作業を行うときは，自動溶接の場合を除き，交流アーク溶接機用自動電撃防止装置は使用しない。

(3)　リスクアセスメントとは，潜在する労働災害のリスクを評価し，当該リスクの低減対策を実施することである。

(4)　リスクアセスメントの実施においては，個々の事業場における労働者の就業に係るすべての危険性又は有害性が対象となる。

《R1-B8》

〈p.184 の解答〉 **正解**　**5** (1)，**6** (3)，**7** (1)

▶解説

1 (3) リスクアセスメントは作業ごとに危険有害要因（リスク）を事前に抽出し，その対策を織り込んだ事前評価（アセスメント）をする安全手法である。したがって，適当でない。

2 (3) ZD運動（Zero Defective Movement）とは，従業員や作業者の自発性・熱意を喚起させて，創意工夫により仕事の欠陥をなくし，コスト低減，製品・サービスの向上を目的とする運動である。したがって，適当でない。

間違いやすい選択肢▶ (1)平成30年の規則改正により安全帯基準が変更され，胴ベルト型は高さ2m～6.75m，これを超える高さではフルハーネス型が義務化された（令和4年からは胴ベルト型は使用不可となる）。(4)安全施工サイクルとは，安全朝礼→TBM→安全巡回→工程打合せ→片付けまでの日常活動サイクルのことである。

3 (2)「交流アーク溶接機用自動電撃防止装置の接続及び使用の安全基準に関する技術上の指針について」の1. 総則－1-2用語の定義(1)に自動溶接を除いて，交流アーク溶接機用自動電撃防止装置を接続するよう記述されている。したがって，適当でない。

間違いやすい選択肢▶ (1) 粉じん障害防止規則第二章設備等の基準（第九条第1項）に，「屋内作業場にあつては全体換気装置による換気を，（中略）実施しなければならない。」とある。適当である。

(2) (3)リスクアセスメントは“危険性又は有害性を有する作業等”を抽出し，個々の手順に対してリスク評価を行い，リスク低減対策を考えるプロセスである。適当である。

ワンポイントアドバイス 7・4・1 ハインリッヒの法則

ハインリッヒの法則は右図のように1件の重大災害に至る以前に，30倍の軽微な災害，300倍のヒヤリハットが起きているという普遍的な法則である。

1 重大災害
29 軽微な災害
300 ヒヤリハット

ハインリッヒの法則

ワンポイントアドバイス 7・4・2 安全管理

建設工事における安全管理に関する用語・キーワード

次に掲げる用語も近年出題があるので，把握しておくとよい。

- ZD（ゼロ・ディフェクト）運動
- 不安全行動　・4S活動　・指差呼称
- ツールボックスミーティング（TBM）
- 危険予知（KY）　・TBM-KY
- 暑さ指数（WBGT（湿球黒球温度）：Wet Bulb Globe Temperature）

労働災害の発生状況の指標

度数率	100万延労働時間当たり労働災害の死傷者数で，労働災害の頻度を表す
強度率	1,000延労働時間当たりの労働損失日数で，災害の重さの程度を表す
年千人率	1年間の労働者1,000人当たりに発生した死傷者数の割合

移動式クレーンと架空送電線との離隔

電圧	離隔距離：ℓ（m）（安衛則第三百四十九条関係）
特別高圧7,000Vを超える	2.0
高圧　交流600Vを越え7,600V以下	1.2
低圧　交流600V以下	1.0

●7・4・2　建設工事における安全管理

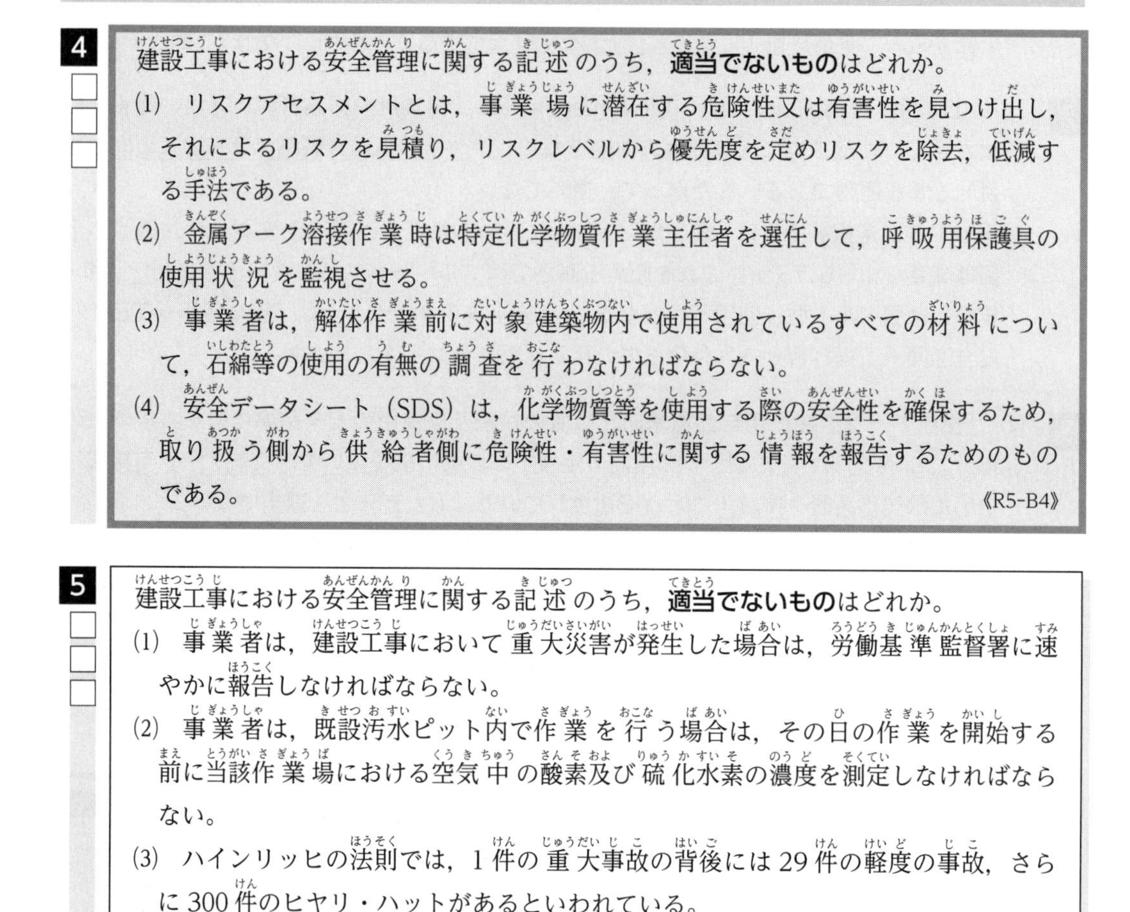

4

建設工事における安全管理に関する記述のうち，**適当でないもの**はどれか。

(1)　リスクアセスメントとは，事業場に潜在する危険性又は有害性を見つけ出し，それによるリスクを見積り，リスクレベルから優先度を定めリスクを除去，低減する手法である。

(2)　金属アーク溶接作業時は特定化学物質作業主任者を選任して，呼吸用保護具の使用状況を監視させる。

(3)　事業者は，解体作業前に対象建築物内で使用されているすべての材料について，石綿等の使用の有無の調査を行わなければならない。

(4)　安全データシート（SDS）は，化学物質等を使用する際の安全性を確保するため，取り扱う側から供給者側に危険性・有害性に関する情報を報告するためのものである。

《R5-B4》

5

建設工事における安全管理に関する記述のうち，**適当でないもの**はどれか。

(1)　事業者は，建設工事において重大災害が発生した場合は，労働基準監督署に速やかに報告しなければならない。

(2)　事業者は，既設汚水ピット内で作業を行う場合は，その日の作業を開始する前に当該作業場における空気中の酸素及び硫化水素の濃度を測定しなければならない。

(3)　ハインリッヒの法則では，１件の重大事故の背後には29件の軽度の事故，さらに300件のヒヤリ・ハットがあるといわれている。

(4)　送配電線の近くでクレーン作業を行う場合，特別高圧電線からは1.2ｍ以上の離隔距離を確保しなければならない。

《R4-B4》

6

建設工事における安全管理に関する記述のうち，**適当でないもの**はどれか。

(1)　重大災害とは，一時に３人以上の労働者が業務上死亡した災害をいい，労働者が負傷又はり病した災害は含まない。

(2)　建設工事において発生件数の多い労働災害には，墜落・転落災害，建設機械・クレーン災害，土砂崩壊・倒壊災害がある。

(3)　災害の発生頻度を示す度数率とは，延べ実労働時間100万時間当たりの労働災害による死傷者数である。

(4)　災害の規模及び程度を示す強度率とは，延べ実労働時間1,000時間当たりの労働災害による。

《R1-B7》

〈p.186の解答〉**正解**　**1**(3)，**2**(3)，**3**(2)

建設工事における安全管理に関する記述のうち，**適当でないもの**はどれか。

(1)　労働災害の発生状況を評価する指標には，被災者数の他に，度数率，強度率，年千人率がある。

(2)　労働災害による労働者の休業が４日に満たない場合は，事業者は，労働者死傷病報告書を労働基準監督署に四半期最後の月の翌月末日までに提出する。

(3)　ツールボックスミーティングは，危険予知活動の一環として，作業関係者が行う短時間のミーティングで，作業が長期間継続する場合は１週間に１回程度行われる。

(4)　ヒヤリハット活動とは，仕事中に怪我をする危険を感じてヒヤリとしたことなどを報告させることにより，危険有害要因を把握し改善を図っていく活動である。

《基本問題》

▶解説

4　(4)　SDS（Safety Data Sheet）は，事業者が化学物質及び化学物質を含んだ製品を労働環境における使用及び他の事業者に譲渡・提供する際に交付する化学物質の危険有害性情報を記載した文書であり，取り扱う側から情報提供するのではない。したがって，適当でない。

間違いやすい選択肢▶ (2)屋内・屋外とも，金属アーク溶接等作業については，「特定化学物質及び四アルキル鉛等作業主任者技能講習」を修了した者のうちから，特定化学物質作業主任者を選任する必要がある。

5　(4)　移動式クレーンと架空電線との離隔距離は，労働安全衛生規則第三百四十九条及び第五百七十条第１項第六号に定められており，特別高圧の場合 2.0 m とされている。したがって，適当でない。

間違いやすい選択肢▶ (2)酸素濃度・硫化水素濃度測定に関しては，安全管理のみならず，重大事故を未然に防止することになることから，その日の作業を開始する前に，作業場のに入ってからではなく，外部から測定することを原則としていることも理解しておく必要がある。

6　(1)　重大災害は，「一時に，３人以上の労働者が死傷した災害」をいう。死亡災害だけではない。したがって，適当でない。

間違いやすい選択肢▶ (2)建設業では，転落（脚立・足場）と墜落（床開口部など）が最も多く，死亡事故を含む重篤災害に至るケースが多い。「度数率」，「強度率」を覚えておくこと。

7　(3)　ツールボックスミーティング（TBM）は，作業前に当日の作業内容を確認して，その作業時に考えられるリスクを指摘して注意喚起を実施する短い打合わせである。危険予知（KY）と組み合わせ TBM-KY と呼ぶ。作業は日々変わっていくので，毎日実施することに意味がある。したがって，適当でない。

間違いやすい選択肢▶ (1)労働災害の発生状況を示す指標の意味は下表の通りである。

(2)休業４日未満の労働災害については，労災保険ではなく，使用者が労働者に対し，休業補償を行わなければならない

(4) TBM 等で作業者に各自の経験を他者に伝えることで危険要素を共有する活動である。

施工管理法(知識)

7・5　機器の据付け

●7・5・1　機器の据付けと点検

1

機器の据付けに関する記述のうち，**適当でないもの**はどれか。

(1)　床置形ファンコイルユニットは，壁面より 60 mm 程度離して据付ける。

(2)　吸収冷温水機は，基礎コンクリート打込み後適切な養生を行い，5日経過した後に据付ける。

(3)　冷凍機は，凝縮器のチューブ引出し用として有効な空間を確保するとともに，周囲に保守点検スペースを確保して据付ける。

(4)　機器の据付けにおいて，耐震計算をする場合，地震力は機器の重心に作用するものとして計算を行う。　《R5-B5》

2

機器の据付けに関する記述のうち，**適当でないもの**はどれか。

(1)　排水用水中モーターポンプの据付け位置は，排水槽への排水流入口から離れた場所とする。

(2)　防振基礎の場合は，大きな揺れに対応するために耐震ストッパーは設けない。

(3)　横形ポンプを2台以上並べて設置する場合，各ポンプ基礎の間隔は，一般的に，500 mm 以上とする。

(4)　ポンプ体本とモータの軸の水平は，カップリング面，ポンプの吐出し及び吸込みフランジ面の水平及び垂直を水準器で確認する。　《R4-B5》

3

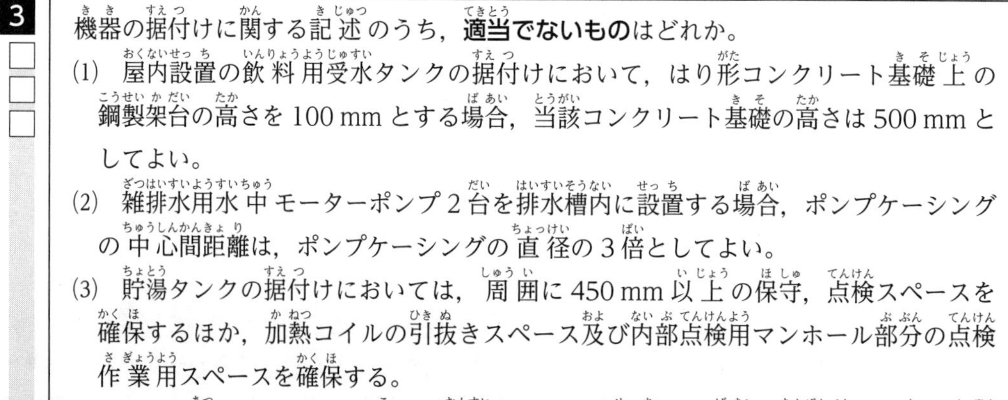

機器の据付けに関する記述のうち，**適当でないもの**はどれか。

(1)　屋内設置の飲料用受水タンクの据付けにおいて，はり形コンクリート基礎上の鋼製架台の高さを 100 mm とする場合，当該コンクリート基礎の高さは 500 mm としてよい。

(2)　雑排水用水中モーターポンプ2台を排水槽内に設置する場合，ポンプケーシングの中心間距離は，ポンプケーシングの直径の3倍としてよい。

(3)　貯湯タンクの据付けにおいては，周囲に 450 mm 以上の保守，点検スペースを確保するほか，加熱コイルの引抜きスペース及び内部点検用マンホール部分の点検作業用スペースを確保する。

(4)　ゲージ圧が 0.2 MPa を超える温水ボイラーを設置する場合，安全弁その他の附属品の検査及び取扱いに支障がない場合を除き，ボイラーの最上部からボイラーの上部にある構造物までの距離は，0.8 m 以上とする。　《R3-B5》

〈p.188～p.189 の解答〉 **正解**　**4** (4)，**5** (4)，**6** (1)，**7** (3)

▶解説

1 ⑵　冷凍機などの大型機器を据え付ける基礎コンクリートの養生期間は10日とされている。したがって，適当でない。

間違いやすい選択肢▶⑷機器据え付け時の耐震計算では，作用する地震力は頂部ではなく，機器の重心に作用するとして行う必要がある。

2 ⑵　防振基礎でも，地震時の移動・転倒を防止するため，耐震ストッパを設置しなければならない。したがって，適当でない。

3 ⑷　ボイラー及び圧力容器安全規則第二十条（ボイラーの据付位置）に“ボイラーの最上部から天井，配管その他のボイラーの上部にある構造物までの距離を，1.2m以上としなければならない。”とある。したがって，適当でない。

4

機器の据付けに関する記述のうち，**適当でないもの**はどれか。

(1)　低層建築物の屋上に2台の冷却塔を近接して設置する場合，2台の冷却塔は，原則として，冷却塔本体のルーバー面の高さの2倍以上離して設置する。

(2)　横形ポンプを2台以上並べて設置する場合，各ポンプの基礎の間隔は，一般的に，500 mm 以上とする。

(3)　真空又は窒素加圧状態で分割搬入した密閉型遠心冷凍機は，大気開放してから組み立て据え付ける。

(4)　大型冷凍機をコンクリート基礎に据え付ける場合，冷凍機は，基礎のコンクリートを打設後，10日が経過してから据え付ける。

《R2-B9》

5

機器の据付けに関する記述のうち，**適当でないもの**はどれか。

(1)　パッケージ形空気調和機の屋外機の設置場所に季節風が吹き付ける場合，屋外機は，原則として，空気の吸込み面や吹出し面が季節風の方向に正対しないように設置する。

(2)　3階建ての建築物の屋上に2台の冷却塔を近接して設置する場合，2台の冷却塔は，原則として，ルーバー面の高さの2倍以上離して設置する。

(3)　呼び番号3の送風機を天井吊りとする場合，送風機は形鋼をかご型に溶接した架台上に防振材を介して設置し，当該架台は建築構造体に固定する。

(4)　大型ボイラーをコンクリート基礎に据え付ける場合，ボイラーは，基礎のコンクリートを打設後，5日が経過してから据え付ける。

《基本問題》

〈p.190 の解答〉 **正解**　**1** (2)，**2** (2)，**3** (4)

▶解説

4　(3)　大型冷凍機器の冷媒は，搬送中高圧になるおそれ（破壊板が破裂して冷媒抜けを起こす）があるので，現場搬入据付後に充填する。冷媒充填部分は水分・塵埃を嫌うので，真空や窒素充填など周囲の空気が入り込まない措置が必要である。したがって，適当でない。

間違いやすい選択肢▶ (1)低層建築物の屋上に２台の冷却塔を近接して設置する場合，２台の冷却塔は，原則として，冷却塔本体のルーバー面の高さの２倍以上離して設置する。

5　(4)　コンクリート打設後の養生期間は，10日である。したがって，適当でない。

ワンポイントアドバイス　7・5・1　各種機器の据付と点検スペース

① 飲料用水槽は六面点検が義務付けられ，水槽下方は600 mm だが，基礎架台の形状に対する規定はない。

② 貯湯タンク周囲の点検スペースに関する規定はないが，保温の施工，日常の目視点検で人が入れる離隔距離は450 mm 程度である。

③ 横吹出し形室外機を季節風と正対して取付けると，ファンの回転数が阻害され所定の能力が出ない場合がある。ただし上吹出し形は関係ない。右図のようにルーバ高さの２倍以上離して設置する。

④ 公共建築設備工事標準図（機械編）“基礎施工要領(五)”において，呼び番号２以上の送風機は鋼材で構成された架台に載せなければならない。呼び番号２未満は吊りボルト＋ワイヤ振れ止めも可としている。

⑤ 公共建築設備工事標準図（機械編）“基礎施工要領(四)”において，防振基礎と耐震ストッパの設置要領が示され，防振性能を低下させないように，耐震ストッパのボルトにはゴムパットが挿入されている。

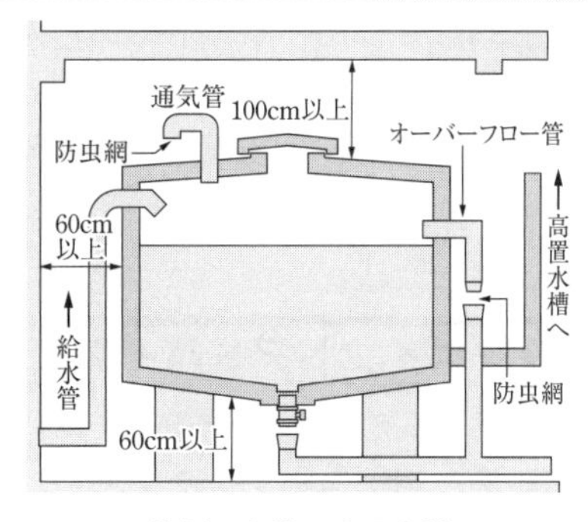

飲料用水槽の六面点検

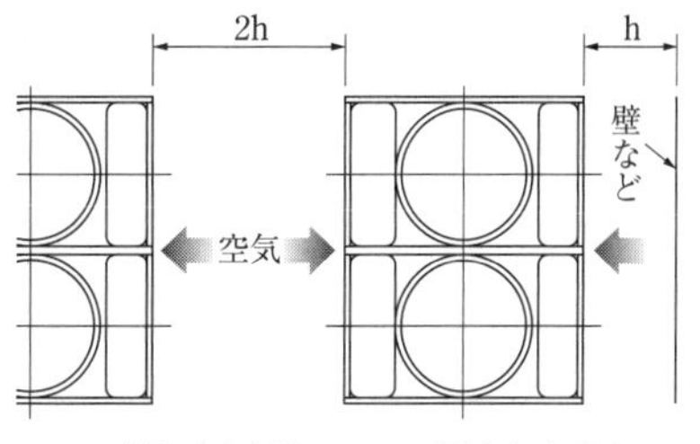

冷却塔の設置間隔（クロスフロー）

●7・5・2　機器の据付けと基礎

6

□
□
□

機器の据付けに関する記述のうち，**適当でないもの**はどれか。

(1)　貯湯タンクの据付けにおいては，周囲に 450 mm 以上の保守・点検スペースを確保するほか，加熱コイルの引抜きスペース及び内部点検用マンホール部分のスペースを確保する。

(2)　防振基礎に設ける耐震ストッパーは，地震時における機器の横移動の自由度を確保するため，機器本体との間の隙間を極力大きくとって取り付ける。

(3)　あと施工アンカーの設置においては，所定の許容引抜き力を確保するため，使用するドリルにせん孔する深さの位置をマーキングして所定のせん孔深さを確保する。

(4)　天井スラブの下面において，あと施工アンカーを上向きに設置する場合，接着系アンカーは使用しない。

《R1-B10》

7

□
□
□

アンカーボルトに関する記述のうち，**適当でないもの**はどれか。

(1)　あと施工のアンカーボルトにおいては，下向き取付けの場合，金属拡張アンカーに比べて，接着系アンカーの許容引抜き力は小さい。

(2)　あと施工のメカニカルアンカーボルトは，めねじ形よりおねじ形の方が許容引抜き力が大きい。

(3)　アンカーボルトの径及び埋込み長さは，アンカーボルトに加わる引抜き力，せん断力及びアンカーボルトの本数などから決定する。

(4)　アンカーボルトの埋込み位置と基礎縁の距離が不十分な場合，地震時に基礎が破損することがある。

《基本問題》

ワンポイントアドバイス　7・5・2　機器の据付けと基礎

あと施工アンカーの破壊モードには右図（a）接着破壊と（b）コーン状破壊があり，それぞれ接着形アンカーと金属拡張形アンカーを示し，異なる破壊形状を示す。

破壊強度は（a）>（b）だが，接着系アンカーは長期間荷重が加わった場合の性能確認ができていないので，建築設備工事では上向けの施工（天吊り機器，配管等）への適用は禁じられている。

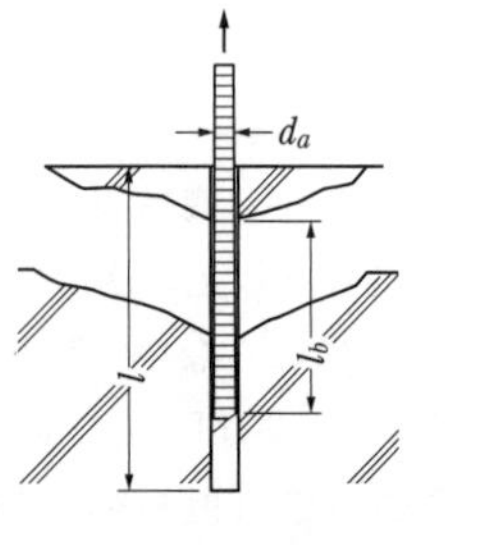

（a）接着破壊

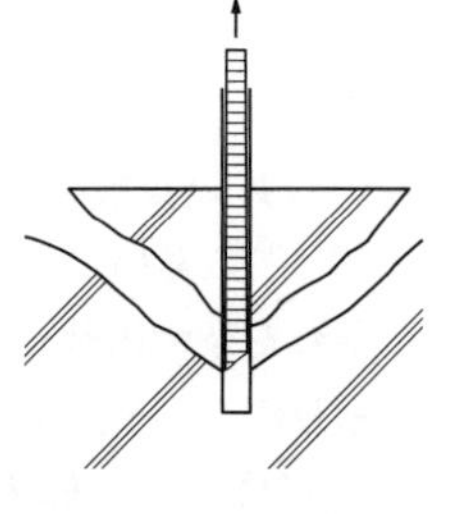
（b）コーン状破壊

アンカーの破壊モード

〈p.192 の解答〉 **正解**　**4**(3)，**5**(4)

▶解説

6　(2)　耐震ストッパーは，地震時に防振架台上に載せた機器の横移動の自由度を抑制するものであり，機器本体の隙間は極力小さくして取り付ける。適当でない。

間違いやすい選択肢▶ (3)アンカーは深さにより強度が変わる。せん孔が浅いと所定の引抜き力を得られない。また雌ねじ形でせん孔が深過ぎると先端が十分開かない。

(4)建築工事では天井への打設は金属拡張形アンカーに限られ，接着系は禁止されている。

7　(1)　引抜時の破壊形状は，金属拡張アンカーはコーン状破壊で，接着系アンカーは接着破壊を示し，一般的に破壊強度は接着系アンカーが大きく，許容引抜き力も大きい。（ワンポイントアドバイス7・5・2参照）したがって，適当でない。

間違いやすい選択肢▶ (3)アンカーボルト設計時の要素が記述の３点である。

ワンポイントアドバイス　7・5・2　機器の据付けと基礎

❶ アンカーボルト（あと施工アンカー）

①　アンカーボルトは，それに加わる引抜き力，せん断力またはせん断応力度及びアンカーボルトの本数から，ボルトの径及び埋込み長さを決定する。

②　めねじ形の金属拡張アンカー（内部コーン打込み式あと施工アンカー）については，アンカー径と長さが同じならば許容引き抜き力は同じである。

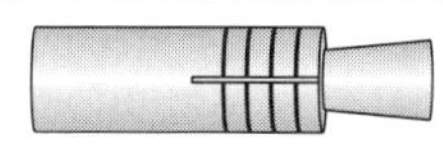

めねじ形アンカーボルト

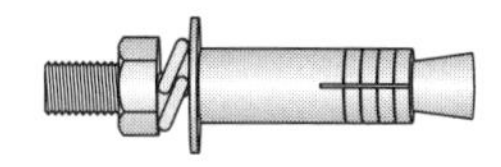

おねじ形アンカーボルト
（据付例は下図）

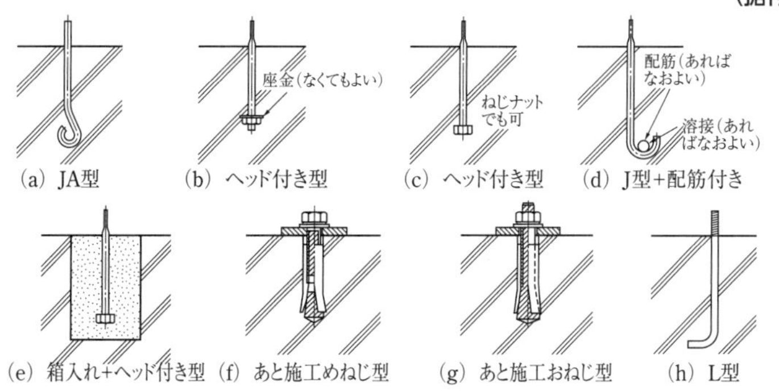

アンカーボルトの例

7・6　配管の施工

●7・6・1　配管の施工

1

配管の施工に関する記述のうち，**適当でないもの**はどれか。

(1)　冷温水横走り配管（上り勾配の往き管）の径違い管を偏心レジューサーで接続する場合，管内の下面に段差ができないように接続する。

(2)　建物のエキスパンションジョイント部を跨ぐ配管においては，変位を吸収するためフレキシブルジョイントを設置する。

(3)　冷温水配管の主管から枝管を分岐する場合，エルボを３個以上用いて，管の伸縮を吸収できるようにする。

(4)　飲料用高置タンクからの給水配管の完了後，管内の洗浄において末端部で遊離残留塩素が0.2 mg/L以上検出されるまで消毒する。《R4-B6》

2

配管の施工に関する記述のうち，**適当でないもの**はどれか。

(1)　蒸気配管に圧力配管用炭素鋼鋼管を使用する場合，蒸気還水管は，蒸気給気管に共吊りする。

(2)　鋼管のねじ接合に転造ねじを使用する場合，転造ねじのねじ部の強度は，鋼管本体の強度とほぼ同程度となる。

(3)　Ｕボルトは，配管軸方向の滑りに対する拘束力が小さいため，配管の固定支持には使用しない。

(4)　冷媒配管の接続完了後は，窒素ガス，炭酸ガス，乾燥空気等を用いて気密試験を行う。《R3-B6》

3

配管の施工に関する記述のうち，**適当でないもの**はどれか。

(1)　ポンプの振動が防振継手により配管と絶縁されている場合は，配管の防振支持の検討は不要である。

(2)　配管の防振支持に吊り形の防振ゴムを使用する場合は，防振ゴムに加わる力の方向が鉛直下向きとなるようにする。

(3)　強制循環式の下向き給湯配管では，給湯管，返湯管とも先下がりとし，勾配は1/200以上とする。

(4)　通気横走り管を通気立て管に接続する場合は，通気立て管に向かって上り勾配とし，配管途中で鳥居配管や逆鳥居配管とならないようにする。《R1-B12》

〈p.194の解答〉**正解**　**6**(2)，**7**(1)

▶解説

1 (1)　冷温水配管では，径違い管を偏心レジューサを利用する場合，エアー溜りが生じないように，配管の上面に段差ができないように接続する。したがって，適当でない。

間違いやすい選択肢▶蒸気配管（先下がりこう配）では，配管の下面に段差ができないように接続する。これは，配管上部を蒸気が流れ，下部には凝縮水が流れるためで，冷温水と蒸気では，接続方法（形態）が異なっており，注意が必要である。

2 (1)　蒸気に限らず配管を支持する場合，共吊りは禁止されている。特に蒸気配管の往・還では伸縮の差異も大きいので実施すべきではない。したがって，適当でない。

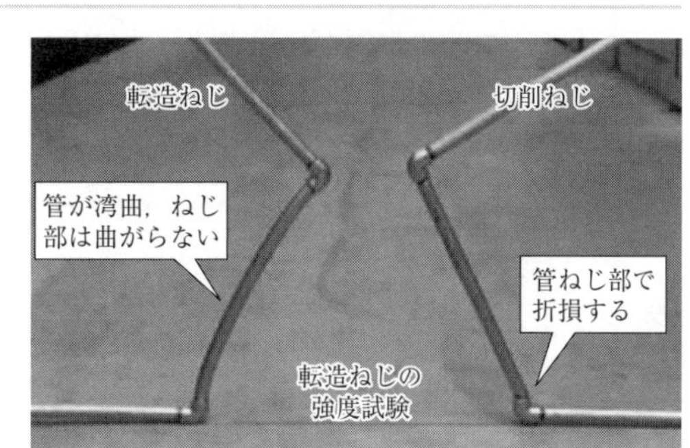

間違いやすい選択肢▶(3)Uボルトの締付力では，熱伸縮等管軸方向の動きは拘束できない。(4)冷媒配管の気密試験は表記のガスを用いて行う。可燃性ガス，酸素は危険なので使用できない。なお，冷媒は環境管理上不適当であり使用すべきではない。

3 (1)　ポンプはインペラの回転による脈動が絶えず起きており，防振架台，防振継手などにより機器そのものの振動を抑制しているが，脈動による振動は配管にも伝搬する。特にポンプ近傍の配管は防振支持により躯体への伝搬を抑制する。したがって，適当でない。

間違いやすい選択肢▶(4)通気横走り管の通気立て管への接続は，通気管内に浸入した水が排水管に戻るように上り勾配とする。鳥居配管・逆鳥居配管は水が溜まって通気機能を阻害する。

ワンポイントアドバイス　7・6・1　主要な配管材料と接続方法・継手

配管材料	接続方法・継手
配管用炭素鋼鋼管	ねじ接合（ねじ込み式可鍛鋳鉄継手），フランジ接合，溶接継手，ハウジング形継手，LA ジョイント
樹脂ライニング鋼管	ねじ接合（管端コア入り継手，管端防食コア内蔵継手），フランジ接合，ハウジング形継手
ステンレス鋼鋼管	フランジ接合（JIS フランジ，管端つば出し＋遊動フランジ），ハウねじ接合，溶接接合，ハウジング形継手，メカニカル式継手（拡管式・プレス式）ほか
銅管	溶接接合（硬ろう付，軟ろう付・はんだ付け），メカニカル式継手（拡管式）
硬質ポリ塩化ビニル管 耐火二層管	接着接合（TS 式差込継手［A 形・B 形］，DV 継手），フランジ接合，RR 継手（ゴム輪接合）
ポリエチレン管	クランプ式継手（EF（電気融着）工法），メカニカル式継手
架橋ポリエチレン管	EF（電気融着）工法，メカニカル式継手,
ポリブテン管	EF（電気融着）工法，HF（熱融着）工法，メカニカル式継手

施工管理法(知識)

●7・6・2　配管及び配管付属品の施工

4

配管及び配管附属品の施工に関する記述のうち，**適当でないもの**はどれか。

(1)　蒸気管の横走り管を，形鋼振れ止め支持により下方より支持する場合には，ローラ金物等を使用する。

(2)　硬質塩化ビニルライニング鋼管の切断は，チップソーカッターを使用する。

(3)　周囲の気温が0℃以下の場合は，原則として溶接作業を行わない。

(4)　空気調和機への冷温水量を調整する混合型電動三方弁は，一般的に，冷温水管の還り管に設ける。

《R5-B6》

5

配管及び配管付属品の施工に関する記述のうち，**適当でないもの**はどれか。

(1)　冷温水配管の空気抜きに自動空気抜き弁を設ける場合，当該空気抜き弁は，管内が正圧になる箇所に設ける。

(2)　冷温水配管の主管から枝管を分岐する場合，エルボを３個程度用いて，管の伸縮を吸収できるようにする。

(3)　排水立て管に鉛直に対して45°を超えるオフセットを設ける場合，当該オフセット部には，原則として，通気管を設ける。

(4)　冷温水横走り配管の径違い管を偏心レジューサーで接続する場合，管内の下面に段差ができないように接続する。

《R2-B11》

〈p.196 の解答〉 **正解**　**1**(1), **2**(1), **3**(1)

▶解説

4　(2)　硬質塩化ビニルライニング管は熱に弱いので，切断は切断部が長く冷却されやすいおび鋸（バンドソー）で行う。したがって，適当でない。

間違いやすい選択肢▶(3)標準仕様書（機械）では，周囲の気温が 0℃ 以下の場合は，原則として，溶接作業は行わない。ただし，周囲の気温が－15℃ 以上の場合，溶接部付近を 36℃ 程度に予熱することで作業を行ってよいとされているので注意が必要である。

5　(4)　冷温水配管の横走管で偏心レジューサー（右図）を使う理由は，エア溜まりの防止である。そのため，配管の上面に段差がないように施工することで，エアが溜まった場合でも滞留しにくくなる。したがって，適当でない。

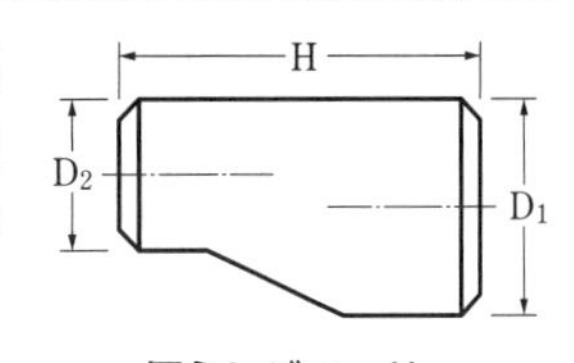

偏心レジコーサー

間違いやすい選択肢▶(1)系統内で最も静圧が低い箇所に設けるが負圧だと空気を吸込むおそれがある。(2)下図のように 3～4 個のエルボを用いる。

ワンポイントアドバイス　7・6・2　配管及び配管付属品の施工(1)

① **硬質塩化ビニルライニング鋼管の施工**

(1)　管を切断後，スクレーパー等の面取り工具を用いて，塩ビ管肉厚の 1/2 から 1/3 を目標に面取りをする。

(2)　管内面に塩化ビニルをライニングしてあるので，切断に際しては，熱のかからない方法を選ぶ必要がある。自動金切り鋸（のこ）盤（バンドソー），ねじ切り機搭載自動丸鋸機，旋盤は用いてよいが，パイプカッター，高速砥（と）石，ガス切断，チップソーカッターによる切断は行ってはならない。管の切断は，必ず管軸に対して直角に切断する。斜め切断は，偏肉ねじや多角ねじ（ねじつぶれ）の原因になる。

ワンポイントアドバイス　7・6・2　配管及び配管付属品の施工(2)

① **ステンレス鋼管の施工**

(1)　呼び径 25 Su 以下のベンダー加工の曲げ半径は，管外形の 4 倍以上とする。

(2)　呼び径 100 Su の配管を TIG 溶接する場合は，肉厚が薄いため V 形開先加工は行わず，適正なルート間隔（母材どうしのすき間）を保持する。呼び径が 150 以上では，V 形開先加工を用いる。

(3)　プレス接合の差込み及びかしめ状態の確認は，差込み長さ測定器，六角ゲージ等を用いる。

(4)　切断には，金切り鋸，電動鋸盤，パイプカッター，高速砥石切断機によって切断するが，これらの鋸刃はステンレス鋼専用のものを使用し，切断面のバリは必ず除去する。管の内圧が薄いため，原則として，水や潤滑油等は必要ない。

(5)　ステンレス鋼管は，炭素鋼管より材質が硬く切断には，メタルソー，バンドソーを用いる。炭素鋼用の刃を用いると，刃先が鈍り，焼き付きを起こしやすい。

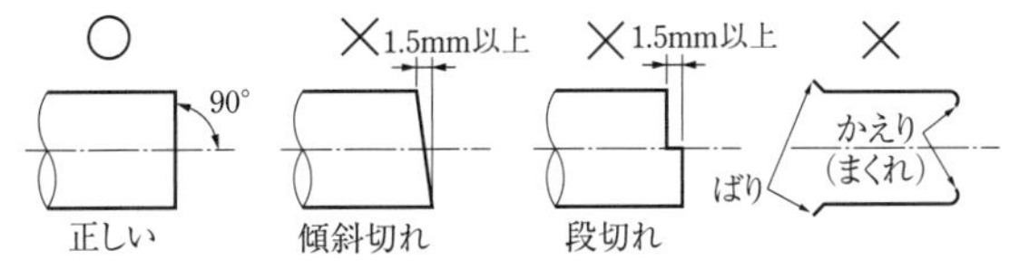

鋼管の切断面

6

□
□
□

配管及び配管付属品の施工に関する記述のうち，**適当でないもの**はどれか。

(1)　屋外埋設の排水管には，合流，屈曲等がない直管部であっても，管径の 120 倍以内に箇所，排水桝を設ける。

(2)　ステンレス鋼管の溶接接合は，管内にアルゴンガス又は窒素ガスを充満させてから，TIG 溶接により行う。

(3)　遠心ポンプの吸込み管は，ポンプに向かって 1/100 程度の下り勾配とし，管内の空気がポンプ側に抜けないようにする。

(4)　配管用炭素鋼鋼管を溶接接合する場合，管外面の余盛高さは 3 mm 程度以下とし，それを超える余盛はグラインダー等で除去する。

《R2-B12》

7

□
□
□

空気調和設備の配管の施工に関する記述のうち，**適当でないもの**はどれか。

(1)　空気調和機への冷温水量を調整する混合型電動三方弁は，一般的に，空調機コイルからの還り管に設ける。

(2)　空気調和機への冷温水配管の接続では，往き管を空調機コイルの下部接続口に，還り管を上部接続口に接続する。

(3)　冷温水配管からの膨張管を開放形膨張タンクに接続する際は，接続口の直近にメンテナンス用バルブを設ける。

(4)　複数の空気調和機に冷温水を供給する冷温水配管において，各空気調和機を通る経路の摩擦損失抵抗を等しくする方式にリバースリターン方式がある。

《R1-B11》

〈p.198 の解答〉 **正解**　**4** (2)，**5** (4)

▶解説

6　(3)　ポンプに向かって1/100程度の上り勾配とする。吸込側にエア溜まりができると水が回らなくなるので，エアは水の進行方向に排出する。したがって，適当でない。

間違いやすい選択肢▶ (1)排水管高圧洗浄ホースの長さが30 m程度なので，これより短い間隔で掃除が可能なようになっている。(2)ステンレス鋼管の溶接は不活性ガスでバックシールしないと，溶接部が腐食しやすくなる。

7　(3)　膨張管は，循環系統に補給水を供給する役割もあるが，加温時の水の膨張による圧力を逃がすことにある。メンテナンス用であっても開放形膨張タンクの接続口の直近にバルブを設けることは，安全装置という意味を損なうので禁止されている。したがって，適当でない。

間違いやすい選択肢▶ (1)三方弁には分流型と混合型があり，空調機では前者はコイル入口側，後者は出口側に取付ける。

ワンポイントアドバイス　7・6・2　配管及び配管付属品の施工(3)

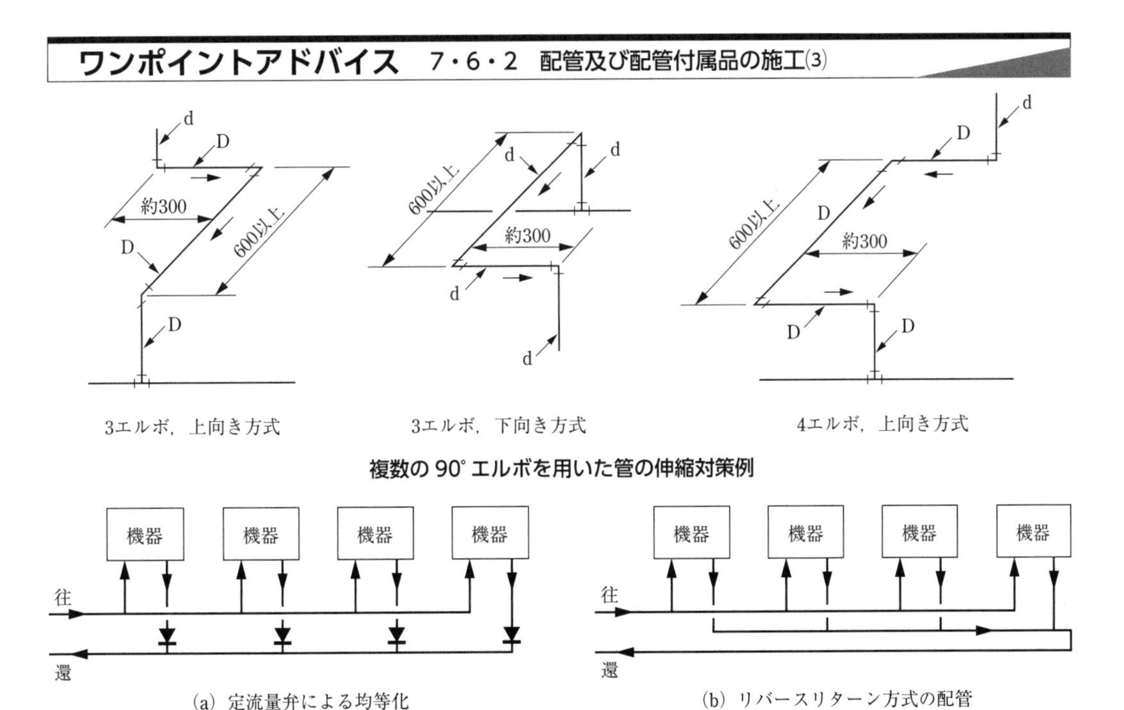

複数の90°エルボを用いた管の伸縮対策例

ファンコイルユニットの配管ワーク

7・7　ダクトの施工

●7・7・1　ダクトの施工

1

ダクトの施工に関する記述のうち，**適当でないもの**はどれか。

(1)　コーナーボルト工法ダクトのフランジ押さえ金具は再使用しない。

(2)　低圧ダクトは，常用圧力（運転時におけるダクト内圧）が∓ 700 Pa 以下の部分に使用する。

(3)　アングルフランジ工法ダクトは，フランジ接合部分の鉄板の折返しを 5 mm 以上とする。

(4)　共板フランジ工法ダクトは，フランジ用ガスケットの厚さが 5 mm 以上のものを使用する。

《R5-B7》

2

ダクトの施工に関する記述のうち，**適当でないもの**はどれか。

(1)　アングルフランジ工法では，低圧ダクトか高圧ダクトかにかかわらず，ダクトの吊り間隔は同じとしてよい。

(2)　共板フランジ工法ダクトに使用するガスケットは，アングルフランジ工法ダクトに使用するガスケットより厚いものを使用する。

(3)　スパイラルダクトの差込接合では，鋼製ビスで固定し，ダクト用テープを二重巻きすれば，シール材の塗布は不要である。

(4)　亜鉛鉄板製長方形ダクトの板厚は，ダクト両端の寸法が異なる場合，その最大寸法による板厚とする。

《R3-B7》

3

ダクト及びダクト付属品の施工に関する記述のうち，**適当でないもの**はどれか。

(1)　ダクトの系統において，常用圧力（通常の運転時におけるダクト内圧）が± 500 Pa を超える部分は，高圧ダクトとする。

(2)　送風機の吐出し口直後に風量調節ダンパーを取り付ける場合，風量調節ダンパーの軸が送風機の羽根車の軸に対し平行となるようにする。

(3)　亜鉛鉄板製の排煙ダクトと排煙機の接続は，原則として，たわみ継手等を介さずに，直接フランジ接合とする。

(4)　送風機の吐出し口直後にエルボを取り付ける場合，吐出し口からエルボまでのダクトの長さは，送風機の羽根車の径の 1.5 倍以上とする。

《R2-B13》

4

ダクト及びダクト付属品の施工に関する記述のうち，**適当でないもの**はどれか。

(1)　フランジ用ガスケットの厚さは，アングルフランジ工法ダクトでは 3 mm 以上，コーナーボルト工法ダクトでは 5 mm 以上を標準とする。

〈p.200 の解答〉 **正解**　**6** (3)，**7** (3)

(2)　コーナーボルト工法ダクトのフランジ用ガスケットは，フランジ幅の中心線より内側に貼り付け，コーナー部でオーバーラップさせる。
(3)　コーナーボルト工法ダクトのフランジのコーナー部では，コーナー金具まわりと四隅のダクト内側のシールを確実に行う。
(4)　コーナーボルト工法ダクトの角部のはぜは，アングルフランジ工法ダクトの場合と同じ構造としてよい。《基本問題》

▶解説

1　(2)　標準仕様書（機械）のダクト区分では，低圧ダクトの常用圧力は＋500 Pa 以下，−500 Pa 以内と規定されている。したがって，適当でない。

間違いやすい選択肢▶ (1)標準仕様書（機械）では，共板フランジ工法ダクトでの，フランジ押さえ金具の再使用は禁止されている。

2　(3)　標準仕様書（機械）“差し込み接合は，継手を直管部に差込み，鋼製ビスで周囲を固定し，継手と直管の継目全周にシール材を塗布した後，ダクト用テープで二重巻きしたものとする”とある。適当でない。

間違いやすい選択肢▶ (1)“横走りダクトは，吊り間隔 3,640 mm 以下ごとに”標準図の工法で吊るとあるが高速／低速ダクトの区分はない。

3　(2)　送風機の吐出し口「直後」に風量調節ダンパーを取り付けると，送風機の脈動によりダンパーの羽根の振動が大きくなるので推奨されない。またダンパー取付け方向は，送風機近傍で偏流（羽根車外側で多く，回転軸に近い側で少ない）があるので，ダンパーの軸は羽根車回転軸に対して直交する方向に取付けるのがよい。したがって，適当でない。

間違いやすい選択肢▶ (1)風速 15 m 以下で内圧±490 Pa 以下のダクトを“低圧ダクト”，それ以上を“高圧ダクト”としている。

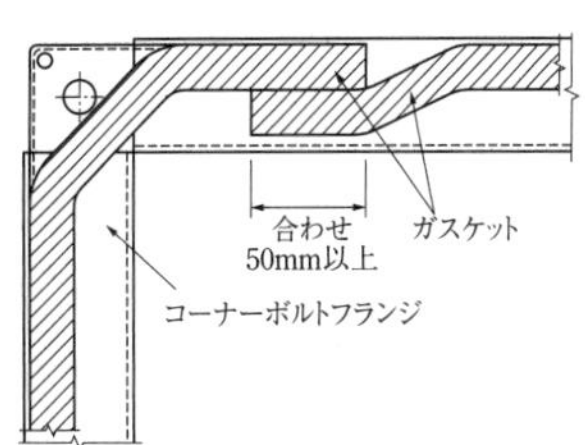

コーナーボルト工法のフランジガスケット施工要領
（出典：三喜工業カタログ）

4　(2)　フランジ用ガスケットは，フランジ幅の中心線より内側に貼り付け，コーナー部ではなくダクト直線部でオーバーラップさせる（右図）。適当でない。

●7・7・2　ダクト及びダクト付属品の施工

5

ダクト及びダクト附属品の施工に関する記述のうち，**適当でないもの**はどれか。

(1)　コイルの上流側のダクトが 30 度を超える急拡大となる場合は，整流板を設けて風量の分布を平均化する。

(2)　排煙ダクトと排煙機との接続は，フランジ接合とする。

(3)　亜鉛鉄板製スパイラルダクトは，亜鉛鉄板をらせん状に甲はぜ機械掛けしたもので，高圧ダクトには使用できない。

(4)　パネル形の排煙口は，排煙ダクト内の気流方向とパネルの回転軸が平行となる向きに取り付ける。

《R4-B7》

6

ダクト及びダクト付属品の施工に関する記述のうち，**適当でないもの**はどれか。

(1)　口径が 600 mm 以上のスパイラルダクトの接続は，一般的に，フランジ継手が使用される。

(2)　排煙ダクトに使用する亜鉛鉄板製の長方形ダクトの板厚は，高圧ダクトの板厚とする。

(3)　シーリングディフューザー形吹出口は，最小拡散半径が重なるように配置する。

(4)　長辺が 450 mm を超える保温を施さない亜鉛鉄板製ダクトには，補強リブを入れる。

《R2-B14》

7

ダクト及びダクト付属品の施工に関する記述のうち，**適当でないもの**はどれか。

(1)　長方形ダクトの分岐には，一般的に，割込み分岐に比べて加工が容易な片テーパ付き直付け分岐が用いられる。

(2)　直径 500 mm 以下のスパイラルダクトの吊り金物には，棒鋼にかえて亜鉛鉄板を帯状に加工したバンドを使用してもよい。

(3)　長方形ダクトの直角エルボには案内羽根を設け，案内羽根の板厚はダクトの板厚と同じ厚さとする。

(4)　パネル形の排煙口は，排煙ダクトの気流方向とパネルの回転軸が平行となる向きに取り付ける。

《R1-B14》

▶解説

5　(3)　亜鉛鉄板製スパイラルダクトは，矩形ダクトと同様に，低圧以外の高圧 1，高圧 2 の条件下でも使用できる。したがって，適当でない。

間違いやすい選択肢▶ (1)のコイルの上流側では，流れが急に拡大することができず，コイルの局部にのみ空気が通過することから，熱交換効率が悪くなるので，整流板を設ける。下流側では，流れが縮小されることから，このような対策は行わない。上流側，下流側で対策が異なることを理解しておく必要がある。

〈p.202～p.203 の解答〉 **正解**　**1**(2)，**2**(3)，**3**(2)，**4**(2)

6　(3)　シーリングディフューザー形吹出口は，部屋全体を拡散半径で覆い，かつ最小拡散半径が重ならないよう均等に配置する。したがって，適当でない。

間違いやすい選択肢▶ (2)公共建築工事標準仕様書（機械設備編），(1)長方形ダクトは，高圧１ダクト又は高圧２ダクトと記されている。(4)同仕様書「ダクトの補強」には“幅又は高さが 450 mm を超える保温を施さないダクトは，間隔 300 mm 以下のピッチで，補強リブによる補強を行う”とある。

7　(2)　機械設備工事監理指針（公共建築協会）によると，「スパイラルダクト 750 φ以下の場合の吊金物には厚さ 0.8 mm 以上の亜鉛めっきを施した鋼板を円形に加工したもの（吊りバンド）を使用してもよい。ただし，これを使用する場合は要所に振れ止め行う」とある。「500 mm 以下」ではない。したがって，適当でない。

間違いやすい選択肢▶ (1)割り込み分岐のほうが抵抗は小さいが，コストの関係で直付けが多用される。(3)ガイドベーンを取付けることにより空気抵抗を大きく減ずることができる。

吊りボルト
ナット付カップラー
スパイラルダクト

亜鉛鉄板を帯状にしたバンドの例
（栗本鉄工（株）web サイトより）

施工管理法（知識）

ワンポイントアドバイス　7・7・2　スパイラルダクトの板厚

スパイラルダクトの板厚（SHASE-S 010-2013）

圧力区分	低圧mmφ	高圧１ mmφ　高圧２ mmφ	板厚 mm
内径寸法	450 以下	200 以下	0.5
	450 を超え　710 以下	200 を超え　560 以下	0.6
	710 を超え 1000 以下	560 を超え　800 以下	0.8
	1000 を超えるもの	800 を超え 1000 以下	1.0
		1000 を超えるもの	1.2

7・8 保温・保冷・塗装工事

1

保温，保冷に関する記述のうち，**適当でないもの**はどれか。

(1) 横走り配管に取り付ける保温筒の抱合せ目地は，管の横側に位置するように取り付ける。

(2) 蒸気管が壁又は床を貫通する場合，伸縮を考慮し貫通部及びその前後 25 mm 程度は保温を行わない。

(3) 保温材の熱伝導率は，温度の上昇に伴い大きくなる。

(4) グラスウール保温材は，密度が大きい方が熱伝導率は大きい。

《R5-B8》

2

保温，保冷の施工に関する記述のうち，**適当でないもの**はどれか。

(1) ホルムアルデヒド放散量は，F☆☆☆☆のように表示され，☆の数が多いほどホルムアルデヒド放散量が少ないことを示す。

(2) ポリスチレンフォーム保温材は，優れた独立気泡体を有し，吸水，吸湿がほとんどないため，水分による断熱性能の低下が小さい。

(3) グラスウール保温板の 24 K，32 K，40 K 等の表示は，保温材の耐熱温度を表すもので，数値が大きいほど耐熱温度が高い。

(4) ステンレス鋼板製（SUS 444 製を除く。）貯湯タンクを保温する際は，タンク本体にエポキシ系塗装等を施すことにより，タンク本体と保温材とを絶縁する。

《R4-B8》

3

配管の保温に関する記述のうち，**適当でないもの**はどれか。

(1) 機械室内の露出の給水管にグラスウール保温材で保温する場合，一般的に，保温筒，ポリエチレンフィルム，鉄線，アルミガラスクロスの順に施工する。

(2) 冷温水管の保温の施工において，ポリエチレンフィルムは，防湿のための補助材として使用される。

(3) 蒸気管が壁又は床を貫通する場合，伸縮を考慮して，貫通部及びその前後約 25 mm 程度は保温被覆を行わない。

(4) 保温の施工において，保温筒を二層以上重ねて所要の厚さにする場合は，保温筒の各層をそれぞれ鉄線で巻き締める。

《R3-B8》

〈p.204 の解答〉 **正解** **5** (3)，**6** (3)，**7** (2)

▶解説

1 (4)　グラスウール保温材は，密度が大きくなるほど熱伝導率は小さくなり，断熱性能が向上する。したがって，適当でない。

間違いやすい選択肢▶ (1)機械設備工事監理指針では，横走り管に保温材を取り付ける際には，抱合せ目地は斜め 45 度程度とされており，横側に設けるように施工する。

2 (3)　グラスウール保温材の 24 K 等の表示は，密度（かさ密度）をあらわしたもので，密度が増すほど保温材に含まれるグラスウールの繊維や空気層が増えて，断熱性能が上がる。したがって，適当でない。

間違いやすい選択肢▶ (4)のオーステナイト系ステンレス鋼板で製作された製貯湯タンクでは，表面に結露が発生したり，水分が浸入すると，保温材から溶出する塩素成分で劣化が進行することから，タンク外表面にエポキシ系塗装を施す。ただし，フェライト系の SUS 444 では，耐食性を有しているから，塗装は行わない。具体的な説明は，**ワンポイントアドバイス　7･8　保温工事**の(3)を参照のこと。

3 (1)　標準仕様書（機械）表 2.3.5 及び表 2.3.6 によると，給水管の保温施工にはポリエチレンフィルム（防湿層）は記載されていない。防湿層を要するのは空調配管（冷水）である。したがって，適当でない。

間違いやすい選択肢▶ (2)層間を密着させ隙間ができない施工が要求されるため記述の施工方法が採用される。

施工管理法(知識)

4

保温，保冷の施工に関する記述のうち，**適当でないもの**はどれか。

(1)　スパイラルダクトの保温に帯状保温材を用いる場合は，原則として，鉄線を150 mm 以下のピッチでらせん状に巻き締める。

(2)　保温材相互のすきまはできる限り少なくし，保温材の重ね部の継目は同一線上とならないようにする。

(3)　保温材の取付けが必要な機器の扉，点検口廻りは，その開閉に支障がなく，保温効果を減じなように施工する。

(4)　テープ巻き仕上げの重ね幅は 15 mm 以上とし，垂直な配管の場合は，上方から下方へ巻く。

《R2-B15》

5

配管保温に関する記述のうち，**適当でないもの**はどれか。

(1)　ステンレス鋼板製（SUS 444 製を除く。）貯湯タンクを保温する際は，タンク本体にエポキシ系塗装等を施すことにより，タンク本体と保温材とを絶縁する。

(2)　ポリスチレンフォーム保温筒を冷水管の保温に使用する場合，保温筒 1 本につき 2 か所以上粘着テープ巻きを行うことにより，合わせ目の粘着テープ止めは省略できる。

(3)　保温を施した屋内露出配管が床を貫通する場合は，床面より少なくとも 150 mm 程度の高さまでステンレス鋼帯製バンド等で被覆する。

(4)　JIS に規定される 40 K のグラスウール保温板は，32 K の保温板に比較して，熱伝導率（平均温度 70℃）の上限値が小さい。

《R1-B15》

〈p.206 の解答〉 **正解**　**1** (4)，**2** (3)，**3** (1)

▶解説

4 (4) 標準仕様書（機械）「第３章保温，塗装及び防錆工事」施工(7)の通り，“テープ巻きは，配管の下方より上向きに巻き上げる”とある。漏水時にテープの隙間からの浸入が少ない。したがって，適当でない。

間違いやすい選択肢▶ 保温・保冷の施工をワンポイントアドバイスにまとめてある。

5 (2) 標準仕様書（機械）「第３章保温，塗装及び防錆工事」3.1.3 施工（c）に“合わせ目をすべて粘着テープで止め，継目は，粘着テープ２回巻きとする”とある。したがって，適当でない。

間違いやすい選択肢▶ (4)グラスウール保温材の JIS 規格で 32 K，40 K の熱伝導率は，それぞれ 0.034 W/(m・K)，0.035 W/(m・K) である。

ワンポイントアドバイス　7・8・1　保温工事

(1) 保温材を緊結するため鉄線巻きが行われる。鉄線巻きは，帯状材の場合は 50 mm ピッチ（スパイラルダクトの場合は 150 mm ピッチ）以下にらせん巻き締めする。また，筒状材（保温筒）の場合は，１本に付き 50 mm 以下に１箇所以上，２巻き締めとする。

(2) テープ状の保温仕上げ材等を巻く場合，テープ巻きの重なり幅は 15 mm 以上とする。厚紙などの下地材を巻く場合，その重なり幅は 30 mm 以上とする。

(3) タンク類をグラスウールやロックウール保温材で保温する場合，保温材に塩素成分が含まれていて使用中に溶出してくる。一方，SUS 304 などのオーステナイト系ステンレスは応力腐食割れの現象を有し，塩素成分はその促進因子である。SUS 304 などのオーステナイト系のタンクをグラスウールやロックウールで保温する場合，塩素成分からタンクを絶縁するため，エポキシ系の塗装を施し保温材と絶縁する。なお，SUS 444 などフェライト系ステンレスは応力腐食割れを起こさないので絶縁処置は不要である。

(4) グラスウール保温材のかさ密度の表示 K は，密度「kg/m^3」の「K」を用いている。

防火区画を配管・ダクト貫通部の処置について

防火区画貫通部の保温被覆は，貫通孔内面又は実管スリーブ内面と配管又はダクトの間隙をロックウール保温材等不燃性の材料を完全に充填する。グラスウール保温材は使用できない。

なお，床貫通部仕舞については下図を参照されたい。

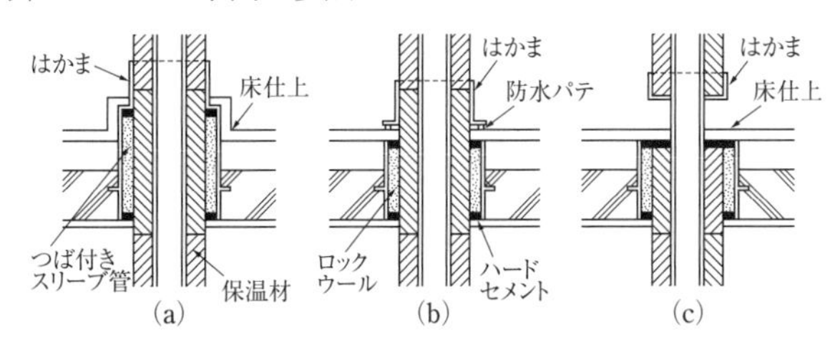

床貫通部の被覆
（建築設備技術者協会「空気調和・給排水設備施工標準」(p.151)）

7・9　その他施工管理

●7・9・1　試運転調整

1

機器の試運転調整に関する記述のうち，**適当でないもの**はどれか。

(1)　冷凍機は，冷水ポンプ，冷却水ポンプ，冷却塔とのインターロックを確認する。

(2)　冷却塔は，冷却水の運転水位や散水状態，ボールタップの作動状況等を確認する。

(3)　ポンプの軸受け部の温度は，周囲の空気温度より40℃以上高くなっていないことを確認する。

(4)　排水用水中モーターポンプは，排水槽の満水警報の発報により，自動交互運転することを確認する。

《R5-B9》

2

機器の試運転調整に関する記述のうち，**適当でないもの**はどれか。

(1)　ボイラーの試運転では，地震感知装置による燃料停止を確認する。

(2)　軸封装置がメカニカルシールのポンプの試運転では，しゅう動部からほとんど漏水がないことを確認する。

(3)　冷凍機の試運転では，温度調節器による自動発停の作動を確認する。

(4)　揚水ポンプの試運転では，高置タンクの満水警報の発報により，揚水ポンプが停止することを確認する。

《R4-B9》

3

冷凍機の試運転調整に関する記述のうち，**適当でないもの**はどれか。

(1)　冷却水ポンプ，冷水ポンプ及び冷却塔を起動し，冷水量及び冷却水量が規定流量であることを確認する。

(2)　停止サーモスタットの設定値が冷水温度の規定値より高いことを確認する。

(3)　冷水ポンプ，冷却水ポンプ及び冷却塔とのインターロックを確認してから冷凍機の起動スイッチを入れる。

(4)　冷水量が過度に減少した場合，断水リレーの作動により冷凍機が停止することを確認する。

《R3-B9》

〈p.208 の解答〉 **正解**　**4** (4)，**5** (2)

▶解説

1 ⑷ 排水用水中ポンプでは，排水槽の起動水位及び停止水位にて運転・停止することを確認し，自動交互及び追従運転を確認する。したがって，適当でない。

間違いやすい選択肢▶ ⑶ポンプ軸受表面において許容温度上昇は40℃以下（JIS B 8301 JE.1.2 軸受温度より）とされている。

---

2 ⑶ 冷凍機の試運転調整では，冷水ポンプ，冷却水ポンプ及び冷却塔とのインターロックを確認し，各機器が起動した後に，起動することを確認する。したがって，適当でない。

間違いやすい選択肢▶ ⑵のポンプの軸封装置には，メカニカルシールとグランドパッキンがあり，メカニカルシールでは，目視では認められない，僅かな水蒸気の洩れは発生するが，グランドパッキンでは，３秒に一滴程度の漏れが発生するので，軸封装置による水漏れの発生の有無を理解しておく必要がある。

---

3 ⑵ 冷凍機起動前は，冷水温度は高いので，停止サーモスタットは付いていない。本記述は冷却水の記述であって冷水の記述ではない。停止サーモスタット設定値が冷却水温度の既定値より高くないと，冷凍機は起動しない。したがって，適当でない。

間違いやすい選択肢▶ ⑴⑶冷凍機はインターロックにより設問記載の機器類の稼働を確認できないと起動しない。⑷何らかの理由で冷水量が過度に減少すると，冷凍機の蒸発器内部で冷水が凍結したり，冷媒が液体のまま圧縮機に戻る液バックなどが起きたりする。これら現象による冷凍機故障を防ぐ目的で断水リレーによる保護回路が設けられる。

4

ボイラーの単体試運転調整に関する記述のうち，**適当でないもの**はどれか。

(1)　ガスだきの場合は，ガス配管の空気抜きを行い，ガス圧の調整を行う。

(2)　煙道ダンパーを開き，炉内ガスを排出し，蒸気ボイラーの場合は，主蒸気弁を開く。

(3)　オイルヒーターがある場合，オイルヒーターの電源を入れ，油を予熱する。

(4)　火炎監視装置（フレームアイ）の前面をふさぎ，不着火や失火の場合のバーナー停止の作動を確認する。

《R2-B16》

5

機器の試運転に関する記述のうち，**適当でないもの**はどれか。

(1)　冷凍機の試運転では，冷水ポンプ，冷却水ポンプ及び冷却塔が起動した後に冷凍機が起動することを確認する。

(2)　ボイラーの試運転では，ボイラーを運転する前に，ボイラー給水ポンプ，オイルポンプ給気ファン等の単体運転の確認を行う。

(3)　ポンプの試運転では，軸封部がメカニカルシール方式の場合，メカニカルシールから水滴が連続滴下していることを確認する。

(4)　空気調和機の試運転では，加湿器は，空気調和機の送風機とインターロックされていることを確認する。

《R1-B17》

〈p.210 の解答〉 **正解**　**1** (4)，**2** (3)，**3** (2)

4　(2)　蒸気ボイラーの起動時は，主蒸気弁を閉じ，蒸気圧力が上がりきった段階で蒸気弁を徐々に開く。また，煙道ダンパーは記述通りで，炉内ガスを排出して炉内爆発を防止する。したがって，適当でない。

間違いやすい選択肢▶ (1)ガスの燃焼は空気との混合比で最適化するので，ガス管内でガスと空気が混合すると着火しないおそれがある。(3)原油から揮発温度の低い順番にガソリン・灯油（170～250℃），次いで軽油，そして重油（350℃ 以上）などを分離して作る。重油は揮発性が低く加温して燃えやすくする。

5　(3)　ポンプ軸封メカニカルシールは微量の漏れが蒸発する状態（蒸発潜熱で冷却）が最適で，滴下する場合は異常があるとみる。常時滴下を最適とするグランドパッキンとは異なる。したがって，適当でない。

間違いやすい選択肢▶ 試運転前に補機類の動作を確認する。その順序は，

[起動時]：冷水ポンプ→冷却水ポンプ→冷却塔→冷凍機，

[停止時]：冷凍機冷→冷却塔→冷却水ポンプ→冷水ポンプ

(4)空調機は送風機停止状態で加湿器が稼働しないことを確認する。近年多用される蒸発式加湿器の場合，空調機内が湿潤状態になり不衛生となる。

ワンポイントアドバイス　7・9・1　試運転調整

❶ ボイラの試運転

(1)　蒸気ボイラは，低水位遮断装置用の水位検出器の水位を下げ，バーナが停止し，警報装置が作動することを確認する。

(2)　ボイラは，バーナの起動スイッチを入れ，火災を監視し，始動時の不着火，失火の場合のバーナ停止などの動作を確認する。

(3)　蒸気ボイラは，低水位遮断器の作動と水位調節器による自動給水装置の作動を確認する。

❷ 試運転調整

(1)　室内環境測定

①　室内騒音は，騒音計を用いて周波数補正回路の A 特性で測定する。

②　温湿度は，アスマン通風乾湿球温度計で通風状態にして測定する。測定に際しては，湿球温度計のガーゼが湿っていることを確認する。

③　風速は，熱線風速計を用いて測定する。

④　デジタル粉じん計による浮遊粉じん量の測定は，浮遊粉じんに光を当てて，その散乱光の強さを光電子倍増管によって光電流に変え，積算計数器によって計算する方法である。

(2)　総合試運転調整

①　冷凍機起動時の運転順序は，冷水ポンプ→冷却水ポンプ→冷却塔（ファン）→冷凍機の順であり，停止時はこの逆である。

②　給水系統の消毒は，末端給水栓において，遊離残留塩素が 0.2 mg/l 検出されるまで行う。

●7・9・2　腐食・防食

6

□□□

腐食，防食に関する記述のうち，**適当でないもの**はどれか。

(1)　冷温水管に用いる配管用炭素鋼鋼管（白）は，溝状腐食が発生しにくい鍛接鋼管や耐溝状腐食電縫鋼管を使用する。

(2)　電気防食法における流電陽極方式は，マグネシウム合金等を犠牲陽極として使用する。

(3)　配管用炭素鋼鋼管（白）は，pH 値が低くなるほど腐食は進行せず，pH 値が高くなるほど腐食が進行する。

(4)　自然電位が大きく相違する配管を接続する場合は，絶縁物を介して接続し，ガルバニック腐食を防止する。

《R5-B10》

7

□□□

腐食・防食に関する記述のうち，**適当でないもの**はどれか。

(1)　蒸気配管系統に配管用炭素鋼鋼管（黒）を使用する場合，蒸気管（往き管）は，還水管よりも腐食が発生しやすい。

(2)　電気防食法における外部電源方式では，直流電源装置のマイナス端子に被防食体を接続する。

(3)　溶融めっきは，金属を高温で溶融させた槽中に被処理材を浸漬したのち引き上げ，被処理材の表面に金属被覆を形成させる防食方法である。

(4)　密閉系冷温水配管では，ほとんど酸素が供給されないので配管の腐食速度は遅い。

《R4-B10》

8

□□□

土中埋設配管における防食処置に関する記述のうち，**適当でないもの**はどれか。

(1)　ペトロラタム系防食テープによる防食処置では，ペトロラタム系防食テープを $\frac{1}{2}$ 重ね1回巻きし，その上にプラスチックテープを $\frac{1}{2}$ 重ね1回巻きする。

(2)　ブチルゴム系絶縁テープによる防食処置では，ブチルゴム系絶縁テープを $\frac{1}{2}$ 重ね2回巻きする。

(3)　熱収縮材による防食処置では，熱収縮テープを $\frac{1}{2}$ 重ね1回巻きし，バーナーで加熱収縮させる。

(4)　防食テープ巻きを施した鋼管は，施工時に被覆が損傷しても，鉄部が露出する陽極部面積が小さい場合，腐食によって短期間に穴があく可能性は小さい。

《R3-B10》

〈p.212 の解答〉 **正解**　**4** (2)，**5** (3)

▶解説

6 ⑶　配管炭素鋼鋼管（白）では，pH6～12 の範囲で耐食性を示し，これ以下の酸性環境では水素発生と共に著しく侵され，pH12.5 以上では急速に侵され，溶解性の亜鉛酸塩を生成する。したがって，適当でない。

間違いやすい選択肢▶ ⑷ステンレス鋼鋼管と炭素鋼鋼管では，ステンレスが炭素鋼よりも電位が高いので，直接接続すると炭素鋼に異種金属接触による著しい腐食が発生することから，絶縁継手などを用いて接続しなければならない。

7 ⑴　蒸気系配管には黒鋼管が使用されているが，蒸気管（往き管）では腐食障害はほとんど見られない。還水管では，凝縮水に溶け込んだ遊離炭酸が pH 低下をもたらし，激しい腐食障害を起こす場合がしばしばある。したがって，適当でない。

間違いやすい選択肢▶ ⑵の外部電源による電気防食法では，接続端子を間違えることがあるので，マイナス端子をタンクなどに接続することを理解しておく必要がある。

8 ⑷　鋼管に防食テープ等で絶縁施工しその一部が剥離した場合，土中の腐食電流が剥離部分のみに集中して局部腐食になるため，絶縁施工しない場合（全面腐食）より腐食速度が速い。したがって，適当でない。

間違いやすい選択肢▶ ⑷は基本的な腐食のメカニズムを理解していないと難しい。

ワンポイントアドバイス　7・9・2　腐食

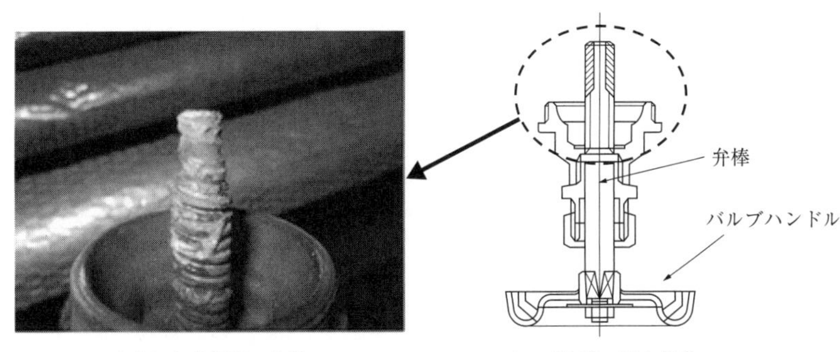

腐食した黄銅製の弁棒　　バルブ弁棒の腐食部位

黄銅製弁棒の脱亜鉛腐食事例（出典：総合バルブコンサルタント web サイト）

ワンポイントアドバイス　7・9・2　蒸気還水管の腐食

蒸気の還水には硬度成分がないため保護皮膜が形成されにくく，管底にそって腐食生成物が付着していない凹凸の激しい溝状の腐食が生じるのが特徴である。還水管の腐食は，ボイラ内で加熱されて生成された二酸化炭素が，蒸気が凝縮する際に，水に溶解し pH 値を 6～4 まで低下させ，さらに酸素等の共存により激しい腐食環境が形成されることに起因する。

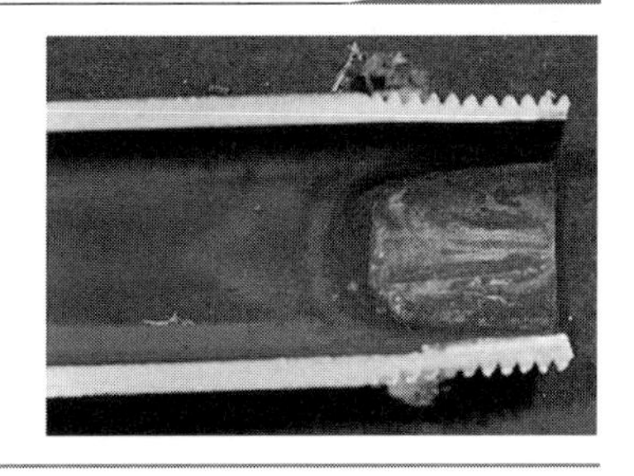

9

防食方法等に関する記述のうち，**適当でないもの**はどれか。

(1)　溶融めっきは，金属を高温で溶融させた槽中に被処理材を浸漬したのち引き上げ，被処理材の表面に金属被覆を形成させる防食方法である。

(2)　金属溶射は，加熱溶融した金属を圧縮空気で噴射して，被処理材の表面に金属被覆を形成させる防食方法である。

(3)　配管の防食に使用される防食テープには，防食用ポリ塩化ビニル粘着テープ，ペトロラタム系防食テープ等がある。

(4)　電気防食法における外部電源方式では，直流電源装置から被防食体に防食電流が流れるように，直流電源装置のプラス端子に被防食体を接続する。

《R1-B16》

10

腐食に関する記述のうち，**適当でないもの**はどれか。

(1)　ステンレス鋼管の溶接は，内面の酸化防止として管内にアルゴンガスを充てんして行う。

(2)　冷温水管に用いる呼び径 100 A 以下の配管用炭素鋼鋼管は，溝状腐食のおそれの少ない鍛接鋼管を使用する。

(3)　給湯用銅管は，管内流速を 1.2 m/s 以下とし，曲がり部直近で発生するかい食を防止する。

(4)　ステンレス鋼管に接続する青銅製仕切弁は，弁棒を黄銅製として脱亜鉛腐食を防止する。

《基本問題》

9 ⑷ 外部電源方式は直流電源装置と耐久性電極を用い，直流電源装置のプラス極を電解質中に設置した耐久性電極に接続し，マイナス極を被防食体に接続して防食電流を流す方式である。したがって，適当でない。

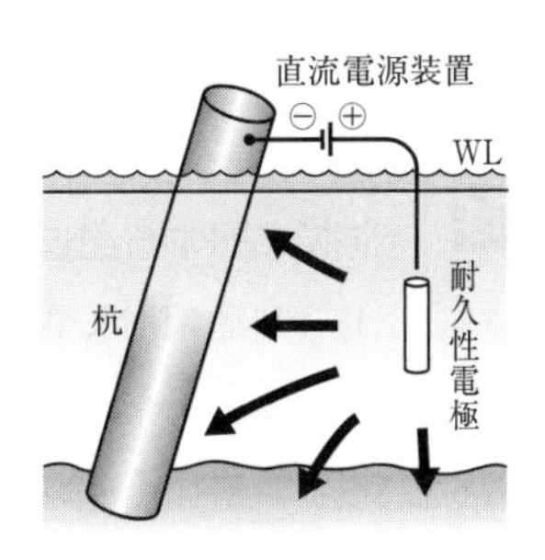

日本防蝕工業（株）のwebサイトより

間違いやすい選択肢▶ ⑵溶射とは，溶融した金属を他の金属に吹き付けることをいう。鋼に対し犠牲陽極になる金属（Zn・Al 等）が使われる。適当である。

⑶防食テープは外部から水の浸入防止する工法である。一般に PVC（塩ビ）のテープが使われ，埋設管ではペトロラタム系テープが使用される。

10 ⑷ 青銅は銅と錫（Sn，すず），黄銅は銅と亜鉛（Zn）の合金で，かつて黄銅の弁棒が脱亜鉛腐食を頻発した歴史（約 50 年前）があり間違いである。接続管は関係なく水質の問題（とくに残留塩素）である。以来，弁棒はステンレス鋼製になった（下図参照）。したがって，適当でない。

間違いやすい選択肢▶ ⑴酸化スケール防止のため不活性ガスを管内に充満させる。

●7・9・3　振動・騒音の防止と対策

11

防振に関する記述のうち，**適当でないもの**はどれか。

(1)　共通架台に複数個の回転機械を設置する場合，防振材は一番低い回転数に合わせて選定する。

(2)　金属バネは，防振ゴムに比べて，一般的に，低周波数の振動の防振に優れている。

(3)　金属バネは，減衰比が大きいため，共振時の振幅が小さく，サージング現象が起こりにくい。

(4)　金属バネは，防振ゴムに比べて，一般的に，耐寒性，耐熱性，耐水性，耐油性に優れている。　《R2-B17》

12

騒音・振動の（現象），（発生部位）及び（原因）の組合せとして，**適当でないもの**はどれか。

	（現　象）	（発生部位）	（原　因）
(1)	振動	遠心ポンプ	キャビテーション
(2)	流水音	給水管	水圧が低い
(3)	流水音	排水管	流水の乱れ
(4)	ウォーターハンマー	揚水管	水圧が高い

《基本問題》

13

機器の防振に関する記述のうち，**適当でないもの**はどれか。

(1)　ポンプの振動を直接構造体に伝えないために，防振ゴムを用いた架台を使用する。

(2)　ポンプの振動を直接伝配管に伝えないために，防振継手を使用する。

(3)　送風機の振動を直接構造体に伝えないために，金属コイルばねを用いた架台を使用する。

(4)　送風機の振動を直接ダクトに伝えないために，伸縮継手を使用する。　《基本問題》

▶解説

11　(3)　金属ばねには表1に示すように減衰性能はない。また，共振時の振幅も大きくサージングを起こしやすい。したがって，適当でない。

間違いやすい選択肢▶(1)表2の⑤に示すように，回転数が小さいほど振動を絶縁することが難しい。したがって，低回転数機器に合わせる必要がある。

〈p.216の解答〉**正解**　**9**(4)，**10**(4)

12 (2)　給水管の水圧が高い場合，水が使用されたときの流速が大きくなるので騒音（流水音）が発生しやすく，ウォーターハンマーも発生しやすくなる。したがって，適当でない。

間違いやすい選択肢▶ (1)キャビテーションはポンプ内に空気が入ったときに起きやすい。吸上げでポンプを使用する場合は，吸込み側が負圧になって水が気化した場合にも起きる。(2)流水音はエルボなど外側と内側の流速の差によって静圧差が起きると溶存空気が析出し気泡が生じて，キャビテーションを起こす。(3)排水音は比較的周波数が高いので管壁など硬く高密度な材料では透過しやすい。グラスウール等吸音材で被覆して減衰させる。

13 (4)　ファン振動をダクトに伝搬させないために用いるのは"たわみ継手（キャンバス継手)"であり，伸縮継手ではない。したがって，適当でない。

間違いやすい選択肢▶ (1)防振ゴムは優れた防振材料であり，ポンプと躯体の絶縁に用いられている。(3)ファン振動はファンの大きさ，回転数等で変わるので，幅広い周波数に対応した金属コイルばねを使用する。

ワンポイントアドバイス　7・9・3　防振

表1　防振ゴムと金属ばねの特性比較表

評価項目	防振ゴム	金属ばね（コイルばね）
実用固有振動数［Hz］	4～5	1～10
減衰性能	あり	なし
高周波振動絶縁性	○	◎
常用温度範囲［℃］	−30～120	−40～150
耐へたり性能	○	◎
防振方向	三方向	一方向
製品の均一性	○	◎
耐油性・耐老化性	○	◎

出典：防振材料の種類と性質，中野有朋，IHI 環境技法 Vol.20 No.6（1991）

表2　防振の考え方

① 防振材上の機器の重量が大きいほど，防振基礎の固有振動数は大きくなる。
② 金属ばねは防振ゴムに比べ固有振動数が低く振動絶縁効率が良い。また，載荷したときの変異（たわみ）が大きい。
③ 機器の強制振動数が防振基礎の固有振動数に近くなると共振状態になる。
④ 防振ゴムは垂直方向だけではなく水平方向にも防振性能を発揮できる。
⑤ 機器の回転数が小さくなると振動絶縁効率は低下するので，機器の回転数を増やす又は基礎の質量を大きくして固有振動数を小さくすると振動絶縁しやすい。
⑥ 地震時に大きな変位が予想される防振基礎には，耐震ストッパーを設ける。
⑦ サージングは金属ばねの固有振動数のことで，これに近い振動数の外力が加わると激しい振動（共振）が発生する。

〈p.218 の解答〉 **正解**　**11** (3)，**12** (2)，**13** (4)

第８章
設備関連法規

過去の出題傾向

- 法律は選択問題で，全 12 問の内から 10 問選択する。11 問以上解答すると減点の対象となるので注意すること。
- 内訳として，労働安全衛生法，建築基準法，建設業法，消防法から毎年 2 問，労働基準法，廃棄物処理及び清掃に関する法律，建設工事に係る資源の再資源化等に関する法律，騒音規制法又はその他法令から各 1 題出題される。
- 例年，各設問はある程度限られた範囲（項目）から繰り返しの出題となっているので，過去問題から傾向を把握しておくこと。令和 5 年度も大きな出題傾向の変化はなかったので，令和 6 年度に出題が予想される項目について重点的に学習しておくとよい。

●過去5年間の出題内容と出題箇所●

出題内容・出題数 ＼ 年度（和暦）		令和 5	令和 4	令和 3	令和 2	令和 1	計
8・1　労働安全衛生法	1. 安全衛生管理体制	1	1	1	1	1	5
	2. 安全衛生管理	1	1	1		1	4
	3. 作業主任者						
	4. 安全衛生教育					1	1
8・2　労働基準法		1	1	1	1	1	5
8・3　建築基準法	1. 建築用語の定義	1	1	1	1	1	5
	2. 建築設備の基準	1	1	1	1	1	5
8・4　建設業法	1. 主任技術者と監理技術者	1		1		1	3
	2. 請負契約		1		1	1	3
	3. 建設業の許可			1			1
	4. 元請負人の義務		1				1
	5. 指定建設業	1			1		2
8・5　消防法	1. 屋内消火栓設備		1	1	1	1	4
	2. スプリンクラー設備			1		1	2
	3. 不活性ガス消火設備	1	1				2
	4. 消防の用に供する設備の種類と消火活動上必要な施設	1			1		2
8・6　廃棄物の処理及び清掃に関する法律		1	1	1	1	1	5
8・7　建設工事に係る資源の再資源化等に関する法律			1	1		1	3
8・8　騒音規制法				1	1		2
8・9　その他の法令	1. 建築物における衛生的環境の確保に関する法律	1			1	1	3
	2. 高齢者，障害者等の移動等の円滑化の促進に関する法律						
	3. フロン類の使用の合理化及び管理の適正化に関する法律	1	1				2

●出題傾向分析●

8・1　労働安全衛生法

① 安全衛生管理体制では，統括安全衛生責任者，安全衛生責任者，元方安全衛生管理者，安全衛生管理者，特定元方事業者，産業医，作業場所の巡視などについて理解しておく。

② 安全衛生管理では，酸素欠乏危険場所の酸素濃度測定記録の保存，フルハーネス型墜落制止用器具（特別の教育），作業主任者の周知，研削といしの業務に関する特別の教育，高所作業車の運転に関する技能講習，溶解アセチレンの容器保管，掘削作業，投下設備，照度などについて理解しておく。

③ 職長の安全教育項目，作業主任者が必要な作業について理解しておく。

8・2 労働基準法

① 使用者の守るべき義務では，労働基準法に違反した労働条件はその部分について無効，就業規則の作成，年少者の就業制限，年少者の証明書，休業手当，貯蓄の契約付随，違約金，書類の保存，有給休暇，労働契約，総労働時間，解雇予告などについて理解しておく。

8・3 建築基準法

① 建築用語の定義では，居室の天井の高さ，建築主，住宅の居室，地階，階数，主要構造物，大規模の修繕，昇降路の床面積，用途変更，木造建築物，確認申請，避難，延焼のおそれのある部分，特殊建築物，防火性能などについて理解しておく。

② 建築設備の基準では，ダクトの不燃，ボイラーの煙突高さ，通気管，防火区画貫通，防火ダンパー，点検口，防火区画貫通の鉄板の厚さ，排水槽の底の勾配，排水トラップの封水深，雨水排水トラップ，換気設備の給気口・排気口，空気調和設備の風道，給水タンク，マンホール，排水再利用水などについて理解しておく。

8・4 建設業法

① 主任技術者または監理技術者では，施工体系図の作成・掲示，同一の専任の主任技術者，監理技術者の職務，主任技術者の専任，国または地方公共団体が注文者の場合，監理技術者の要件などについて理解しておく。

② 請負契約では，現場代理人の権限，請負代金の額または工事内容の変更，賠償金の負担，損害金，一括下請けの禁止，片務契約，意見の申し出の方法，工事内容の変更などについて理解しておく。

③ 指定建設業種，元請負人の義務（下請負人から意見聴取，下請代金の支払い，前払金，検査の実施），建設業の許可（国土交通大臣・都道府県知事）などについて理解しておく。

8・5 消防法

① 屋内消火栓設備の基準では，ポンプの吐出量・圧力ゲージ，直接操作による停止，呼水槽，表示灯，放水圧力 0.7 MPa 以下，水源の水量などについて理解しておく。

② スプリンクラー設備の基準では，末端試験弁，散水障害，補助散水栓，ポンプ逃し配管，送水口，放水圧力，予作動式，開放型ヘッドなどについて理解しておく。

③ 不活性ガス消火設備の基準では，非常電源容量，手動式の起動装置，全域放出方式，貯蔵容器置き場，配管などについて理解しておく。

④ 消防用設備に関することでは，消防の用に供する設備，消火活動上必要な施設などの用語を理解しておく。

8・6 廃棄物の処理及び清掃に関する法律

① 産業廃棄物の委託，産業廃棄物管理票，廃棄物の処理などについて理解しておく。

8・7 建設工事に係る資源の再資源化等に関する法律

① 届出，建設廃棄物の再資源化（減縮を含む），分別解体などについて理解しておく。

8・8 騒音規制法

① 特定建設作業について理解しておく。

8・9 その他の法令

① 建築物における衛生的環境の確保に関する法律，高齢者，障害者等の移動等の円滑化の促進に関する法律，フロン類の使用の合理化及び管理の適正化に関する法律について理解しておく。

8・1　労働安全衛生法

●8・1・1　安全衛生管理体制

1

建設工事現場における安全管理体制に関する記述のうち，「労働安全衛生法」上，**誤っているもの**はどれか。

(1)　特定元方事業者は，各週ごとに，作業場所の巡視を行わなければならない。

(2)　事業者は，総括安全衛生管理者を選任したときは，遅滞なく，報告書を労働基準監督署長に提出しなければならない。

(3)　事業者は，選任した産業医に，労働者の健康管理等を行わせなければならない。

(4)　特定元方事業者による元方安全衛生管理者の選任は，その事業場に専属の者としなければならない。

《R5-B11》

2

建設工事の作業所において，関係請負人の労働者を含めて常時50人以上となる混在作業所の安全衛生管理体制として，「労働安全衛生法」上，**誤っているもの**はどれか。

(1)　特定元方事業者は，統括安全衛生責任者を選任し，その者に作業場所の巡視等，労働災害を防止するために必要な事項を統括管理させなければならない。

(2)　統括安全衛生責任者を選任した定元方特事業者は，一定の資格を有する者のうちから安全衛生推進者を選任しなければならない。

(3)　特定元方事業者は，選任した元方安全衛生管理者に，統括安全衛生責任者が統括管理すべき事項のうち技術的事項を管理させなければならない。

(4)　統括安全衛生責任者を選任すべき事業者以外の請負人は，安全衛生責任者を選任し，その者に統括安全衛生責任者との連絡等を行わせなければならない。《R4-B11》

3

建設工事現場の安全衛生管理に関する記述のうち，「労働安全衛生法」上，**誤っているもの**はどれか。

(1)　統括安全衛生責任者が統括管理しなければならない事項には，協議組織の設置及び運営がある。

(2)　統括安全衛生責任者が統括管理しなければならない事項には，作業間の連絡及び調整がある。

(3)　特定元方事業者は，毎作業日に少なくとも1回，作業場所の巡視を行わなければならない。

(4)　特定元方事業者は，安全衛生責任者を選任し，その者に統括安全衛生責任者との連絡等を行わせなければならない。

《R3-B11》

設備関連法規

▶解説

1　(1)　**特定元方事業者等の講ずべき措置**によると，特定元方事業者は，その労働者及び関係請負人の労働者の作業が同一の場所において行われることによって生ずる労働災害を防止するため，次の事項に関する必要な措置を講じなければならない（法第三十条）。

一　協議組織の設置及び運営
二　作業間の連絡及び調整
三　作業場所を巡視する（毎作業日少なくとも1回行う）
四　関係請負人が行う労働者の安全衛生の教育に対する指導及び援助
五　工程及び機械，設備等の配置に関する計画を作成する
六　労働災害を防止するため必要な事項

したがって，各週でなく，毎作業日少なくとも1回行う。誤っている。

間違いやすい選択肢▶(4)特定元方事業者による元方安全衛生管理者の選任は，その事業場に専属のものとしなければならない。すなわち，同一作業所に混在する作業員が50人以上いる事業所が対象で，特定元方事業者が専属の者を選任する。統括安全衛生責任者の業務の技術的事項の管理が職務である。

2　(2)　統括安全衛生責任者を選任した事業者で，厚生労働省令で定める資格を有する者のうちから，元方安全衛生管理者を選任し，その者に第三十条第1項各号の事項のうち技術的事項を管理させなければならない（法第十五条の二（元方安全衛生管理者））。一方，安全衛生推進者の選任に関しては，単一事業所が対象で，その者に第十条第1項の業務を担当させなければならない（第十二条の二（安全衛生推進者等））。誤っている

間違いやすい選択肢▶(4)統括安全衛生責任者を選任すべき事業者以外の請負人は，安全衛生責任者を選任し，その者に統括安全衛生責任者との連絡等を行わせなければならない。

3　(4)　特定元方事業者は，その労働者及びその請負人の労働者が当該場所において作業を行うときは，これらの労働者の作業が同一の場所において行われることによって生ずる労働災害を防止するため，**統括安全衛生責任者**を選任し，その者に**元方安全衛生管理者**の指揮をさせるとともに，統括管理させなければならない（法第十五条）。誤っている。

間違いやすい選択肢▶(3)特定元方事業者は，毎作業日に少なくとも1回，作業場所の巡視を行わなければならない。

設備関連法規

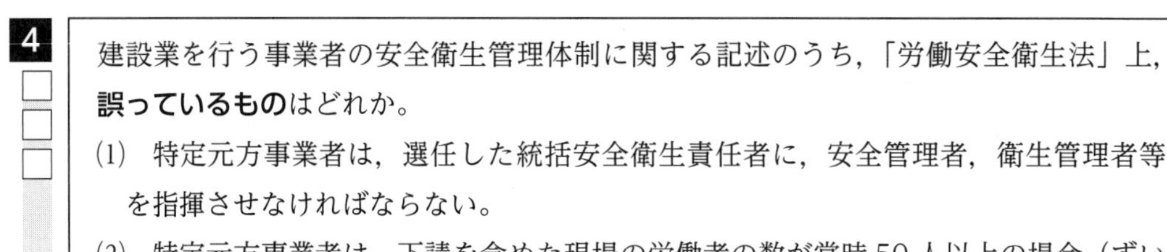

4

建設業を行う事業者の安全衛生管理体制に関する記述のうち，「労働安全衛生法」上，**誤っているもの**はどれか。

⑴　特定元方事業者は，選任した統括安全衛生責任者に，安全管理者，衛生管理者等を指揮させなければならない。

⑵　特定元方事業者は，下請を含めた現場の労働者の数が常時 50 人以上の場合（ずい道等の建設の仕事等を除く。），統括安全衛生責任者を選任しなければならない。

⑶　事業者は，常時 50 人以上の労働者を使用する事業場ごとに，産業医を選任しなければならない。

⑷　事業者は，選任した産業医に，労働者の健康管理その他の厚生労働省令で定める事項を行わせなければならない。　《R2-B18》

5

建設現場における安全管理体制に関する記述のうち，「労働安全衛生法」上，**誤っているもの**はどれか。

⑴　特定元方事業者は，毎作業日に少なくとも 1 回，作業場所の巡視を行わなければならない。

⑵　元方安全衛生管理者は，その事業場に専属の者でなければならない。

⑶　事業場に安全委員会を設置した場合，当該安全委員会は毎月 1 回以上開催されなければならない。

⑷　特定元方事業者は，安全衛生責任者を選任して，統括安全衛生責任者との連絡等を行わせなければならない。　《R1-B18》

6

建設工事において，統括安全衛生責任者が統括管理しなければならない事項として，「労働安全衛生法」上，**定められていないもの**はどれか。

⑴　協議組織の設置及び運営

⑵　関係請負人が行う労働者の安全又は衛生のための教育に対する指導及び援助

⑶　労働災害の原因の調査及び再発防止対策

⑷　作業間の連絡及び調整　《基本問題》

設備関連法規

▶解説

4　⑴　特定元方事業者は，その労働者及びその請負人の労働者が当該場所において作業を行うときは，これらの労働者の作業が同一の場所において行われることによって生ずる労働災害を防止するため，統括安全衛生責任者を選任し，その者に元方安全衛生管理者の指揮をさせるとともに，統括管理させなければならない。なお，同一作業所に混在する作業員が 50 人以上いる事業所が対象となる（法第十五条）。誤っている。

〈p.224 の解答〉 **正解**　**1**⑴，**2**⑵，**3**⑷

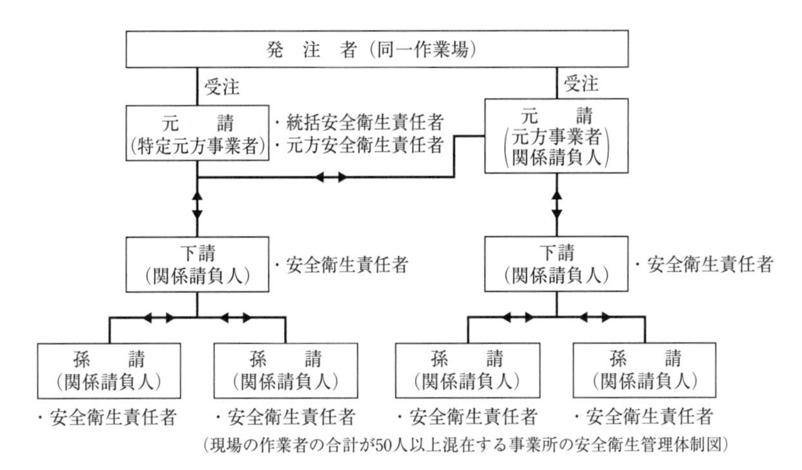

混在する事業所の安全衛生管理体制図

間違いやすい選択肢▶ (3) 事業者は，常時 50 人以上の労働者を使用する事業場ごとに，産業医を選任しなければならない。

---

5 (4) 特定元方事業者は，その労働者及びその請負人の労働者が当該場所において作業を行うときは，これらの労働者の作業が同一の場所において行われることによって生ずる労働災害を防止するため，統括安全衛生責任者を選任し，その者に元方安全衛生管理者の指揮をさせるとともに，統括管理させなければならない（法第十五条）。誤っている。

間違いやすい選択肢▶ (2) 元方安全衛生管理者は，その事業場に専属の者でなければならない。

---

6 (3) **特定元方事業者等の講ずべき措置**によると，特定元方事業者は，その労働者及び関係請負人の労働者の作業が同一の場所において行われることによって生ずる労働災害を防止するため，次の事項に関する必要な措置を講じなければならない（法第三十条）。

一 協議組織の設置及び運営
二 作業間の連絡及び調整
三 作業場所を巡視する（毎作業日少なくとも 1 回行う）
四 関係請負人が行う労働者の安全衛生の教育に対する指導及び援助
五 工程及び機械，設備等の配置に関する計画を作成する
六 労働災害を防止するため必要な事項

したがって，(3) 労働災害の原因の調査及び再発防止策を行うことは職務にない。誤っている。

間違いやすい選択肢▶ (2) 関係請負人が行う労働者の安全又は衛生のための教育に対する指導及び援助

●8・1・2　安全衛生管理

7

建設工事現場における安全管理に関する記述のうち，「労働安全衛生法」上，**誤っているもの**はどれか。

(1)　事業者は，3 m 以上の高所から物体を投下するときは，適当な投下設備を設け，監視人を置く等労働者の危険を防止するための措置を講じなければならない。

(2)　事業者は，高さが 2 m 以上の箇所で作業を行うときは，当該作業を安全に行うために必要な照度を保持しなければならない。

(3)　事業者は，手掘りにより砂からなる地山の掘削の作業を行うときは，掘削面のこう配を 35 度以下とし，又は掘削面の高さを 5 m 未満としなければならない。

(4)　事業者は，作業床の高さが 10 m 以上の高所作業車の運転（道路上を走行させる運転を除く。）の業務については，作業主任者に当該業務の指揮を行わせなければならない。

《R5-B12》

8

建設工事現場における安全管理に関する記述のうち，「労働安全衛生法」上，**誤っているもの**はどれか。

(1)　事業者は，酸素欠乏危険場所の作業場における空気中の酸素の濃度を測定した記録は，1 年間保存しなければならない。

(2)　つり上げ荷重が 1 トン以上の移動式クレーンの玉掛けの業務を行う者は，当該業務に係る技能講習を修了した者でなければならない。

(3)　事業者は，建築物の解体等の作業を行うときは，解体等対象建築物等の全ての材料について石綿障害予防規則に定められた方法で事前調査をしなければならない。

(4)　事業者は，酸素欠乏危険作業に労働者を従事させる場合，当該作業を行う場所の空気中の酸素濃度を保つための換気に，純酸素を使用してはならない。

《R4-B12》

9

建設工事現場の安全衛生管理に関する記述のうち，「労働安全衛生法」上，**誤っているもの**はどれか。

(1)　事業者は，高さが 2 m 以上の箇所での作業において，強風，大雨等の悪天候により危険が予想されるときは，当該作業に労働者を従事させてはならない。

(2)　事業者は，ガス溶接等の業務に使用する溶解アセチレンの容器は，横に倒した状態で保管しなければならない。

〈p.226 の解答〉 **正解**　**4**(1)，**5**(4)，**6**(3)

(3)　事業者は，3 m 以上の高所から物体を投下するときは，適当な投下設備を設け，監視人を置く等労働者の危険を防止するための措置を講じなければならない。
(4)　事業者は，高さが 5 m 以上の構造の足場の組立て作業をするときは，作業主任者を選任しなければならない。

《R3-B12》

▶解説

7　(4)　事業者は，クレーンの運転その他の業務で，政令で定めるものは，都道府県労働局長の当該業務に係る免許を受けた者又は都道府県労働局長の登録を受けた者が行う当該業務に係る技能講習を修了した者その他厚生労働省令で定める資格を有する者でなければ，当該業務に就かせてはならない（法第六十一条（**就業制限**））。

また，就業制限に係る業務は，作業床の高さが 10 m 以上の高所作業車の運転（道路上を走行させる運転を除く。）の業務とある（令第二十条（抜粋））。

したがって，事業者は，作業床の高さが 10 m 以上の高所作業車の運転の業務については，当該業務に係る免許を受けた者又は当該業務に係る技能講習を修了した者その他厚生労働省令で定める資格を有する者でなければ，当該業務に就かせてはならない。誤っている。

間違いやすい選択肢▶ (3) 事業者は，手掘りにより地山の掘削の作業を行うときは，掘削面のこう配を 35 度以下，又は掘削面の高さが 5 m 未満としなければならない（規則第三百五十七条）。

8　(1)　事業者は，酸素欠乏危険場所の作業場における空気中の酸素濃度を測定した記録は，そのつど記録して，これを 3 年間保存しなければならない（酸素欠防症等防止規則第三条（作業環境測定等））。誤っている。

間違いやすい選択肢▶ (2) つり上げ荷重が 1 トン以上の移動式クレーンの玉掛けの業務を行う者は，当該業務に係る技能講習を修了した者でなければならない。

9　(2)　アセチレンはアセトンやジメチルホルムアミド（DMF）に非常に良く溶解する特性を利用して，容器中に加圧溶解させて充填されている。このためアセチレン容器を横に（転倒）すると，アセトン又は DMF が流出する危険があるので，事業者は，ガス溶接等の業務に使用する溶解アセチレンの容器は，立てた状態で保管しなければならない（安全衛生規則第二百六十三条ガス等の容器の取扱い）。誤っている。

間違いやすい選択肢▶ (1) 事業者は，高さが 2 m 以上の箇所での作業において，強風，大雨等の悪天候により危険が予想されるときは，当該作業に労働者を従事させてはならない。

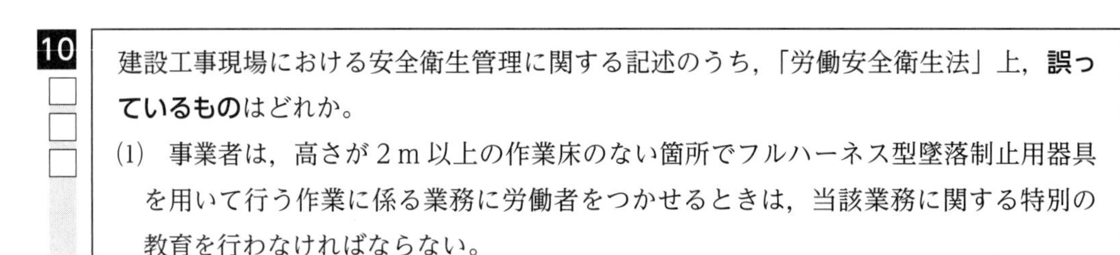

10

建設工事現場における安全衛生管理に関する記述のうち，「労働安全衛生法」上，**誤っているもの**はどれか。

(1) 事業者は，高さが 2 m 以上の作業床のない箇所でフルハーネス型墜落制止用器具を用いて行う作業に係る業務に労働者をつかせるときは，当該業務に関する特別の教育を行わなければならない。

(2) 事業者は，作業主任者を選任したときは，当該作業主任者の氏名及びその者に行わせる事項を関係労働者に周知させなければならない。

(3) 事業者は，研削といしの取替え又は取替え時の試運転の業務に労働者をつかせるときは，当該業務に関する特別の教育を行わなければならない。

(4) 事業者は，作業床の高さが 10 m 以上の高所作業車の運転（道路上を走行させる運転を除く。）の業務については，作業主任者に当該業務に従事する労働者の指揮を行わせなければならない。

《R2-B19》

11

建設現場における安全管理に関する文中，［　　］内に当てはまる，「労働安全衛生法」上に定められた数値の組合せとして，**正しいもの**はどれか。

事業者は，つり上げ荷重が［ A ］トン未満の移動式クレーンの運転（道路上を走行させる運転を除く。）の業務，又は，つり上げ荷重が［ B ］トン未満の移動式クレーンの玉掛けの業務を作業員にさせる場合は，当該業務に関する安全又は衛生のための特別の教育を行わなければならない。

	(A)		(B)
(1)	1	――	1
(2)	1	――	5
(3)	5	――	1
(4)	5	――	5

《基本問題》

設備関連法規

▶解説

10 (4) 事業者は，クレーンの運転その他の業務で，政令で定めるものは，都道府県労働局長の当該業務に係る免許を受けた者又は都道府県労働局長の登録を受けた者が行う当該業務に係る技能講習を修了した者その他厚生労働省令で定める資格を有する者でなければ，当該業務に就かせてはならない（法第六十一条（**就業制限**））。

また，就業制限に係る業務は，作業床の高さが 10 m 以上の高所作業車の運転（道路上を走行させる運転を除く。）の業務とある（令第二十条（抜粋））。

〈p.228～p.229 の解答〉 **正解** **7** (4)，**8** (1)，**9** (2)

したがって，(4)事業者は，作業床の高さが10 m以上の高所作業車の運転の業務については，当該業務に係る免許を受けた者又は当該業務に係る技能講習を修了した者その他厚生労働省令で定める資格を有する者でなければ，当該業務に就かせてはならない。誤っている。

間違いやすい選択肢▶ (3)事業者は，研削といしの取替え又は取替え時の試運転の業務に労働者をつかせるときは，当該業務に関する特別の教育を行わなければならない。

---

11 (1) 事業者は，つり上げ荷重が1トン未満の移動式クレーンの運転（道路上を走行させる運転を除く。）の業務，又は，つり上げ荷重が1トン未満の移動式クレーンの玉掛けの業務を作業員にさせる場合は，当該業務に関する安全又は衛生のための特別の教育を行わなければならない。

特別教育を必要とする業務は，特別教育は労働安全衛生法が定める「安全衛生教育」の一つであるが，現場では就業制限（免許・技能講習）対象業務の一種と理解されることがある。特別教育を必要とする業務は，次の通りである（規則第三十六条（抜粋））。

- 小型ボイラーの取扱いの業務
- つり上げ荷重が5トン未満のクレーンの運転業務
- つり上げ荷重が1トン未満の移動式クレーンの運転の業務
- つり上げ荷重が1トン未満のクレーン，移動式クレーンの玉掛けの業務
- 研削といしの取替え又は取替え時の試運転の業務

したがって，(1)の組み合わせが適当である。

間違いやすい選択肢▶ (2)5トン未満はクレーンの運転業務である。

ワンポイントアドバイス 8・1・2 安全衛生管理

❶ 就業制限 就業制限に係る業務

- ボイラー（小型ボイラーを除く）の取扱いの作業の業務
- つり上げ荷重が5トン以上のクレーンの運転の業務
- つり上げ荷重が1トン以上の移動式クレーンの運転の業務
- 作業床の高さが10 m以上の高所作業車の運転の業務
- 制限荷重が1トン以上の揚貨装置等のクレーンの玉掛けの業務
- つり上げ荷重が2トンの移動式クレーンの玉掛け作業

❷ 特別教育

特別教育は労働安全衛生法が定める「安全衛生教育」の一つであるが，現場では就業制限（免許・技能講習）対象業務の一種と理解されることがある。特別教育を必要とする業務は，次のとおり。

- 小型ボイラーの取扱いの業務
- つり上げ荷重が5トン未満のクレーンの運転業務
- つり上げ荷重が1トン未満の移動式クレーンの運転の業務
- つり上げ荷重が1トン未満のクレーン，移動式クレーンの玉掛けの業務

●8・1・3　作業主任者

12
□
□
□

建設工事現場における作業のうち，「労働安全衛生法」上，作業主任者の**選任を必要とするもの**はどれか。

(1)　アーク溶接機を用いて行う金属の溶接

(2)　掘削面の高さが２ｍとなる地山の掘削

(3)　小型ボイラーの取扱いの作業

(4)　高さが３ｍの構造の足場の組立ての作業

《基本問題》

13
□
□
□

工事現場における作業のうち，「労働安全衛生法」上，作業主任者の**選任を必要としないもの**はどれか。

(1)　掘削面の高さが２ｍとなる地山の掘削作業

(2)　つり上げ荷重が２トンの移動式クレーンの玉掛け作業

(3)　地下ピット内の配管作業

(4)　土止め支保工の切りばり又は腹おこしの取付け作業

《基本問題》

▶解説

12　(2)　**作業主任者**の選任が必要な作業は次のとおりである。なお，交替制の場合，班ごとに作業主任者を選任しなければならない（法第十四条，令第六条）。

・ボイラー（小型ボイラーを除く）の取扱いの作業

・アセチレン溶接装置等を用いて行う金属の溶接，溶断又は加熱の作業

・つり足場又は５ｍを超える足場の組立て，解体又は変更の作業

・掘削面の高さが２ｍ以上となる地山の掘削作業

したがって，(2)が選任を必要とするものである。

間違いやすい選択肢▶(4)高さが３ｍの構造の足場の組立ての作業

13　(2)　作業主任者の選任が必要な作業は次のとおりである。なお，交替制の場合，班ごとに作業主任者を選任しなければならない（法第十四条，令第六条）。

・つり足場又は５ｍを超える足場の組立て，解体又は変更の作業

・掘削面の高さが２ｍ以上となる地山の掘削作業

・地下ピット内等酸素欠乏危険場所における作業

・土止め支保工の切りばり又は腹おこしの取付け作業

したがって，(2)が選任を必要としないものである。

間違いやすい選択肢▶(3)地下ピット内の配管作業

〈p.230の解答〉 **正解**　**10**(4)，**11**(1)

●8・1・4　安全衛生教育

□□□

建設業の事業場において新たに職務につくこととなった職長等（作業主任者を除く。）に対し，事業者が行わなければならない安全又は衛生のための教育における教育事項のうち，「労働安全衛生法」上，**規定されていないもの**はどれか。

(1)　作業効率の確保及び品質管理の方法に関すること

(2)　労働者に対する指導又は監督の方法に関すること

(3)　法に定める事項の危険性又は有害性等の調査及びその結果に基づき講ずる措置に関すること

(4)　異常時等における措置に関すること

《R1-B19》

14　(1)　事業者は，新たに職務につくこととなった職長その他の作業中の労働者を直接指導又は監督する者に対し，次の事項について，厚生労働省令で定めるところにより，安全又は衛生のための**教育**を行なわなければならない（法第六十条）。

一　作業方法の決定及び労働者の配置に関すること。

二　労働者に対する指導又は監督の方法に関すること。

三　前二号に掲げるもののほか，労働災害を防止するため必要な事項で，省令で定めるもの（厚生労働省令で定める教育内容は，次の通りである（規則第四十条））。

一　作業手順の定め方

二　労働者の適正な配置の方法

三　指導及び教育の方法

四　作業中における監督及び指示の方法

五　危険性又は有害性等の調査の方法

六　危険性又は有害性等の調査の結果に基づき講ずる措置

七　設備，作業等の具体的な改善の方法

八　異常時における措置

九　災害発生時における措置

したがって，(1)作業効率の確保及び品質管理の方法に関することは職長の教育内容に規定されていない。

間違いやすい選択肢▶ (3)法に定める事項の危険性又は有害性等の調査及びその結果に基づき講ずる措置に関すること

8・2 労働基準法

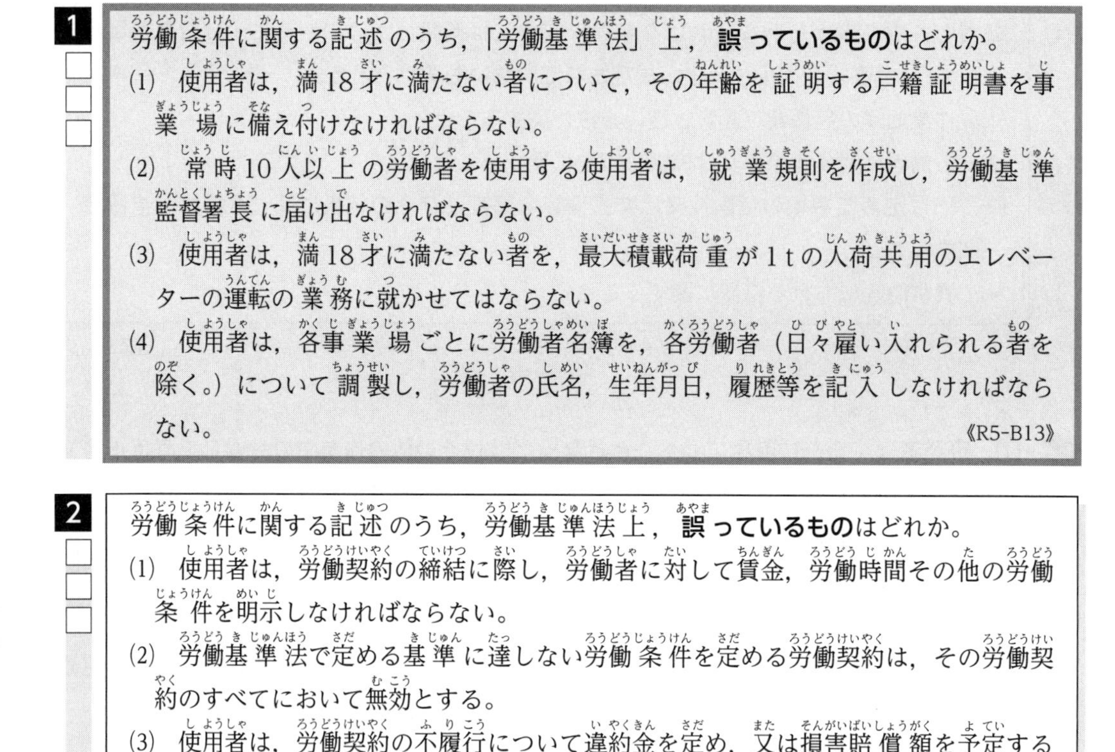

1

労働条件に関する記述のうち，「労働基準法」上，**誤っているもの**はどれか。

(1)　使用者は，満18才に満たない者について，その年齢を証明する戸籍証明書を事業場に備え付けなければならない。

(2)　常時10人以上の労働者を使用する使用者は，就業規則を作成し，労働基準監督署長に届け出なければならない。

(3)　使用者は，満18才に満たない者を，最大積載荷重が1tの人荷共用のエレベーターの運転の業務に就かせてはならない。

(4)　使用者は，各事業場ごとに労働者名簿を，各労働者（日々雇い入れられる者を除く。）について調製し，労働者の氏名，生年月日，履歴等を記入しなければならない。

《R5-B13》

2

労働条件に関する記述のうち，労働基準法上，**誤っているもの**はどれか。

(1)　使用者は，労働契約の締結に際し，労働者に対して賃金，労働時間その他の労働条件を明示しなければならない。

(2)　労働基準法で定める基準に達しない労働条件を定める労働契約は，その労働契約のすべてにおいて無効とする。

(3)　使用者は，労働契約の不履行について違約金を定め，又は損害賠償額を予定する契約をしてはならない。

(4)　使用者は，労働契約に附随して貯蓄の契約をさせ，又は貯蓄金を管理する契約をしてはならない。

《R4-B13》

3

建設業における就業に関する記述のうち，「労働基準法」上，**誤っているもの**はどれか。

(1)　使用者は，労働者に，原則として，休憩時間を除き一週間について40時間を超えて労働させてはならない。

(2)　使用者は，満18歳に満たない者をクレーンの玉掛けの業務（二人以上の者によって行う玉掛けの業務における補助作業の業務を除く。）に就かせてはならない。

(3)　使用者は，その雇入れの日から起算して6箇月間継続勤務し，全労働日の7割以上出勤した労働者に対して，原則として，10労働日の有給休暇を与えなければならない。

(4)　使用者は，労働者を解雇しようとする場合においては，原則として，少なくとも30日前にその予告をしなければならない。

《R3-B13》

〈p.232～p.233の解答〉 **正解** **12**(2)，**13**(2)，**14**(1)

▶解説

1　(3)　使用者は，満 18 歳に満たない者を，最大積載荷重 2 t 以上の人荷共用のエレベーターの運転業務に就かせてはならない。誤っている。

使用者は，満 18 歳に満たない者に，運転中の機械若しくは動力伝導装置の危険な部分の掃除，注油，検査若しくは修繕をさせ，運転中の機械若しくは動力伝導装置にベルト若しくはロープの取付け若しくは取りはずしをさせ，動力によるクレーンの運転をさせ，その他厚生労働省令で定める危険な業務に就かせ，又は厚生労働省令で定める重量物を取り扱う業務（最大積載荷重が 2 t 以上の人荷共用若しくは荷物用のエレベーター又は高さが 15 m 以上のコンクリート用エレベーターの運転の業務等）に就かせてはならない（法第六十二条）。

間違いやすい選択肢▶ (2) 常時 10 人以上の労働者を使用する使用者は，就業規則を作成して所轄労働基準監督署長に届け出なければならない（法第八十九条）。

2　(2)　この法律で定める基準に達しない労働条件を定める労働契約は，その部分については無効とする。この場合において，無効となった部分は，この法律で定める基準による（法第十三条（この法律違反の契約））。すなわち，その労働契約のすべてにおいて無効とはならない。誤っている。

間違いやすい選択肢▶ (3) 使用者は，労働契約の不履行について違約金を定め，又は損害賠償額を予定する契約をしてはならない。

3　(3)　使用者は，その雇入れの日から起算して 6 箇月間継続勤務し，全労働日の 8 割以上出勤した労働者に対して，原則として，10 労働日の**有給休暇**を与えなければならない（法第三十九条（年次有給休暇））。誤っている。

間違いやすい選択肢▶ (1) 使用者は，労働者に，原則として，休憩時間を除き一週間について 40 時間を超えて労働させてはならない。

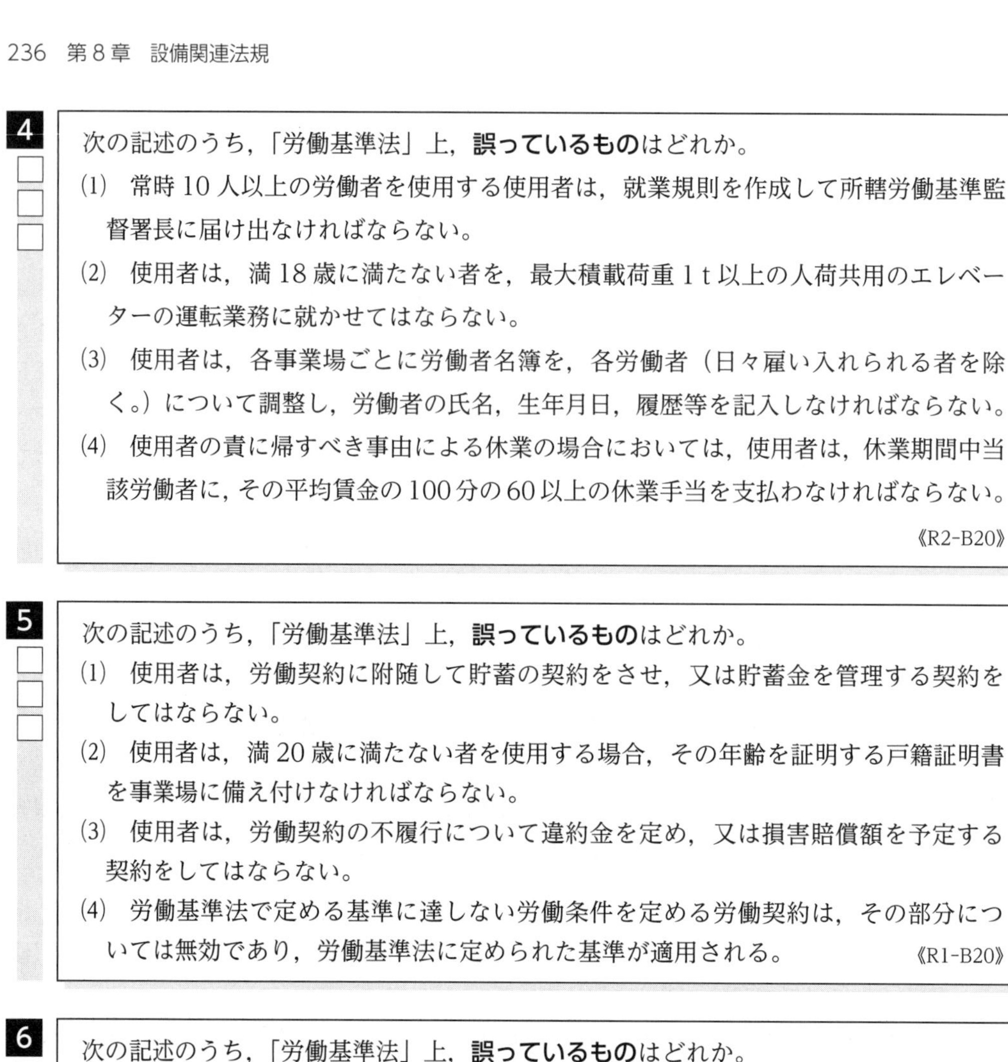

4

次の記述のうち，「労働基準法」上，**誤っているもの**はどれか。

(1)　常時10人以上の労働者を使用する使用者は，就業規則を作成して所轄労働基準監督署長に届け出なければならない。

(2)　使用者は，満18歳に満たない者を，最大積載荷重1t以上の人荷共用のエレベーターの運転業務に就かせてはならない。

(3)　使用者は，各事業場ごとに労働者名簿を，各労働者（日々雇い入れられる者を除く。）について調整し，労働者の氏名，生年月日，履歴等を記入しなければならない。

(4)　使用者の責に帰すべき事由による休業の場合においては，使用者は，休業期間中当該労働者に，その平均賃金の100分の60以上の休業手当を支払わなければならない。

《R2-B20》

5

次の記述のうち，「労働基準法」上，**誤っているもの**はどれか。

(1)　使用者は，労働契約に附随して貯蓄の契約をさせ，又は貯蓄金を管理する契約をしてはならない。

(2)　使用者は，満20歳に満たない者を使用する場合，その年齢を証明する戸籍証明書を事業場に備え付けなければならない。

(3)　使用者は，労働契約の不履行について違約金を定め，又は損害賠償額を予定する契約をしてはならない。

(4)　労働基準法で定める基準に達しない労働条件を定める労働契約は，その部分については無効であり，労働基準法に定められた基準が適用される。《R1-B20》

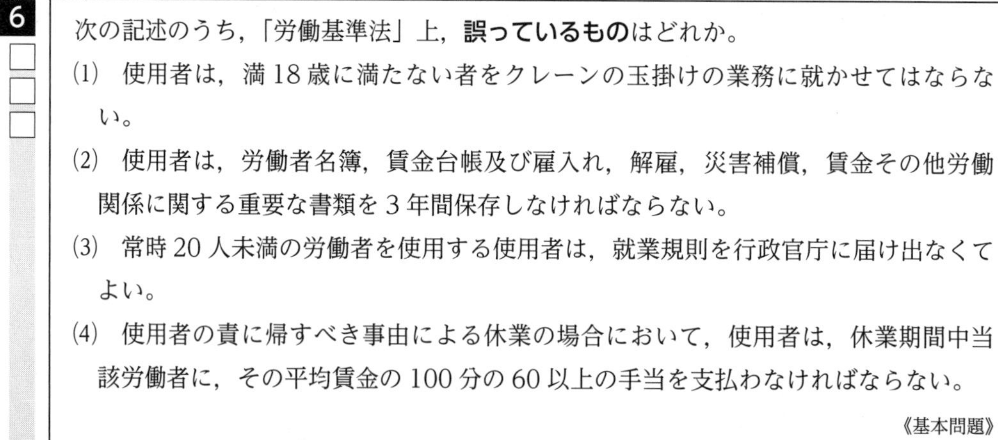

6

次の記述のうち，「労働基準法」上，**誤っているもの**はどれか。

(1)　使用者は，満18歳に満たない者をクレーンの玉掛けの業務に就かせてはならない。

(2)　使用者は，労働者名簿，賃金台帳及び雇入れ，解雇，災害補償，賃金その他労働関係に関する重要な書類を3年間保存しなければならない。

(3)　常時20人未満の労働者を使用する使用者は，就業規則を行政官庁に届け出なくてよい。

(4)　使用者の責に帰すべき事由による休業の場合において，使用者は，休業期間中当該労働者に，その平均賃金の100分の60以上の手当を支払わなければならない。

《基本問題》

7

次の記述のうち，「労働基準法」上，**誤っているもの**はどれか。

(1)　使用者とは，事業主又は事業の経営担当者その他その事業の労働者に関する事項について，事業主のために行為をするすべての者をいう。

〈p.234の解答〉 **正解**　**1**(3)，**2**(2)，**3**(3)

(2) 使用者は，労働者が業務上負傷し，労働することができないために賃金を受けない場合，労働者の療養中，平均賃金の100分の50の休業補償を行わなければならない。

(3) 使用者は，満18歳に満たない者に，最大積載荷重2t以上の人荷共用のエレベーターの運転業務を行わせてはならない。

(4) 使用者は，満18歳に満たない者を使用する場合，その年齢を証明する戸籍証明書を事業場に備え付けなければならない。《基本問題》

▶解説

4 (2) 使用者は，満18歳に満たない者を，最大積載荷重2t以上の人荷共用のエレベーターの運転業務に就かせてはならない。誤っている。

使用者は，満18歳に満たない者に，運転中の機械若しくは動力伝導装置の危険な部分の掃除，注油，検査若しくは修繕をさせ，運転中の機械若しくは動力伝導装置にベルト若しくはロープの取付け若しくは取りはずしをさせ，動力によるクレーンの運転をさせ，その他厚生労働省令で定める危険な業務に就かせ，又は厚生労働省令で定める重量物を取り扱う業務（最大積載荷重が2t以上の人荷共用若しくは荷物用のエレベーター又は高さが15m以上のコンクリート用エレベーターの運転の業務等）に就かせてはならない（法第六十二条）。

間違いやすい選択肢▶(4) 使用者の責に帰すべき事由による休業の場合においては，使用者は，休業期間中当該労働者に，その平均賃金の100分の60以上の休業手当を支払わなければならない。

5 (2) 使用者は，満18歳に満たない者について，その年齢を証明する戸籍証明書を事業場に備え付けなければならない（法第五十七条）。誤っている。

間違いやすい選択肢▶(3) 使用者は，労働契約の不履行について違約金を定め，又は損害賠償額を予定する契約をしてはならない。

6 (3) 常時10人以上の労働者を使用する使用者は，次に掲げる事項について**就業規則**を作成し，行政官庁に届け出なければならない。次に掲げる事項を変更した場合においても，同様とする（法第八十九条抜粋）。誤っている。

間違いやすい選択肢▶(4) 使用者の責に帰すべき事由による休業の場合において，使用者は，休業期間中当該労働者に，その平均賃金の100分の60以上の手当を支払わなければならない。

7 (2) 使用者の責に帰すべき事由による**休業**の場合においては，使用者は，休業期間中当該労働者に，その平均賃金の100分の60以上の手当を支払わなければならない（法第二十六条）。誤っている。

間違いやすい選択肢▶(1) 使用者とは，事業主又は事業の経営担当者その他その事業の労働者に関する事項について，事業主のために行為をするすべての者をいう。

8・3　建築基準法

●8・3・1　建築用語の定義

1

建築物に関する記述のうち，「建築基準法」上，**誤っているもの**はどれか。

(1)　建築物の２階以上の部分で，隣地境界線から８m以下の距離にある部分は，延焼のおそれのある部分である。

(2)　建築物の配管全体を更新する工事は，大規模の修繕に該当しない。

(3)　屋上部分に設けた昇降機塔等で，水平投影面積の合計が建築物の建築面積の1/8以下のものは，階数に算入しない。

(4)　延べ面積は，原則として，建築物の各階の床面積の合計である。　《R5-B14》

2

建築物に関する記述のうち，建築基準法上，**誤っているもの**はどれか。

(1)　居室の天井の高さは2.1m以上とし，一室で天井の高さの異なる部分がある場合においては，その平均の高さによるものとする。

(2)　建築とは，建築物を新築，増築，改築，又は移転することをいう。

(3)　避難階とは，直接地上へ通ずる出入口のある階をいう。

(4)　小規模な事務室のみを設けた地階は，階数に算入しない。　《R4-B14》

3

建築物の用語に関する記述のうち，「建築基準法」上，**誤っているもの**はどれか。

(1)　共同住宅は特殊建築物であるが，一戸建住宅は特殊建築物ではない。

(2)　建築物の壁や屋根は主要構造部であるが，建築物の階段は主要構造部ではない。

(3)　建築物の２階以上の部分で，隣地境界線より５m以下の距離にある部分は，法に定める部分を除き，延焼のおそれのある部分である。

(4)　防火性能とは，建築物の周囲において発生する通常の火災による延焼を抑制するために，外壁又は軒裏に必要とされる性能をいう。　《R3-B14》

〈p.236～p.237の解答〉 **正解**　**4** (2)，**5** (2)，**6** (3)，**7** (2)

4

次の記述のうち，「建築基準法」上，**誤っているもの**はどれか。

(1)　居室の天井の高さは，2.1 m 以上とし，一室で天井の高さの異なる部分がある場合においては，その平均の高さによるものとする。

(2)　建築主とは，建築物に関する工事の請負契約の注文者又は請負契約によらないで自らその工事をする者をいう。

(3)　住宅の居室には，採光のための窓その他の開口部を設け，その採光に有効な部分の面積は，原則として，その居室の床面積に対して 1／7 以上とする。

(4)　地階とは，床が地盤面下にある階で，床面から地盤面までの高さがその階の天井の高さの 2／3 以上のものをいう。　《R2-B21》

▶解説

1　(1)　建築物の 2 階以上の部分で，隣地境界線より5 m 以下の距離にある部分は，延焼のおそれのある部分である。誤っている（法第二条）。

間違いやすい選択肢▶(2) 設備更新工事等で配管全体を更新する工事は，大規模な修繕に該当しないので，確認申請は不要である。大規模の修繕とは，建築物の主要構造部の一種以上について行う過半の修繕をいう（法第二条）。

2　(4)　**階数**とは，昇降機塔，装飾塔，物見塔その他これらに類する建築物の屋上部分又は地階の倉庫，機械室その他これらに類する建築物の部分で，水平投影面積の合計がそれぞれ当該建築物の建築面積の 1/8 以下のものは，当該建築物の階数に算入しない（令第二条）。すなわち，居室でない用途の倉庫，機械室等が対象であり，小規模な事務室のみを設けた居室の場合は条件に合致していても階数として算入する。誤っている。

間違いやすい選択肢▶(3) 避難階とは，直接地上へ通ずる出入口のある階をいう。

3　(2)　**主要構造部**とは，火災時の類焼防止や，避難等する上で配慮しなければならない部分のことであり，壁，柱，床，はり，屋根又は階段をいい，建築物の構造上重要でない間仕切壁，間柱，付け柱，揚げ床，最下階の床，回り舞台の床，小ばり，ひさし，局部的な小階段，屋外階段その他これらに類する建築物の部分を除くものとする（建築基準法第二条第五号）。構造耐力上主要な部分とは必ずしも一致しない。誤っている。

間違いやすい選択肢▶(3) 建築物の 2 階以上の部分で，隣地境界線より 5 m 以下の距離にある部分は，法に定める部分を除き，延焼のおそれのある部分である。

4　(4)　**地階**とは，床が地盤面下にある階で，床面から地盤面までの高さがその階の天井の高さの 1/3 以上のものをいう（令第一条）。誤っている。

間違いやすい選択肢▶(3) 住宅の居室には，採光のための窓その他の開口部を設け，その採光に有効な部分の面積は，原則として，その居室の床面積に対して 1/7 以上とする。

5

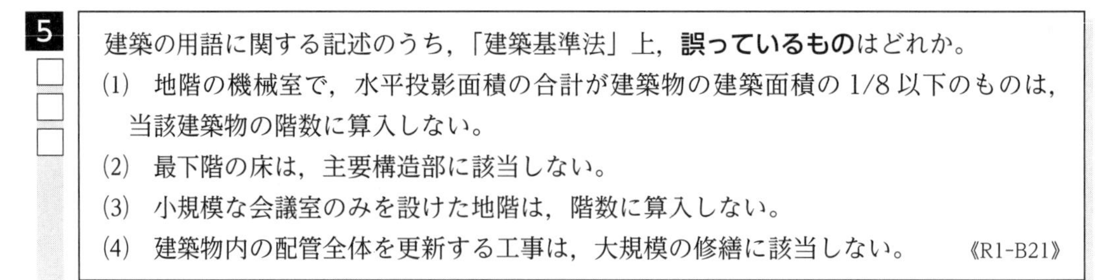

建築の用語に関する記述のうち，「建築基準法」上，**誤っているもの**はどれか。

(1)　地階の機械室で，水平投影面積の合計が建築物の建築面積の 1/8 以下のものは，当該建築物の階数に算入しない。

(2)　最下階の床は，主要構造部に該当しない。

(3)　小規模な会議室のみを設けた地階は，階数に算入しない。

(4)　建築物内の配管全体を更新する工事は，大規模の修繕に該当しない。　《R1-B21》

6

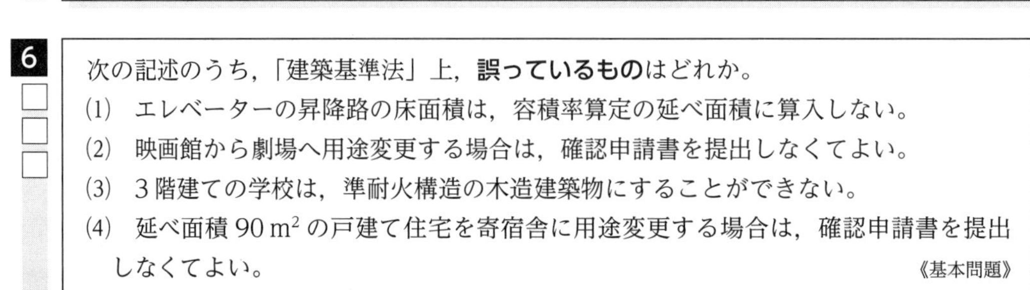

次の記述のうち，「建築基準法」上，**誤っているもの**はどれか。

(1)　エレベーターの昇降路の床面積は，容積率算定の延べ面積に算入しない。

(2)　映画館から劇場へ用途変更する場合は，確認申請書を提出しなくてよい。

(3)　3階建ての学校は，準耐火構造の木造建築物にすることができない。

(4)　延べ面積 90 m^2 の戸建て住宅を寄宿舎に用途変更する場合は，確認申請書を提出しなくてよい。　《基本問題》

7

建築物の階及び階数に関する記述のうち，「建築基準法」上，**誤っているもの**はどれか。

(1)　各階に居室のある地上2階地下1階の建築物は，政令で定める技術的基準に従って，避難上及び消火上支障がないようにしなければならない。

(2)　建築物の1階の隣地境界線より 3 m 以下の距離にある部分であっても，防火上有効な公園，広場，川等の空地若しくは水面に面する場合は，延焼のおそれのある部分ではない。

(3)　建築物の敷地が斜面又は段地である場合その他建築物の部分によって階数が異なる場合は，これらの階数のうち最大のものを当該建築物の階数とする。

(4)　地階の居室の水平投影面積の合計が，当該建築物の建築面積の 1/8 以下である場合は，階数に算入しない。　《基本問題》

▶解説

5　(3)　**階数**とは，昇降機塔，装飾塔，物見塔その他これらに類する建築物の屋上部分又は地階の倉庫，機械室その他これらに類する建築物の部分で，水平投影面積の合計がそれぞれ当該建築物の建築面積の 1/8 以下のものは，当該建築物の階数に算入しない（令第二条）。すなわち，居室でない用途の倉庫，機械室等が対象であり，居室の場合は条件に合致していても階数として算入する。誤っている。

間違いやすい選択肢▶ (2) 最下階の床は，主要構造部に該当しない。

6　(3)　法改正で名称が「耐火建築物等としなければならない特殊建築物」に変更された。特殊建築物の在館者の全てがその建築物から地上までの避難を終了するまでの間，火災による建築物の倒壊及び延焼を防止するという主要構造部に求める性能（特定避難時間）を明確化し，性能規定化を行うこととしたものである。また，外壁の開口部についても在館者の避難安全の確保という観点から，火災による火熱が加えられた場合に，屋内への遮炎性能を求めるようになった（片面 20 分の防火設備）。すなわち，3階建ての学校

〈p.238～p.239 の解答〉 **正解**　**1** (1)，**2** (4)，**3** (2)，**4** (4)

は，主要構造部，外壁の開口部が基準に適合していると，準耐火構造の木造建築物にすることができる。誤っている。

間違いやすい選択肢 ▶ (4) 延べ面積 90 m^2 の戸建て住宅を寄宿舎に用途変更する場合は，確認申請書を提出しなくてよい。

7 (4)　昇降機塔，装飾塔，物見塔その他これらに類する建築物の屋上部分又は地階の倉庫，機械室その他の建築物の部分で，水平投影面積の合計がそれぞれ当該建築物の建築面積の 1/8 以下のものは，当該建築物の**階数**に算入しない（法第二条）。

すなわち，居室でない用途の倉庫，機械室等が対象であり，居室の場合は条件に合致していても階数として算入する。誤っている。

間違いやすい選択肢 ▶ (2) 建築物の 1 階の隣地境界線より 3 m 以下の距離にある部分であっても，防火上有効な公園，広場，川等の空地若しくは水面に面する場合は，延焼のおそれのある部分ではない。

ワンポイントアドバイス　8・3・1　建築用語の定義（抜粋）

① **建築物**　土地に定着する工作物のうち，屋根，柱，壁のあるもの，これらに附属する門若しくは塀，観覧のための工作物，地下又は高架工作物内に設けられる事務所，店舗，興行所，倉庫等及びこれら附属する建築設備も含まれる。

煙突，広告塔，8 m を超える高架水槽，擁壁等の工作物も含まれる。

② **特殊建築物**　一般の建築物と区別し，建築物の規模，構造上の分類ではなく，その用途上の特殊性（不特定・他人数が使用，火災発生のおそれ・火災荷重が大，周辺に与える影響が大等）に着目して定められている。学校，体育館，病院，劇場，集会場，百貨店，市場，遊技場，公衆浴場，旅館，寄宿舎，共同住宅，工場，倉庫，自動車車庫などがある。

③ **居室**　居住，執務，作業，集会，娯楽その他これらに類する目的のために継続的に使用する室をいう。

④ **主要構造部**　壁，柱，床，はり，屋根又は階段をいい，建築物の構造上重要でない間仕切壁，間柱，附け柱，揚げ床，最下階の床，廻り舞台の床，小ばり，ひさし，局部的な小階段，屋外階段その他これらに類する建築物の部分を除くものとする。

⑤ **延焼のおそれのある部分**　隣地境界線，道路中心線又は同一敷地内の 2 以上の建築物相互の外壁間の中心線から，1 階にあっては 3 m以下，2 階以上にあっては 5 m以下の距離にある建築物の部分をいう。ただし，防火上有効な公園，広場，川等の空地若しくは水面又は耐火構造の壁その他これらに面する部分を除く。

⑥ **地階**　床が地盤面下にある階で，床面から地盤面までの高さがその階の天井高さの 1/3 以上のものをいう。

⑦ **階数**　昇降機塔，装飾塔，物見塔その他これらに類する建築物の屋上部分又は地階の倉庫，機械室その他の建築物の部分で，水平投影面積の合計がそれぞれ当該建築物の建築面積の 1/8 以下のものは，当該建築物の階数に算入しない。

⑧ **建築確認申請が不要**

- 工事現場に仮設として設ける 2 階建ての事務所については，安全上，防火上及び衛生上支障がないと認める場合においては，1 年以内の期間を定めてその建築を許可することができる。すなわち，建築確認申請の規定を適用しない。
- 延べ面積が 100 m^2 の既存の劇場に設けるエレベーターについては，建築の確認の申請をしなくてもよい。
- 設備更新工事等で配管全体を更新する工事は，大規模な修繕に該当しないので，確認申請は不要である。

●8・3・2　建築設備の基準

8

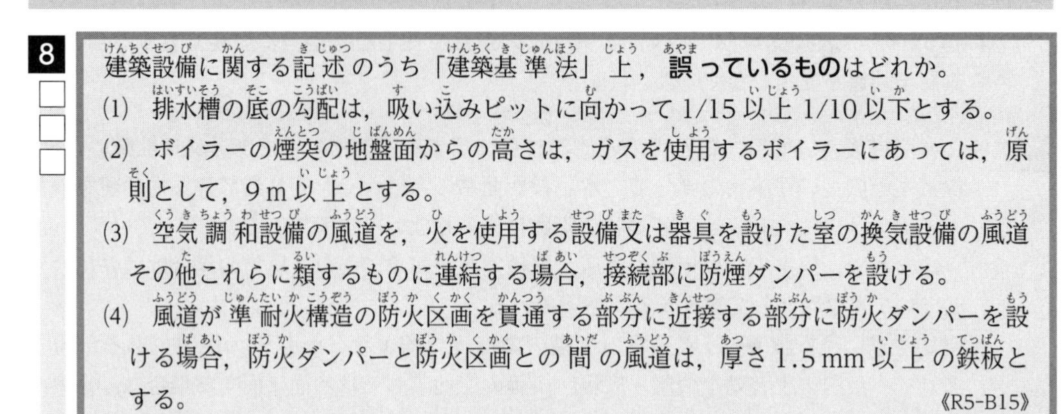
建築設備に関する記述のうち「建築基準法」上，**誤っているもの**はどれか。

(1)　排水槽の底の勾配は，吸い込みピットに向かって 1/15 以上 1/10 以下とする。

(2)　ボイラーの煙突の地盤面からの高さは，ガスを使用するボイラーにあっては，原則として，9 m 以上とする。

(3)　空気調和設備の風道を，火を使用する設備又は器具を設けた室の換気設備の風道その他これらに類するものに連結する場合，接続部に防煙ダンパーを設ける。

(4)　風道が準耐火構造の防火区画を貫通する部分に近接する部分に防火ダンパーを設ける場合，防火ダンパーと防火区画との間の風道は，厚さ 1.5 mm 以上の鉄板とする。

《R5-B15》

9

建築設備に関する記述のうち，「建築基準法」上，**誤っているもの**はどれか。

(1)　地上 11 階以上の建築物の屋上に 2 台の冷却塔を設置する場合，冷却塔から他の冷却塔までの距離を 2 m 以上とする。

(2)　通気管は，直接外気に衛生上有効に開放しなければならない。ただし，配管内の空気が屋内に漏れることを防止する装置が設けられている場合にあっては，この限りでない。

(3)　排水槽を設ける場合は通気のための装置を設け，かつ，当該装置は，直接外気に衛生上有効に開放しなければならない。

(4)　地階に居室を有する建築物の屋内に設ける換気設備の風道は，防火上支障がないものとして国土交通大臣が定める部分を除き，難燃材料で造らなければならない。

《R4-B15》

10

建築設備に関する記述のうち，「建築基準法」上，**誤っているもの**はどれか。

(1)　排水トラップの封水深は，阻集器を兼ねる排水トラップの場合を除き，5 cm 以上 15 cm 以下としなければならない。

(2)　天井内等の隠ぺい部に防火ダンパーを設ける場合は，一辺の長さが 45 cm 以上の保守点検が容易に行える点検口を，天井，壁等に設けなければならない。

(3)　換気設備を設けるべき調理室等の給気口は，原則として，当該室の天井高さの $\frac{1}{2}$ 以下の位置に設けなければならない。

(4)　換気設備を設けるべき調理室等の排気口は，原則として，当該室の天井または天井から下方 80 cm 以内の高さの位置に設けなければならない。

《R3-B15》

▶解説

8　(3)　空気調和設備の風道は，火を使用する設備又は器具を設けた室の換気設備の風道その他これに類するものに連結しないこと（中央管理方式の空気調和設備の構造方法を定める件中央管理方式の空気調和設備の構造方法を定める件　五）。誤っている。

〈p.240 の解答〉 **正解**　**5** (3)，**6** (3)，**7** (4)

間違いやすい選択肢 ▶ (2) 建築物に設けるボイラーの煙突の地盤面からの高さは，ガスを使用するボイラーにあっては，原則として，9 m 以上としなければならない（建築基準法施行令第百十五条第 1 項第八号の規定に基づくボイラーの燃料消費量並びにボイラーの煙突の煙道接続口の中心から頂部までの高さの基準及び防火上必要な構造の基準）。一方，重油，軽油，灯油，コークスを使用する場合は，15 m 以上としなくてはならない。

---

9 (4) 地階を除く階数が 3 以上である建築物，地階に居室を有する建築物又は延べ面積が 3,000 m^2 を超える建築物に設ける換気，暖房又は冷房の設備の風道及びダストシュート，メールシュート，リネンシュートその他これらに類するもの（屋内に面する部分に限る。）は，不燃材料で造ること（令第百二十九条の二の二）。誤っている。

間違いやすい選択肢 ▶ (1) 地上 11 階以上の建築物の屋上に 2 台の冷却塔を設置する場合，冷却塔から他の冷 却塔までの距離を 2 m 以上とする。

---

10 (1) 排水のための配管設備の構造は，次に定めるところによる（建築物に設ける飲料水の配管設備及び排水のための配管設備の構造方法を定める件 第二）。

第二 排水のための配管設備の構造は，次に定めるところによらなければならない。

三 **排水トラップ**（排水管内の臭気，衛生害虫等の移動を有効に防止するための配管設備をいう。以下同じ。）

イ 雨水排水管（雨水排水立て管を除く。）を汚水排水のための配管設備に連結する場合においては，当該雨水排水管に排水トラップを設けること。

ロ **二重トラップ**とならないように設けること。

ニ **排水トラップ**の深さ（排水管内の臭気，衛生害虫等の移動を防止するための有効な深さをいう。）は，5 cm 以上 10 cm 以下（阻集器を兼ねる排水トラップにあっては，5 cm 以上）とすること。

したがって，排水トラップの封水深は，阻集器を兼ねる排水トラップの場合を除き，5 cm 以上 10 cm 以下としなければならない。誤っている。

間違いやすい選択肢 ▶ (3) 換気設備を設けるべき調理室等の給気口は，原則として，当該室の天井高さの 1/2 以下の位置に設けなければならない。

ワンポイントアドバイス 8・3・2 建築設備の基準

(1) **給排水衛生の配管**

① 給水立て管からの各階への分岐管等主要な分岐管分岐点に近接した部分で，かつ，操作を容易に行うことができる部分に止水弁を設けなければならない

② 給水管，配電管その他の管の貫通する部分及び当該貫通する部分からそれぞれ両側に 1 m 以内の距離にある部分を不燃材で造ること。

③ 排水再利用水の配管設備は，洗面器や手洗器と連結してはならない。

④ 排水のための配管設備で汚水に接する部分不浸透質の耐水材料で造らなければならない。

⑤ 通気管は直接外気に衛生上有効に開放しなければならない。

⑥ 雨水排水立て管は，雨水専用とする必要があり，汚水排水管若しくは通気管と兼用し，又はこれらの管に連結してはならない。

11

□
□
□

建築設備に関する記述のうち，「建築基準法」上，**誤っているもの**はどれか。

(1)　地階を除く階数が２以上である建築物に設ける冷房設備等のダクトは，屋外に面する部分その他防火上支障がないものとして国土交通大臣が定める部分を除き，不燃材料で造らなければならない。

(2)　建築物に設けるボイラーの煙突の地盤面からの高さは，ガスを使用するボイラーにあっては，原則として，９m 以上としなければならない。

(3)　開口部の少ない建築物等の換気設備において，中央管理方式の空気調和設備とは，空気を浄化し，その温度，湿度及び流量を調節して供給（排出を含む。）をすることができる設備をいう。

(4)　通気管は，配管内の空気が屋内に漏れることを防止する装置が設けられている場合，必ずしも直接外気に衛生上有効に開放しなくてもよい。　《R2-B22》

12

□
□
□

建築設備に関する記述のうち，「建築基準法」上，**誤っているもの**はどれか。

(1)　給水管が準耐火構造の防火区画を貫通する場合，当該管と防火区画との隙間をモルタルその他の不燃材料で埋めなければならない。

(2)　換気設備の風道が準耐火構造の防火区画を貫通する部分に近接する部分に防火ダンパを設ける場合，防火ダンパーと防火区画の間の風道は，厚さ 1.5 mm 以上の鉄板とする。

(3)　空気調和設備の風道は，火を使用する設備又は器具を設けた室の換気設備の風道その他これらに類するものに連結しではならない。

(4)　排水槽の底の勾配は，吸い込みピットに向かって 1/10 以上 1/15 以下としなければならない。　《R1-B22》

13

□
□
□

建築設備に関する記述のうち，「建築基準法」上，**誤っているもの**はどれか。

(1)　給水管が防火区画を貫通する場合，貫通する部分及び貫通する部分からそれぞれ両側１m 以内の距離にある部分を不燃材料で造る。

(2)　雨水排水立て管を除く雨水排水管を汚水排水のための配管設備に連結する場合，当該雨水排水管に排水トラップを設けてはならない。

(3)　延べ面積が 3,000 m^2 を超える建築物の屋内に設ける換気設備のダクトは，防火上支障がないものとして国土交通大臣が定める部分を除き，不燃材料で造らなければならない。

(4)　地上 11 階以上の建築物の屋上に２台の冷却塔を設置する場合，一の冷却塔から他の冷却塔までの距離を２m 以上とする。　《基本問題》

〈p.242 の解答〉 **正解**　**8** (3)，**9** (4)，**10** (1)

▶解説

11 (1) 地階を除く階数が3以上である建築物，地階に居室を有する建築物又は延べ面積が3,000 m^{2}を超える建築物に設ける換気，暖房又は冷房の設備の風道及びダストシュート，メールシュート，リネンシュートその他これらに類するもの（屋内に面する部分に限る。）は，不燃材料で造ること（令第百二十九条の二の二）。誤っている。

間違いやすい選択肢▶ (2) 建築物に設けるボイラーの煙突の地盤面からの高さは，ガスを使用するボイラーにあっては，原則として，9 m以上としなければならない。

---

12 (4) 排水のための配管設備の構造は，次に定めるところによる（建築物に設ける飲料水の配管設備及び排水のための配管設備の構造方法を定める件 第二）。

第二 排水のための配管設備の構造は，次に定めるところによらなければならない。

二．排水槽

イ 通気のための装置以外の部分から臭気が洩れない構造とすること。

ロ 内部の保守点検を容易かつ安全に行うことができる位置にマンホール（直径60 cm以上の円が内接することができるものに限る。）を設けること。

ハ 排水槽の底に吸い込みピットを設ける等保守点検がしやすい構造とすること。

ニ **排水槽の底の勾配**は吸い込みピットに向かって15分の1以上10分の1以下とする等内部の保守点検を容易かつ安全に行うことができる構造とすること。

したがって，排水槽の底の勾配は，吸い込みピットに向かつて1/15以上1/10以下としなければならない。誤っている。

間違いやすい選択肢▶ (1) 給水管が準耐火構造の防火区画を貫通する場合，当該管と防火区画との隙間をモルタルその他の不燃材料で埋めなければならない。

---

13 (2) 排水のための配管設備の構造は，原則として建物内での雨水排水管系統と汚水排水管系統は，各々別系統の配管とし，敷地内配管において雨水ます又は排水ますを介して敷地外に排水する。しかし，敷地内で，雨水排水系統と汚水排水系統を合流させる場合は，排水トラップますを介して合流させ臭気の逆流を防止する措置を講じた上で敷地外へ排水する。誤っている。

間違いやすい選択肢▶ (4) 地上11階以上の建築物の屋上に2台の冷却塔を設置する場合，一の冷却塔から他の冷却塔までの距離を2 m以上とする。

8・4　建設業法

●8・4・1　主任技術者と監理技術者

1

建設工事における施工体制に関する記述のうち，「建設業法」上，**誤っているもの**はどれか。

(1)　建設業者は，発注者から直接請け負った建設工事を下請契約を行わずに自ら施工する場合は，主任技術者を置かなくてもよい。

(2)　主任技術者の専任が必要な建設工事で，密接な関係のある二つの建設工事を同一の場所で施工する場合は，同一の専任の主任技術者とすることができる。

(3)　施工体制台帳の作成を要する建設工事を請負った建設業者は，その下請負人に関する事項として，健康保険等の加入状況を施工体制台帳に記載しなければならない。

(4)　施工体制台帳の作成を要する建設工事を請け負った建設業者は，建設工事の目的物の引渡しをするまで，施工体系図を工事現場の見やすい場所に掲示しなければならない。

《R5-B17》

2

建設工事における施工体制に関する記述のうち，「建設業法」上，**誤っているもの**はどれか。

(1)　主任技術者及び監理技術者は，当該建設工事の請負代金の管理，及び，施工に従事する者の技術上の指導監督の職務を誠実に行わなければならない。

(2)　建設業者は，発注者から直接請け負った建設工事を下請契約を行わずに自ら施工する場合，主任技術者を置かなければならない。

(3)　主任技術者の専任が必要な建設工事で，密接な関係のある二つの建設工事を同一の場所で施工する場合は，同一の専任の主任技術者とすることができる。

(4)　国が注文者である施設に関する管工事で，工事1件の請負代金の額が3500万円以上の工事を施工する場合，工事に置く主任技術者又は監理技術者（特例監理技術者は除く。）は，工事現場ごとに専任の者でなければならない。

《R3-B17》

3

建設工事における施工体制に関する記述のうち，「建設業法」上，**誤っているもの**はどれか。

(1)　施工体制台帳の作成を要する建設工事を請け負った建設業者は，当該建設工事における各下請負人の施工の分担関係を表示した施工体系図を作成しなければならない。

〈p.244の解答〉 **正解**　**11**(1)，**12**(4)，**13**(2)

(2) 施工体制台帳の作成を要する建設工事を請け負った建設業者は，建設工事の目的物の引渡しをするまで，施工体系図を工事現場の見やすい場所に掲示しなければならない。
(3) 主任技術者の専任が必要な工事で，密接な関係のある二つの建設工事を同一の場所において施工する場合は，同一の専任の主任技術者とすることができる。
(4) 監理技術者は，工事現場における建設工事を適正に実施するため，当該建設工事の請負代金の管理及び当該建設工事の施工に従事する者の技術上の指導監督の職務を誠実に行わなければならない。《R1-B24》

▶解説

1 (1) 建設業者は，発注者から直接請け負った建設工事を下請契約を行わずに自ら施工する場合でも，主任技術者を置かなければならない。いかなる場合でも，建設業者は，その請け負った建設工事を施工するときは，当該建設工事に関し当該工事現場における建設工事の施工の技術上の管理をつかさどるもの（主任技術者）を置かなければならない（法第二十六条）。

間違いやすい選択肢▶(2) 主任技術者の専任が必要な管工事のうち密接な関係のある二つの管工事を同一の建設業者が同一の場所において施工する場合は，同一の専任の主任技術者とすることができる（令第二十七条）。

2 (1) **主任技術者**及び**監理技術者**は，工事現場における建設工事を適正に実施するため，当該建設工事の施工計画の作成，工程管理，品質管理その他の技術上の管理及び当該建設工事の施工に従事する者の技術上の指導監督の職務を誠実に行わなければならない（法第二十六条の三）。一方，本文は現場代理人の記述である。誤っている。

間違いやすい選択肢▶(2) 建設業者は，発注者から直接請け負った建設工事を下請契約を行わずに自ら施工する場合，主任技術者を置かなければならない。

3 (4) 主任技術者及び監理技術者は，工事現場における建設工事を適正に実施するため，当該建設工事の施工計画の作成，工程管理，品質管理その他の技術上の管理及び当該建設工事の施工に従事する者の技術上の指導監督の職務を誠実に行わなければならない（法第二十六条の三）。誤っている。

間違いやすい選択肢▶(3) 主任技術者の専任が必要な工事で，密接な関係のある二つの建設工事を同一の場所において施工する場合は，同一の専任の主任技術者とすることができる。

4
□
□
□

技術者制度に関する記述のうち，「建設業法」上，**誤っているもの**はどれか。

(1)　管工事業は指定建設業であるため，管工事の監理技術者は，請負代金の額が 4,500 万円以上の発注者から直接請け負った管工事に関し 2 年以上指導監督的な実務の経験を有する者でなければならない。

(2)　公共性のある施設又は多数の者が利用する施設に関する重要な建設工事で，専任の者でなければならない監理技術者は，監理技術者資格者証の交付を受けている者であって，監理技術者講習を過去 5 年以内に受講した者でなければならない。

(3)　公共性のある施設又は多数の者が利用する施設に関する重要な建設工事で，管工事において主任技術者又は監理技術者を工事現場ごとに専任の者としなければならないのは，工事 1 件の請負代金の額が 4,000 万円以上の場合である。

(4)　発注者から直接請け負った管工事において，主任技術者を置き工事を開始した後，工事途中で下請契約の請負代金の総額が 4,000 万円以上となった場合，主任技術者に替えて監理技術者を置かなければならない。

《基本問題》

※令和 4 年 11 月に請負代金の額の見直しに関する政令改正があり，問題の一部修正を行った。

5
□
□
□

管工事業の許可を受けた建設業者が管工事を施工するときに，工事現場に置く主任技術者又は監理技術者に関する記述のうち，「建設業法」上，**誤っているもの**はどれか。

(1)　主任技術者の専任が必要な管工事のうち密接な関係のある二つの管工事を同一の建設業者が同一の場所において施工する場合は，同一の専任の主任技術者とすることができる。

(2)　共同住宅の建設工事において，請負代金の額が 4,000 万円以上の管工事を下請負人として施工する場合は，当該工事現場に置く主任技術者を専任の者としなければならない。

(3)　国又は地方公共団体が注文者である施設又は工作物に関する建設工事において，管工事を施工する場合は，請負代金の額にかかわらず，当該工事現場に置く主任技術者又は監理技術者を専任の者としなければならない。

(4)　事務所の建設工事において，請負代金の額が 3,500 万円未満の管工事を施工する場合は，発注者から当該建設工事を直接請け負った場合にあっても，当該工事現場に置く主任技術者を専任の者としないことができる。

《基本問題》

※令和 4 年 11 月に請負代金の額の見直しに関する政令改正があり，問題の一部修正を行った。

〈p.246～p.247 の解答〉 **正解**　**1** (1)，**2** (1)，**3** (4)

▶解説

4 (1) 発注者から直接建設工事を請け負った特定建設業者は，当該建設工事を施工するために締結した下請契約の請負代金の額が 4,500 万円以上になる場合においては，当該建設工事に関し第十五条第二号イ，ロ又はハに該当する者で当該工事現場における建設工事の施工の技術上の管理をつかさどるもの（監理技術者）を置かなければならない（法第二十六条）。

監理技術者の資格要件は次のとおりで，管工事に関し 2 年以上指導監督的な実務の経験を有する者との規定はない。誤っている。

一 1 級管工事施工管理技士　　二 技術士

三 国土交通大臣が一又は二に掲げる者と同等以上の能力を有するものと認定した者

間違いやすい選択肢▶ (3) 公共性のある施設又は多数の者が利用する施設に関する重要な建設工事で，管工事において主任技術者又は監理技術者を工事現場ごとに専任の者としなければならないのは，工事 1 件の請負代金の額が 4,000 万円以上の場合である。

5 (3) 公共性のある施設若しくは工作物又は多数の者が利用する施設若しくは工作物に関する重要な建設工事（工事 1 件の請負代金の額は，管工事の場合は 3,500 万円以上。ただし，建築工事業の場合は 7,000 万円以上）は，置かなければならない主任技術者又は監理技術者は，工事現場ごとに，専任の者でなければならない（法第二十六条）。すなわち，請負代金の額の条件がある。誤っている。

間違いやすい選択肢▶ (4) 事務所の建設工事において，請負代金の額が 3,500 万円未満の管工事を施工する場合は，発注者から当該建設工事を直接請け負った場合にあっても，当該工事現場に置く主任技術者を専任の者としないことができる。

ワンポイントアドバイス 8・4・1 主任技術者

(1) **主任技術者**

① 建設業者（建設業の許可を受けた建設業者，管工事業者等）

1) その請け負った建設工事を施工するときは，自ら施工する場合であっても，一定の資格を有する主任技術者を置かなければならない。ただし，建設業の許可がなく軽微な工事を施工する場合は，主任技術者は必要ない。

2) 下請負人として工事を施工する場合であっても，請負代金の額にかかわらず，主任技術者を工事現場に配置しなければならない。

3) 公共性のある施設若しくは工作物又は多数の者が利用する施設若しくは工作物に関する重要な建設工事（工事 1 件の請負代金の額は，4,000 万円。ただし，建築工事業の場合は 8,000 万円）は，置かなければならない主任技術者又は監理技術者は，工事現場ごとに，専任の者でなければならない。

4) 主任技術者の専任が必要な工事で，密接な関係のある 2 つの工事を同一の場所において施工する場合は，同一人の専任の主任技術者がこれらの工事を管理することができる。

●8・4・2 請負契約

6 □□□

請負契約書に記載しなければならない事項に関する記述のうち，「建設業法」上，**規定されていないもの**はどれか。

(1) 各当事者の履行の滞遅その他債務の不履行の場合における遅延利息，違約金その他の損害金

(2) 価格等の変動若しくは変更に基づく請負代金の額又は工事内容の変更

(3) 現場代理人の権限に関する事項及び現場代理人の行為についての注文者の請負人に対する意見の提出方法

(4) 天災その他不可抗力による工期の変更又は損害の負担及びその額の算定方法に関する定め

《R4-B16》

7 □□□

次のうち，「建設業法」上，請負契約書に記載しなければならない事項として，**定められていないもの**はどれか。

(1) 現場代理人の権限に関する事項

(2) 価格等の変動若しくは変更に基づく請負代金の額又は工事内容の変更

(3) 工事の施工により第三者が損害を受けた場合における賠償金の負担に関する定め

(4) 各当事者の履行の遅滞その他債務の不履行の場合における遅延利息，違約金その他の損害金

《R2-B24》

8 □□□

建築工事の請負契約に関する記述のうち，「建設業法」上，**誤っているもの**はどれか。ただし，電子情報処理組織を使用する方法その他の情報通信の技術を利用する方法によらないものとする。

(1) 共同住宅を新築する建設工事を請け負った建設業者は，あらかじめ発注者から書面による承諾を得た場合であっても，その工事を一括して他人に請け負わせてはならない。

(2) 注文者は，請負契約の締結後，自己の取引上の地位を不当に利用して，その注文した建設工事に使用する資材もしくは機械器具又はこれらの購入先を指定してはならない。

(3) 注文者は，工事現場に監督員を置く場合においては，当該監督員の行為についての請負人の注文者に対する意見の申し出の方法を，請負人と協議しなければならない。

(4) 発注者と請負人との請負契約において，工事内容を変更するときは，その変更の内容を書面に記載し，署名又は記名押印をして相互に交付しなければならない。

《R1-B23》

〈p.248の解答〉 **正解** **4** (1)，**5** (3)

▶解説

6　(3)　建設工事の請負契約の当事者は，契約の締結に際して次に掲げる事項（抜粋）を書面に記載し，署名又は記名押印をして相互に交付しなければならない（法第十九条）。

一　工事内容　　二　請負代金の額　　三　工事着手の時期及び工事完成の時期

四　工事を施工しない日又は時間帯の定めをするときは，その内容

五　請負代金の全部又は一部の前金払又は出来形部分に対する支払の定めをするときは，その支払の時期及び方法

六　当事者の一方から設計変更又は工事着手の延期若しくは工事の全部若しくは一部の中止の申出があつた場合における工期の変更，請負代金の額の変更又は損害の負担及びそれらの額の算定方法に関する定め

七　天災その他不可抗力による工期の変更又は損害の負担及びその額の算定方法に関する定め

八　価格等の変動若しくは変更に基づく請負代金の額又は工事内容の変更

九　工事の施工により第三者が損害を受けた場合における賠償金の負担に関する定め

十一　注文者が工事の全部又は一部の完成を確認するための検査の時期及び方法並びに引渡しの時期

十二　工事完成後における請負代金の支払の時期及び方法

十四　各当事者の履行の遅滞その他債務の不履行の場合における遅延利息，違約金その他の損害金

したがって，(3)が規定されていない。

間違いやすい選択肢▶(4)天災その他不可抗力による工期の変更又は損害の負担及びその額の算定方法に関する定め

7　(1)　建設工事の**請負契約**の当事者は，契約の締結に際して次に掲げる事項（抜粋）を書面に記載し，署名又は記名押印をして相互に交付しなければならない（法第十九条）。詳細の事項は前問による。

すなわち，(1)現場代理人の権限に関する事項は，定められていない。

間違いやすい選択肢▶(4)各当事者の履行の遅滞その他債務の不履行の場合における遅延利息，違約金その他の損害金

8　(3)　注文者は，請負契約の履行に関し工事現場に監督員を置く場合においては，当該監督員の権限に関する事項及び当該監督員の行為についての請負人の注文者に対する意見の申出の方法を，書面により請負人に通知しなければならない（法第十九条の二）。誤っている。

間違いやすい選択肢▶(2)注文者は，請負契約の締結後，自己の取引上の地位を不当に利用して，その注文した建設工事に使用する資材もしくは機械器具又はこれらの購入先を指定してはならない。

●8・4・3　建設業の許可

9

建設業の許可に関する記述のうち,「建設業法」上, **誤っているもの**はどれか。

(1)　管工事業を営もうとする者は, 二以上の都道府県の区域内に営業所を設けて営業をしようとする場合, 原則として, 国土交通大臣の許可を受けなければならない。

(2)　発注者から直接請け負う 1 件の管工事につき, 下請代金の総額が 4,500 万円以上となる工事を施工しようとする者は, 特定建設業の許可を受けなければならない。

(3)　建設業者は, 許可を受けた建設業の建設工事を請け負う場合においては, その建設工事に附帯する他の建設業の建設工事を請け負うことができる。

(4)　国, 地方公共団体又はこれらに準ずる者として, 国土交通省令で定める法人が発注者である管工事を施工しようとする者は, 請負代金の額にかかわらず特定建設業の許可を受けなければならない。　《R3-B16》

※令和 4 年 11 月に請負代金の額の見直しに関する政令改正があり, 問題の一部修正を行った。

10

建設業の許可に関する記述のうち,「建設業法」上, **誤っているもの**はどれか。

(1)　管工事業を営もうとする者は, 工事 1 件の請負代金の額が 500 万円に満たない工事のみを請け負うことを営業とする者を除き, 2 以上の都道府県に営業所を設けて営業をしようとする場合は, 国土交通大臣の許可を受けなければならない。

(2)　発注者から直接管工事を請負い, 下請代金の総額が 4,500 万円以上となる下請契約を締結して施工しようとする者は, 特定建設業の許可を受けていなければならない。

(3)　国, 地方公共団体又はこれらに準ずるものとして国土交通省令で定める法人が発注者である管工事を施工しようとする者は, 特定建設業の許可を受けていなければならない。

(4)　管工事業の許可を受けている者は, 管工事を請け負う場合においては, 当該管工事に附帯する電気工事を請け負うことができる。　《基本問題》

※令和 4 年 11 月に請負代金の額の見直しに関する政令改正があり, 問題の一部修正を行った。

▶解説

9　(4)　建設業法において, 技術者の専任配置が必要な工事として「公共性のある施設若しくは工作物又は多数の者が利用する施設若しくは工作物に関する重要な建設工事」が規定されている（法第二十六条（主任技術者及び監理技術者の設置等））が, 受注者が**特定建設業の許可**を受けていなければならないとの規定はない。一般建設業の許可があれば請け負うこともできる。誤っている。

間違いやすい選択肢▶ (2) 発注者から直接請け負う 1 件の管工事につき, 下請代金の総額が 4000 万円以上となる工事を施工しようとする者は, 特定建設業の許可を受けなければならない。

〈p.250 の解答〉 **正解**　**6** (3), **7** (1), **8** (3)

10 (3)　発注者から直接請け負った建設工事の下請け契約の制限が設けられており，特定建設業の許可を受けた者でなければ，次に該当する下請契約を締結してはならない。

① 下請代金の額が，1件で4,500万円（建築工事業の場合は7,000万円）以上となる場合

② その下請契約を締結することにより，下請代金の額の総合が4,500万円（建築工事業の場合は7,000万円）以上となる場合

すなわち，**国，地方公共団体又はこれらに準ずるものとして国土交通省令で定める法人が発注者の場合の規定はない**。誤っている。

間違いやすい選択肢 ▶ (4) 管工事業の許可を受けている者は，管工事を請け負う場合においては，当該管工事に附帯する電気工事を請け負うことができる。

ワンポイントアドバイス　8・4・3　建設業の許可

❶ 許可する行政庁

(1) ①「国土交通大臣の許可」　2以上の都道府県の区域内に営業所を設けて営業する場合

②「都道府県知事の許可」　1つの都道府県の区域内にのみ営業所を設けて営業する場合

(2) 建設業者は，許可を受けた建設業に係わる建設工事を請け負う場合においては，当該建設工事に附帯する他の建設工事を請け負うことができる。

(3) 建設業の許可の有効期限は5年である。

(4) 国土交通大臣又は都道府県知事は，その許可を受けた建設業者が許可を受けてから1年以内に営業を開始せず，又は引き続いて1年以上営業を休止した場合に該当するときは，当該建設業者の許可を取り消さなければならない。

❷ 特定建設業者

発注者から直接請け負った建設工事の下請け契約の制限が設けられており，特定建設業の許可を受けた者でなければ，次に該当する下請契約を締結してはならない。

①下請代金の額が，1件で4,500万円（建築工事業の場合は7,000万円）以上となる場合

②その下請契約を締結することにより，下請代金の額の総合が4,500万円（建築工事業の場合は7,000万円）以上となる場合

❸ 一般建設業者

①発注者から直接請け負った元請工事の全部又は一部を下請けに出す際の下請契約金額が4,500万円（建築一式工事の場合は7,000万円）未満の場合

②工事を全て自社（自分で）で施工する場合，又は下請けとしてだけ工事を請け負う場合

❹ 軽微な建設工事

管工事500万円未満のみを請け負うことを営業とする者であるので，建設業の許可を受けなくてもよい。下請工事のみを請け負おうとする場合であっても，500万円以上であれば建設業の許可が必要である。

❺ 発注者が国又は地方公共団体の場合

発注者が国又は地方公共団体の場合であっても，一般建設業の許可があれば請け負うことができる。

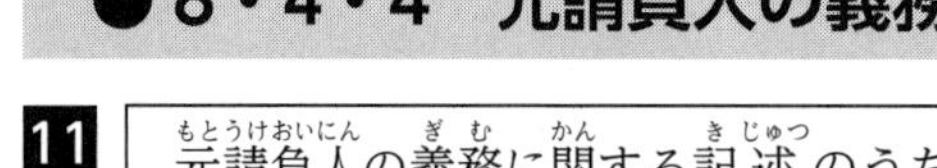

●8・4・4　元請負人の義務

11

元請負人の義務に関する記述のうち，「建設業法」上，**誤っているもの**はどれか。

(1) 元請負人は，下請負人からその請け負った建設工事が完成した旨の通知を受けたときは，当該通知を受けた日から20日以内で，かつ，できる限り短い期間内に，その完成を確認するための検査を完了しなければならない。

(2) 元請負人は，請負代金の出来形部分に対する支払又は工事完成後における支払を受けたときは，当該支払の対象となった建設工事を施工した下請負人に対して，相応する下請代金を，当該支払を受けた日から1か月以内で，かつ，できる限り短い期間内に支払わなければならない。

(3) 元請負人が請負代金の出来形部分に対する支払又は工事完成後における支払を受けたときに，下請負人に対して相応する下請代金を支払う場合，元請負人は，下請代金のうち労務費に相当する部分については，現金で支払うよう適切な配慮をしなければならない。

(4) 元請負人は，その請け負った建設工事を施工するために必要な工程の細目，作業方法その他元請負人において定めるべき事項を定めようとするときは，あらかじめ，発注者の意見を聞かなければならない。《R4-B17》

12

元請負人の義務に関する記述のうち，「建設業法」上，**誤っているもの**はどれか。

(1) 元請負人は，その請け負った建設工事を施工するために必要な工程の細目，作業方法その他元請負人において定めるべき事項を定めようとするときは，あらかじめ，下請負人の意見をきかなければならない。

(2) 元請負人は，請負代金の出来形部分に対する支払又は工事完成後における支払を受けたときは，当該支払の対象となった建設工事を施工した下請負人に対して，相応する下請代金を，当該支払を受けた日から1か月以内で，かつ，できる限り短い期間内に支払わなければならない。

(3) 元請負人は，前払金の支払を受けたときは，下請負人に対して，資材の購入，労働者の募集その他建設工事の着手に必要な費用を前払金として支払うよう適切な配慮をしなければならない。

(4) 元請負人は，下請負人からその請け負った建設工事が完成した旨の通知を受けたときは，当該通知を受けた日から1か月以内で，かっ，できる限り短い期間内に，その完成を確認するための検査を完了しなければならない。《基本問題》

▶解説

11 (4) 元請負人は，その請け負った建設工事を施工するために必要な工程の細目，作業方法その他元請負人において定めるべき事項を定めようとするときは，あらかじめ，下請負人の意見をきかなければならない（法第二十四条の二（下請負人の意見の聴取））。誤っている。

〈p.252 の解答〉 **正解** **9**(4)，**10**(3)

間違いやすい選択肢▶ (2)元請負人は，請負代金の出来形部分に対する支払又は工事完成後における支払を受けたときは，当該支払の対象となった建設工事を施工した下請負人に対して，相応する下請代金を，当該支払を受けた日から1か月以内で，かつ，できる限り短い期間内に支払わなければならない。

12 (4) 元請負人は，下請負人からその請け負った建設工事が完成した旨の通知を受けたときは，当該通知を受けた日から20日以内で，かつ，できる限り短い期間内に，その完成を確認するための検査を完了しなければならない（法第二十四条の四）。誤っている。

その他，**元請負人の義務**は，次の通り。

① 下請負人の意見 元請負人は，その請け負った建設工事を施工するために必要な工程の細目，作業方法その他事項を定めようとするときは，あらかじめ，下請負人の意見をきかなければならない。

② 前払金 元請負人は，前払金の支払を受けたときは，下請負人に対して，資材の購入，労働者の募集その他建設工事の着手に必要な費用を前払金として支払うよう適切な配慮をしなければならない。

③ 施工体制台帳 特定建設業者は，発注者から直接建設工事を請け負った場合において，当該建設工事を施工するために締結した下請契約の請負代金の額が4,500万円（建築一式工事は7,000万円）以上になるときは，当該建設工事について，下請負人の商号又は名称，下請負人に係る建設工事の内容（健康保険等の加入状況を含む），工期及び施工体系図その他事項を記載した施工体制台帳を作成し，工事現場ごとに備え置かなければならない。

間違いやすい選択肢▶ (3)元請負人は，前払金の支払を受けたときは，下請負人に対して，資材の購入，労働者の募集その他建設工事の着手に必要な費用を前払金として支払うよう適切な配慮をしなければならない。

ワンポイントアドバイス 8・4・4 元請負人の義務

① **下請負人の意見** 元請負人は，その請け負った建設工事を施工するために必要な工程の細目，作業方法その他事項を定めようとするときは，あらかじめ，下請負人の意見をきかなければならない。

② **支払** 元請負人は，請負代金の出来形部分に対する支払又は工事完成後における支払を受けたときは，当該支払の対象となった建設工事を施工した下請負人に対して，当該元請負人が支払を受けた金額の出来形に対する割合及び当該下請負人が施工した出来形部分に相応する下請代金を，当該支払を受けた日から1か月以内で，かつ，できる限り短い期間内に支払わなければならない。

③ **前払金** 元請負人は，前払金の支払を受けたときは，下請負人に対して，資材の購入，労働者の募集その他建設工事の着手に必要な費用を前払金として支払うよう適切な配慮をしなければならない。

④ **完成検査** 元請負人は，下請負人からその請け負った建設工事が完成した旨の通知を受けたときは，当該通知を受けた日から20日以内で，かつ，できる限り短い期間内に，その完成を確認するための検査を完了しなければならない。

●8・4・5　指定建設業

13

建設業の種類のうち，「建設業法」上，指定建設業に**該当しないもの**はどれか。

(1)　建築工事業

(2)　機械器具設置工事業

(3)　管工事業

(4)　土木工事業

《R5-B16》

14

建設業の種類のうち，「建設業法」上，指定建設業に**該当しないもの**はどれか。

(1)　管工事業

(2)　建築工事業

(3)　電気工事業

(4)　水道施設工事業

《R2-B23》

▶解説

13　(2)　22016年6月の建設業法の改正に伴い，「解体工事業」が新たに業種として独立・追加されたことで，建設業許可が必要な業種は29業種になった。この中の7業種は「指定建設業」と言われる。

この7業種の建設業許可は，専任技術者は実務経験では認められず，一級の国家資格者又は国交省大臣特別認定者であることが必要となる。他の業種とはこの点が異なるので，指定建設業と呼ばれる。

法第十五条第二号　ただし書の政令で定める指定建設業は，次に掲げるものとする(令第五条の二)。

一　土木工事業　　二　建築工事業　　三　電気工事業　　四　管工事業

五　鋼構造物工事業　　六　舗装工事業　　七　造園工事業

したがって，(2)機械器具設置工事業は，指定建設業に該当しない。

間違いやすい選択肢▶(3)管工事業

14 (4)　2016年6月の建設業法の改正に伴い，「解体工事業」が新たに業種として独立・追加されたことで，建設業許可が必要な業種は29業種になった。この中の7業種は「指定建設業」と言われる。

この7業種の建設業許可は，専任技術者は実務経験では認められず，一級の国家資格者又は国交省大臣特別認定者であることが必要となる。他の業種とはこの点が異なるので，指定建設業と呼ばれる。

法第十五条第二号ただし書の政令で定める**指定建設業**は，次に掲げるものとする（令第五条の二）。

一　土木工事業　　二　建築工事業　　三　電気工事業　　四　管工事業
五　鋼構造物工事業　　六　舗装工事業　　七　造園工事業

すなわち，(4)水道施設工事業は定められていない。

間違いやすい選択肢▶(3)電気工事業は，指定建設業である。

ワンポイントアドバイス　8・4・5　請負契約

①　不当な使用資材等の購入強制の禁止

注文者は，請負契約の締結後，自己の取引上の地位を不当に利用して，その注文した建設工事に使用する資材若しくは機械器具又はこれらの購入先を指定し，これらを請負人に購入させて，その利益を害してはならない。

②　建設工事の見積り等

建設業者は，建設工事の注文者から請求があつたときは，請負契約が成立するまでの間に，建設工事の見積書を提示しなければならない。

③　一括下請負の禁止

建設業者は，その請け負った建設工事を，いかなる方法をもつてするかを問わず，一括して他人に請け負わせてはならない。ただし，建設工事が多数の者が利用する施設又は工作物に関する重要な建設工事（共同住宅を新築する建設工事）以外の建設工事である場合において，当該建設工事の元請負人があらかじめ発注者の書面による承諾を得たときは，これらの規定は，適用しない。

④　経営事項審査

公共性のある施設又は工作物に関する建設工事を発注者から直接請け負おうとする建設業者は，その経営に関する客観的事項について審査を受けなければならない。

8・5　消防法

●8・5・1　屋内消火栓設備

1 □□□

1号屋内消火栓設備のポンプを用いる加圧送水装置に関する記述のうち，消防法上，**誤っているもの**はどれか。

(1)　ポンプの吐出量は，屋内消火栓の設置個数が最も多い階における設置個数（設置個数が2を超える場合は2とする。）に120 L/minを乗じて得た量以上とする。

(2)　ポンプには，その吐出側に圧力計，吸込側に連成計を設けるものとする。

(3)　ポンプの吐出量が定格吐出量の150%である場合における全揚程は，定格全揚程の65%以上のものとする。

(4)　ポンプの始動を明示する表示灯を設ける場合，当該表示灯は赤色とし，消火栓箱の内部又はその直近に設けるものとする。　《R4-B18》

2 □□□

1号消火栓を用いた屋内消火栓設備の設置に関する記述のうち，「消防法」上，**誤っているもの**はどれか。

(1)　主配管のうち，立上り管は，管の呼びで50 mm以上のものとしなければならない。

(2)　屋内消火栓の開閉弁は，床面からの高さが1.5 m以下の位置又は天井に設けることとし，当該開閉弁を天井に設ける場合にあっては，当該開閉弁は自動式のものとしなければならない。

(3)　水源の水量は，屋内消火栓の設置個数が最も多い階における当該設置個数（当該設置個数が2を超えるときは，2とする。）に2.6 mを乗じて得た量以上の量としなければならない。

(4)　加圧送水装置は，屋内消火栓設備のノズルの先端における放水圧力が0.7 MPaを超えるように設けなければならない。　《R3-B19》

3 □□□

内消火栓設備の加圧送水装置に用いるポンプに関する記述のうち，「消防法」上，**誤っているもの**はどれか。

(1)　ポンプには，その吐出側に圧力計，吸込側に連成計を設けるものとする。

(2)　ポンプは，直接操作による停止又は消火栓箱の直近に設けられた操作部からの遠隔操作による停止ができるものとする。

(3)　ポンプには，水源水位がポンプより低い場合，専用の呼水槽を設けるものとする。

(4)　ポンプの始動を明示する表示灯を設ける場合，当該表示灯は赤色とし，消火栓箱の内部又はその直近に設けるものとする。　《R2-B25》

〈p.256の解答〉 **正解**　**13**(2)，**14**(4)

4 □□□

1号消火栓を用いた屋内消火栓設備に関する記述のうち，「消防法」上，**誤っているもの**はどれか。

(1) 主配管のうち，立上がり管は呼び径で 50 mm 以上のものとする。

(2) 加圧送水装置は，消火栓のノズルの先端における放水圧力が 0.7 MPa を超えるようにしなければならない。

(3) 配管の耐圧力は，当該配管に給水する加圧送水装置の締切圧力の 1.5 倍以上の水圧を加えた場合において，当該水圧に耐えるものとする。

(4) 水源の水量は，屋内消火栓の設置個数が最も多い階における当該設置個数（当該設置個数が 2 を超えるときは，2 とする。）に 2.6 m^3 を乗じて得た量以上でなければならない。 《R1-B25》

▶解説

1 (1) ポンプの吐出量は，屋内消火栓の設置個数が最も多い階における設置個数（設置個数が 2 を超える場合は 2 とする）に 150 L/min を乗じて得た量以上の量とする（規則第十二条（屋内消火栓設備に関する基準の細目））。誤っている。

間違いやすい選択肢▶(4) ポンプの始動を明示する表示灯を設ける場合，当該表示灯は赤色とし，消火栓箱の内 部又はその直近に設けるものとする。

2 (4) **加圧送水装置**には，当該屋内消火栓設備のノズルの先端における放水圧力が 0.7 MPa 超えないための措置を講じること（規則第十二条）。誤っている。

間違いやすい選択肢▶(2) 屋内消火栓の開閉弁は，床面からの高さが 1.5 m 以下の位置又は天井に設けることとし，当該開閉弁を天井に設ける場合にあっては，当該開閉弁は自動式のものとしなければならない。

3 (2) 加圧送水装置は，直接操作によってのみ停止されるものであること（規則第十二条）。誤っている。

間違いやすい選択肢▶(3) ポンプには，水源水位がポンプより低い場合，専用の呼水槽を設けるものとする。

4 (2) 加圧送水装置には，当該屋内消火栓設備のノズルの先端における放水圧力が 0.7 MPa 超えないための措置を講じること（規則第十二条）。誤っている。

間違いやすい選択肢▶(4) 水源の水量は，屋内消火栓の設置個数が最も多い階における当該設置個数に 2.6 m^3 を乗じて得た量以上でなければならない。

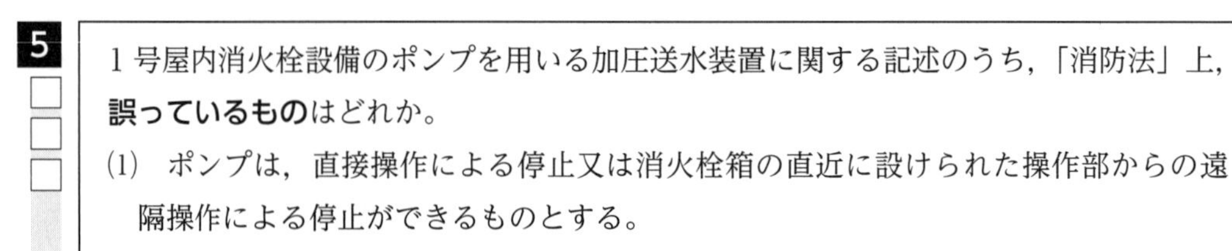

5

1号屋内消火栓設備のポンプを用いる加圧送水装置に関する記述のうち，「消防法」上，**誤っているもの**はどれか。

(1)　ポンプは，直接操作による停止又は消火栓箱の直近に設けられた操作部からの遠隔操作による停止ができるものとする。

(2)　ポンプの原動機は，電動機に限る。

(3)　水源水位がポンプより低い場合，専用の呼水槽を設ける。

(4)　ポンプの始動を明示する表示灯は，赤色とし，消火栓箱の内部又はその直近に設ける。

《基本問題》

6

1号消火栓を用いた屋内消火栓設備に関する記述のうち，「消防法」上，**誤っているもの**はどれか。

(1)　加圧送水装置には，定格負荷運転時のポンプの性能を試験するための配管設備を設ける。

(2)　加圧送水装置には，消火栓のノズルの先端における放水圧力が0.7 MPaを超えないための措置を講ずる。

(3)　ポンプには，その吐出側に圧力計及び連成計を設ける。

(4)　消火栓の主配管のうち，立上り管は管の呼びで50 mm以上のものとする。

《基本問題》

〈p.258～p.259の解答〉 **正解**　**1**(1)，**2**(4)，**3**(2)，**4**(2)

▶解説

5　(1)　加圧送水装置は，直接操作によってのみ停止されるものであること（規則第十二条）。誤っている。

間違いやすい選択肢▶ (2) ポンプの原動機は，電動機に限る。

6　(3)　ポンプには，その吐出側に圧力計，吸込側に連成計を設けること（規則第十二条）。誤っている。

間違いやすい選択肢▶ (2) 加圧送水装置には，消火栓のノズルの先端における放水圧力が0.7 MPaを超えないための措置を講ずる。

(a) 圧力計

(b) 連成計

圧力計と連成計

ワンポイントアドバイス　8・5・1　屋内消火栓設備

❶ 水源容量

水源は，屋内消火栓の設置個数が最も多い階における当該設置個数（設置個数が2を超えるときは，2とする）に2.6 m^3を乗じて得た量以上でなければならない。

❷ 加圧送水装置

① 締切運転時における水温上昇防止のための逃がし配管を設けること。
② 直接操作によってのみ停止されるものであること。
③ 定格負荷運転時のポンプの性能を試験するための配管設備を設ける。
④ ポンプの吐出量は，屋内消火栓の設置個数が最も多い階における設置個数（設置個数が2を超える場合は2とする）に150 L/minを乗じて得た量以上の量とする。
⑤ ポンプの全揚程は，ポンプの吐出量が定格吐出量の150%である場合における全揚程は，定格全揚程の65%以上のものであること。

❸ 配管

① 耐圧力　配管の耐圧力は，加圧送水装置の締切圧力の1.5倍以上の水圧を加えた場合において当該水圧に耐えるものであること。
② 立上り管　1号消火栓の主配管のうち，立上り管は，管の呼びで50 mm以上のものとする。

❹ 屋内消火栓

① 屋内消火栓のノズかルの先端における放水圧力が0.7 MPaを超えないための措置を講ずる。
② 水平距離　1号消火栓は，その階の各部分から1のホース接続口までの水平距離は25 m以下とする。2号消火栓のそれは，15 m以下。
③ 2号消火栓　工場又は作業場及び倉庫には設置してはならない。

●8・5・2　スプリンクラー設備

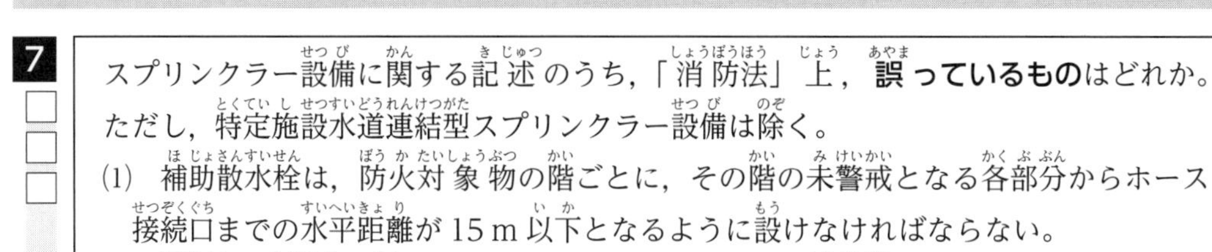

7

スプリンクラー設備に関する記述のうち，「消防法」上，**誤っているもの**はどれか。ただし，特定施設水道連結型スプリンクラー設備は除く。

(1)　補助散水栓は，防火対象物の階ごとに，その階の未警戒となる各部分からホース接続口までの水平距離が 15 m 以下となるように設けなければならない。

(2)　劇場の舞台部に設けるスプリンクラーヘッドは，閉鎖型スプリンクラーヘッドとしなければならない。

(3)　閉鎖型スプリンクラーヘッドのうち標準型ヘッドは，給排気用ダクト等でその幅又は奥行が 1.2 m を超えるものがある場合には，当該ダクト等の下面にも設けなければならない。

(4)　予作動式の流水検知装置が設けられているスプリンクラー設備にあっては，スプリンクラーヘッドが開放されてから放水までの時間を 1 分以内としなければならない。

《R3-B18》

8

スプリンクラー設備に関する記述のうち，「消防法」上，**誤っているもの**はどれか。ただし，特定施設水道連結型スプリンクラー設備は除く。

(1)　末端試験弁は，閉鎖型スプリンクラーヘッドの作動を試験するために設ける。

(2)　閉鎖型スプリンクラーヘッドのうち標準型ヘッドは，給排気用ダクト等でその幅又は奥行が 1.2 m を超えるものがある場合には，当該ダクト等の下面にも設けなければならない。

(3)　補助散水栓は，防火対象物の階ごとに，その階の未警戒となる各部分からホース接続口までの水平距離が 15 m 以下となるように設けなければならない。

(4)　ポンプによる加圧送水装置には，締切運転時における水温上昇防止のための逃し配管を設ける。

《R1-B26》

9

スプリンクラー設備に関する記述のうち，「消防法」上，**誤っているもの**はどれか。ただし，特定施設水道連結型スプリンクラー設備は除く。

(1)　消防ポンプ自動車が容易に接近することのできる位置に，双口形の送水口を設置する。

(2)　加圧送水装置には，スプリンクラーヘッドにおける放水圧力が 1.5 MPa 超えない措置を講じる。

(3)　閉鎖型スプリンクラーヘッドを用いるスプリンクラー設備の配管の末端には，末端試験弁を設ける。

(4)　予作動式は，スプリンクラーヘッドが開放されてから放水までの時間を 1 分以内とする。

《基本問題》

〈p.260の解答〉 **正解** 5 (1)，6 (3)

10

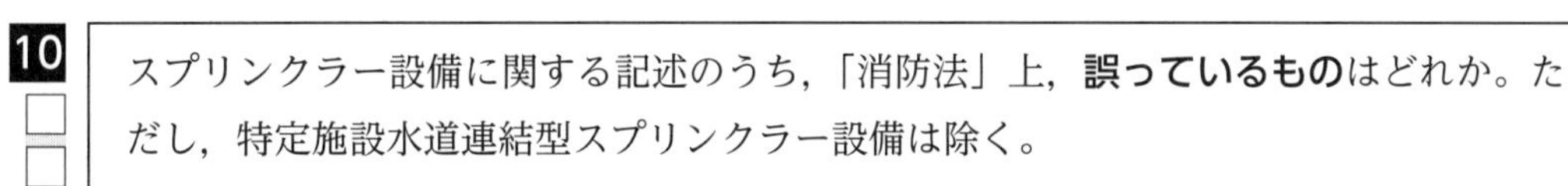

スプリンクラー設備に関する記述のうち，「消防法」上，**誤っているもの**はどれか。ただし，特定施設水道連結型スプリンクラー設備は除く。

(1)　消防ポンプ自動車が容易に接近することのできる位置に，双口形の送水口を設置しなければならない。

(2)　劇場の舞台に設けるスプリンクラーヘッドは，閉鎖型としなければならない。

(3)　ポンプによる加圧送水装置には，締切運転時における水温上昇防止のための逃し配管を設ける。

(4)　末端試験弁は，閉鎖型スプリンクラーヘッドを用いるスプリンクラー設備の流水検知装置又は圧力検知装置の作動を試験するために設ける。

《基本問題》

▶解説

7　(2)　劇場の舞台に設けるスプリンクラーヘッドは，開放型スプリンクラーヘッドとしなければならない。標準型ヘッド等によると，開放型スプリンクラーヘッドは，舞台部の天井又は小屋裏で室内に面する部分及びすのこ又は渡りの下面の部分に設けることとある（規則第十三条の二）。誤っている。

間違いやすい選択肢▶(4) 予作動式の流水検知装置が設けられているスプリンクラー設備にあっては，スプリンクラーヘッドが開放されてから放水までの時間を 1 分以内としなければならない。

8　(1)　閉鎖型スプリンクラーヘッドを用いるスプリンクラー設備の配管の末端には，流水検知装置又は圧力検知装置の作動を試験するためのバルブ（末端試験弁）を次に定めるところにより設けること（規則第十四条）。誤っている。

間違いやすい選択肢▶(2) 閉鎖型スプリンクラーヘッドのうち標準型ヘッドは，給排気用ダクト等でその幅又は奥行が 1.2 m を超えるものがある場合には，当該ダクト等の下面にも設けなければならない。

9　(2)　加圧送水装置にはスプリンクラーヘッドにおける放水圧力が 1 MPa 超えない措置を講じること（規則第十四条）。誤っている。

間違いやすい選択肢▶(4) 予作動式は，スプリンクラーヘッドが開放されてから放水までの時間を 1 分以内とする。

10　(2)　標準型ヘッド等によると，開放型スプリンクラーヘッドは，舞台部の天井又は小屋裏で室内に面する部分及びすのこ又は渡りの下面の部分に設けること（規則第十三条の二）。誤っている。

間違いやすい選択肢▶(3) ポンプによる加圧送水装置には，締切運転時における水温上昇防止のための逃し配管を設ける。

設備関連法規

●8・5・3　不活性ガス消火設備

11
☐☐☐

不活性ガス消火設備に関する記述のうち,「消防法」上,**誤っているもの**はどれか。

(1)　手動式の起動装置は,2以下の防護区画又は防護対象物ごとに設ける。

(2)　非常電源は,自家発電設備,蓄電池設備又は燃料電池設備によるものとし,当該設備を有効に1時間作動できる容量以上とする。

(3)　貯蔵容器は,防護区画以外の場所に設ける。

(4)　配管は,専用とし落差は50 m以下とする。

《R5-B19》

12
☐☐☐

不活性ガス消火設備に関する記述のうち,「消防法」上,**誤っているもの**はどれか。

(1)　局所放出方式の不活性ガス消火設備に使用する消火剤は,二酸化炭素とする。

(2)　駐車の用に供される部分及び通信機器室であって常時人がいない部分は,局所放出方式としなければならない。

(3)　防護区画が2以上あり,貯蔵容器を共用する場合は,防護区画ごとに選択弁を設けなければならない。

(4)　防護区画の換気装置は,消火剤の放射前に停止できる構造としなければならない。

《R4-B19》

13
☐☐☐

不活性ガス消火設備に関する記述のうち,「消防法」上,**誤っているもの**はどれか。

(1)　非常電源は,当該設備を有効に1時間作動できる容量以上としなければならない。

(2)　手動式の起動装置は,一の防護区画ごとに設けなければならない。

(3)　駐車の用に供される部分及び通信機械室であって常時人がいない部分は,局所放出方式としなければならない。

(4)　貯蔵容器は,防護区画外の場所に設けなければならない。

《基本問題》

14
☐☐☐

不活性ガス消火設備の設置に関する記述のうち,「消防法」上,**誤っているもの**はどれか。

(1)　駐車場及び通信機械室で常時人がいない部分は,局所放出方式としなければならない。

(2)　常時人がいない部分以外の部分は,全域放出方式又は局所放出方式としてはならない。

(3)　ボイラー室その他多量の火気を使用する室の消火剤は,二酸化炭素としなければならない。

(4)　防護区画の換気装置は,消火剤の放射前に停止できる構造としなければならない。

《基本問題》

〈p.262～p.263の解答〉 **正解**　**7** (2),　**8** (1),　**9** (2),　**10** (2)

▶解説

11 (1) 手動式の起動装置は，一の防護区画又は防護対象物ごとに設ける（規則第十九条第5項第十五号 ロ（不活性ガス消火設備に関する基準））。誤っている。

間違いやすい選択肢▶ (4) 配管は，専用とし落差は，50 m 以下とする（規則第十九条第5項第七号 イ，ニ（不活性ガス消火設備に関する基準））。

---

12 (2) 駐車の用に供される部分及び通信機械室であって常時人がいない部分は，全域放出方式としなければならない（規則第十九条）。誤っている。

間違いやすい選択肢▶ (1) 局所放出方式の不活性ガス消火設備に使用する消火剤は，二酸化炭素とする。

---

13 (3) 駐車の用に供される部分及び通信機械室であって常時人がいない部分は，全域放出方式としなければならない（規則第十九条）。誤っている。

間違いやすい選択肢▶ (1) 非常電源は，当該設備を有効に1時間作動できる容量以上としなければならない。

---

14 (1) 駐車の用に供される部分及び通信機器室であって，常時人がいない部分には，全域放出方式の不活性ガス消火設備を設けること（規則第十九条（不活性ガス消火設備に関する基準の細目）第5項第一号）。誤っている。

間違いやすい選択肢▶ (2) 常時人がいない部分以外の部分は，全域放出方式又は局所放出方式としてはならない。

設備関連法規

ワンポイントアドバイス 8・5・3 不活性ガス消火設備

(1) **分類**

① 全域放出方式 駐車の用に供される部分及び通信機器室であって，常時人がいない部分には，全域放出方式の不活性ガス消火設備を設けること。

② 局所放出方式 常時人がいない部分以外の部分には，全域放出方式又は局所放出方式の不活性ガス消火設備を設けてはならない。

(2) **消火剤** 全域放出方式の不活性ガス消火設備に使用する消火剤は，鍛造場，ボイラー室，乾燥室，多量の火気を使用する部分，ガスタービンを原動力とする発電機が設置されている部分，指定可燃物を貯蔵し若しくは取扱う防火対象物若しくはその部分は，二酸化炭素に限る。

● 8・5・4　消防の用に供する設備の種類と消火活動上必要な施設

15 □□□

消防用設備等に関する記述のうち，「消防法」上，**誤っているもの**はどれか。

(1)　消防用設備等は，消防の用に供する設備，消防用水及び消火活動上必要な施設とする。

(2)　消防の用に供する設備は，消火設備，警報設備及び避難設備とする。

(3)　消火活動上必要な施設には，排煙設備は含まれない。

(4)　消火設備には，水バケツは含まれる。

《R5-B18》

16 □□□

次のうち，「消防法」上，消防の用に供する設備に**該当しないもの**はどれか。

(1)　粉末消火設備

(2)　泡消火設備

(3)　連結送水管

(4)　スプリンクラー設備

《R2-B26》

17 □□□

次の消防用設備等のうち，「消防法」上，消火活動上必要な施設として**定められていないもの**はどれか。

(1)　排煙設備

(2)　連結送水管

(3)　屋内消火栓設備

(4)　連結散水設備

《基本問題》

〈p.264 の解答〉 **正解**　**11**(1)，**12**(2)，**13**(3)，**14**(1)

▶解説

15 (3) 消火活動上必要な施設は，活躍の場は火災発生後で，火災による煙を排除して消防隊の消火活動をスムーズにしたり，消防隊員がポンプ車による送水を出火階で放水したり，火災発生時にも必要な電源を確保したり等すべては，消防隊の消火活動における重要な補助設備である。消火活動上必要な施設に関する基準によると，排煙設備，連結散水設備，連結送水管，非常コンセント設備，無線通信補助設備が定められている（令第六条）。

すなわち，消火活動上必要な施設には，排煙設備は含まれる。誤っている。

間違いやすい選択肢▶ (4) 消火設備には，水バケツは含まれる。消火設備は，水その他消火剤を使用して消火を行う機械器具又は設備であって，次に掲げるものとする。

一 消火器及び次に掲げる簡易消火用具（水バケツ，水槽，乾燥砂，膨張ひる石又は膨張真珠岩） 二 屋内消火栓設備 三 スプリンクラー設備
四 水噴霧消火設備 五 泡消火設備 六 不活性ガス消火設備
七 ハロゲン化物消火設備 八 粉末消火設備 九 屋外消火栓設備
十 動力消防ポンプ設備

---

16 (3) 法第十七条第1項の政令で定める**消防の用に供する設備**は，消火設備，警報設備及び避難設備とする（令第七条）。なお，消火設備は，水その他消火剤を使用して消火を行う機械器具又は設備であって，次に掲げるものとする。

一 消火器及び次に掲げる簡易消火用具（水バケツ，水槽，乾燥砂，膨張ひる石又は膨張真珠岩） 二 屋内消火栓設備 三 スプリンクラー設備
四 水噴霧消火設備 五 泡消火設備 六 不活性ガス消火設備
七 ハロゲン化物消火設備 八 粉末消火設備 九 屋外消火栓設備
十 動力消防ポンプ設備

したがって，(3) は該当しない。

間違いやすい選択肢▶ (1) 粉末消火設

---

17 (3) **消火活動上必要な施設**は，活躍の場は火災発生後で，火災による煙を排除して消防隊の消火活動をスムーズにしたり，消防隊員がポンプ車による送水を出火階で放水したり，火災発生時にも必要な電源を確保したり等すべては，消防隊の消火活動における重要な補助設備である。

消火活動上必要な施設に関する基準によると，排煙設備，連結散水設備，連結送水管，非常コンセント設備，無線通信補助設備が定められている（令第六条）。したがって，(3) は定められていない。

間違いやすい選択肢▶ (4) 連結散水設備

設備関連法規

8・6 廃棄物の処理及び清掃に関する法律

1

産業廃棄物の処理に関する記述のうち，「廃棄物の処理及び清掃に関する法律」上，**誤っているもの**はどれか。

(1) 建設工事に伴い生ずる産業廃棄物の処理責任を負う排出事業者は，実際の工事の施工は下請業者が行っている場合であっても，発注者から直接建設工事を請け負った元請業者である。

(2) 事業者は，産業廃棄物の運搬又は処分を委託する場合には，委託契約は書面により行い，委託契約書及び書面をその契約の終了の日から5年間保存する。

(3) 事業者は，自らその産業廃棄物を収集又は運搬する場合，運搬車の車体の外側に産業廃棄物の収集運搬車である旨と，事業者名を表示しなければならない。

(4) 産業廃棄物の運搬又は処分を委託する場合，電子情報処理組織を使用して，産業廃棄物の種類及び数量，受託した者の氏名等を情報処理センターに登録したときも，産業廃棄物管理票は必要である。

《R5-B22》

2

産業廃棄物の処理に関する記述のうち，「廃棄物の処理及び清掃に関する法律」上，**誤っているもの**はどれか。

(1) 専ら再生利用の目的となる産業廃棄物のみの収集若しくは運搬又は処分を業として行う者に当該産業廃棄物のみの運搬又は処分を委託する場合は，産業廃棄物管理票の交付を要しない。

(2) 産業廃棄物管理票を交付した事業者は，当該管理票に関する報告書を作成し，都道府県知事に提出しなければならないが，電子情報処理組織を使用して，情報処理センターに登録した場合は事業者から都道府県知事への報告は不要である。

(3) 産業廃棄物の処分を業として行おうとする者は，都道府県知事から産業廃棄物処分業者の許可を受けることにより，産業廃棄物の運搬及び処分を一括して受託することができる。

(4) 事業者は，建設工事に伴い発生した産業廃棄物を事業場の外の300 m^2 以上の保管場所に保管する場合，非常災害のために必要な応急措置として行う場合を除き，事前にその旨を都道府県知事に届け出なければならない。

《R4-B22》

3

産業廃棄物の処理に関する記述のうち，「廃棄物の処理及び清掃に関する法律」上，**誤っているもの**はどれか。

(1) 事業者は，産業廃棄物の運搬又は処分を委託する場合には，契約は書面で行い，委託契約書及び書面を契約の終了の日から5年間保存しなければならない。

(2) 事業者は，電子情報処理組織を使用して産業廃棄物の運搬又は処分を委託する場合，委託者に産業廃棄物を引き渡した後，3日以内に情報処理センターに登録する必要がある。

(3)　事業者は，排出した産業廃棄物の運搬又は処分を委託する場合，電子情報処理組織を使用して産業廃棄物の種類，数量，受託者の氏名等を情報処理センターに登録したときは，産業廃棄物管理票を交付しなければならない。

(4)　事業者は，特別管理産業廃棄物の運搬又は処分を委託する場合，あらかじめ，当該委託しようとする特別管理産業廃棄物の種類，数量，性状等を，委託しようとする者に文書で通知しなければならない。　《R3-B22》

▶解説

1　(4)　事業者は，排出した産業廃棄物の運搬又は処分を委託する場合，電子情報処理組織を使用して産業廃棄物の種類，数量，受託者の氏名等を情報処理センターに登録したときは，第十二条の三第1項の規定にかかわらず，当該運搬受託者又は処分受託者に対し産業廃棄物管理票を交付することを要しない（法第十二条の五（電子情報処理組織の使用））。誤っている。

間違いやすい選択肢▶(1) 建設工事に伴って発生する産業廃棄物の処理責任を負う排出事業者は，実際の工事の施工は下請業者が行っている場合であっても，発注者から直接工事を請け負った元請業者である。すなわち，土木建築に関する工事が数次の請負によって行われる場合にあっては，当該建設工事に伴い生ずる廃棄物の処理についてのこの法律の規定の適用については，当該建設工事の注文者から直接建設工事を請け負った建設業を営む者（元請業者）を事業者とする（法第二十一条の三（建設工事に伴い生ずる廃棄物の処理に関する例外））。

2　(3)　産業廃棄物の収集又は運搬を業として行おうとする者は，当該業を行おうとする区域を管轄する都道府県知事の許可を受けなければならない。また，産業廃棄物の処分を業として行おうとする者は，当該業を行おうとする区域を管轄する都道府県知事の許可を受けなければならない。ただし，事業者（自らその産業廃棄物を運搬する場合に限る。），専ら再生利用の目的となる産業廃棄物のみの収集又は運搬を業として行う者その他環境省令で定める者については，この限りでない（法第十四条）。すなわち，収集，運搬及び処分は，夫々許可を受けなければならなく，産業廃棄物処分業者の許可を受けても，産業廃棄物の運搬及び処分を一括して受託することはできない。誤っている。

間違いやすい選択肢▶(4) 事業者は，建設工事に伴い発生した産業廃棄物を事業場の外の300 m^2 以上の保管場所に保管する場合，非常災害のために必要な応急措置として行う場合を除き，事前にその旨を都道府県知事に届け出なければならない。

3　(3)　事業者は，排出した産業廃棄物の運搬又は処分を委託する場合，電子情報処理組織を使用して産業廃棄物の種類，数量，受託者の氏名等を情報処理センターに登録したときは，第十二条の三第1項の規定にかかわらず，当該運搬受託者又は処分受託者に対し産業廃棄物管理票を交付することを要しない。（法第十二条の五（電子情報処理組織の使用））。

間違いやすい選択肢▶(2) 事業者は，電子情報処理組織を使用して産業廃棄物の運搬又は処分を委託する場合，委託者に産業廃棄物を引き渡した後，3日以内に情報処理センターに登録する必要がある。

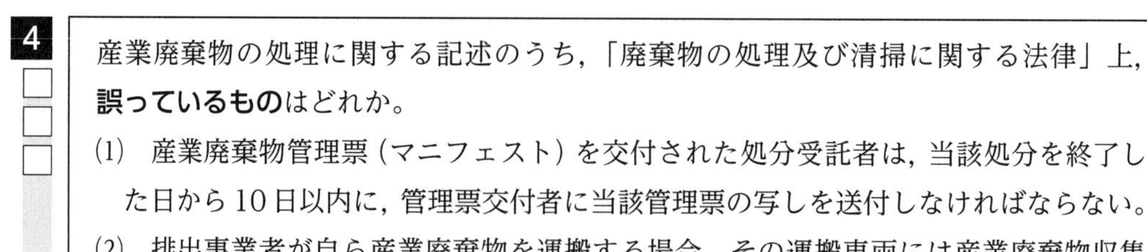

4

産業廃棄物の処理に関する記述のうち，「廃棄物の処理及び清掃に関する法律」上，**誤っているもの**はどれか。

(1)　産業廃棄物管理票（マニフェスト）を交付された処分受託者は，当該処分を終了した日から 10 日以内に，管理票交付者に当該管理票の写しを送付しなければならない。

(2)　排出事業者が自ら産業廃棄物を運搬する場合，その運搬車両には産業廃棄物収集運搬車である旨と，排出事業者名を表示しなければならない。

(3)　排出事業者は，専ら再生利用の目的となる産業廃棄物のみの運搬又は処分を業として行う者に，再生利用する産業廃棄物のみの運搬又は処分を委託する場合，産業廃棄物管理票（マニフェスト）の交付を要しない。

(4)　建築物の改築に伴って生じた廃石こうボード，木くず，繊維くずは，安定型最終処分場で処分することができる。　《R2-B29》

5

産業廃棄物の処理に関する記述のうち，「廃棄物の処理及び清掃に関する法律」上，**誤っているもの**はどれか。

(1)　事業者は，電子情報処理組織を使用して産業廃棄物の運搬又は処分を委託する場合，委託者に産業廃棄物を引き渡した後，３日以内に情報処理センターに登録する必要がある。

(2)　事業者は，他人に委託した産業廃棄物の運搬または処分が終了したことを確認した後，産業廃棄物管理票（マニフェスト）の写しの送付を受けた日から５年間は当該管理票の写しを保存しなければならない。

(3)　運搬受託者は，産業廃棄物の運搬を終了した日から 20 日以内に産業廃棄物管理票（マニフェスト）の写しを管理票交付者に送付しなければならない。

(4)　事業者は，建設工事に伴い発生した産業廃棄物を事業場の外の 300 m^2 以上の保管場所に保管する場合，非常災害のために必要な応急措置として行う場合を除き，事前にその旨を都道府県知事に届け出なければならない。　《R1-B29》

6

産業廃棄物の処理に関する記述のうち，「廃棄物の処理及び清掃に関する法律」上，**誤っているもの**はどれか。

(1)　事業者が自らその産業廃棄物を産業廃棄物処理施設へ運搬する場合においても，産業廃棄物運搬の業の許可を受けなければならない。

(2)　もっぱら再生利用の目的となる産業廃棄物の品目のみの収集運搬を行う者は，産業廃棄物収集運搬業の許可を受ける必要がない。

(3)　石綿建材除去事業において使用されたプラスチックシートは，石綿が付着している恐れがあるため，特別管理産業廃棄物として処分する。

〈p.268～p.269 の解答〉 **正解**　**1** (4)，**2** (3)，**3** (3)

(4) 事業者は，排出した産業廃棄物の運搬又は処分を委託する場合，電子情報処理組織を使用して，産業廃棄物の種類，数量，受託者の氏名等を情報処理センターに登録したときは，産業廃棄物管理票を交付しなくてもよい。 《基本問題》

▶解説

4 (4) 産業廃棄物の収集，運搬，処分等の基準よると，産業廃棄物の埋立処分に当たっては，次による（令第六条）。

廃プラスチック類，ゴムくず，金属くず，ガラスくず，コンクリートくず（工作物の新築，改築又は除去に伴って生じたものを除く。）及び陶磁器くず，がれき類等の安定型産業廃棄物以外の産業廃棄物は，地中にある空間を利用する処分の方法により行ってはならないこと。

すなわち，建築物の改築に伴って生じた廃石こうボード，木くず，繊維くずは，上記の産業廃棄物に該当せず，安定型最終処分場（廃棄物の性質が安定している物が埋め立てられる処分場で，安定型最終処分場に持ち込まれる廃棄物は，腐敗しても周辺の環境を汚染しない廃棄物である。）で埋立処分することができない。誤っている。

間違いやすい選択肢▶ (1) 産業廃棄物管理票（マニフェスト）を交付された処分受託者は，当該処分を終了した日から 10 日以内に，管理票交付者に当該管理票の写しを送付しなければならない。

---

5 (3) 運搬受託者の管理票交付者への送付期限は，運搬を終了した日から 10 日とする（規則第八条の二十三）。誤っている。

間違いやすい選択肢▶ (4) 事業者は，建設工事に伴い発生した産業廃棄物を事業場の外の 300 m^2 以上の保管場所に保管する場合，非常災害のために必要な応急措置として行う場合を除き，事前にその旨を都道府県知事に届け出なければならない。

---

6 (1) 産業廃棄物処理業によると，産業廃棄物の収集又は運搬を業として行おうとする者は，当該業を行おうとする区域を管轄する都道府県知事の許可を受けなければならない（法第十四条）。ただし，事業者（自らその産業廃棄物を運搬する場合に限る。），専ら再生利用の目的となる産業廃棄物のみの収集又は運搬を業として行う者その他環境省令で定める者については，この限りでない。誤っている。

間違いやすい選択肢▶ (4) 事業者は，排出した産業廃棄物の運搬又は処分を委託する場合，電子情報処理組織を使用して，産業廃棄物の種類，数量，受託者の氏名等を情報処理センターに登録したときは，産業廃棄物管理票を交付しなくてもよい。

7

産業廃棄物の処理に関する記述のうち，「廃棄物の処理及び清掃に関する法律」上，**誤っているもの**はどれか。

(1)　建設工事に伴って発生する産業廃棄物の処理責任を負う排出事業者は，実際の工事の施工は下請業者が行っている場合であっても，発注者から直接工事を請け負った元請業者である。

(2)　産業廃棄物の処分を業として行おうとする者は，都道府県知事から産業廃棄物処分業者の許可を受けることにより，産業廃棄物の運搬及び処分を一括して受託することができる。

(3)　専ら再生利用の目的となる産業廃棄物のみの収集若しくは運搬又は処分を業として行う者に当該産業廃棄物のみの運搬又は処分を委託する場合は，産業廃棄物管理票の交付を要しない。

(4)　産業廃棄物管理票を交付した事業者は，当該管理票に関する報告書を作成し，都道府県知事に提出しなければならない。

《基本問題》

7　(2)　他人に委託する場合によると，事業者は，その産業廃棄物（特別管理産業廃棄物を除く）の運搬又は処分を他人に委託する場合には，その運搬については産業廃棄物収集運搬業者等に，その処分については産業廃棄物処分業者等にそれぞれ委託しなければならない（法第十二条）。誤っている。

間違いやすい選択肢▶(1)建設工事に伴って発生する産業廃棄物の処理責任を負う排出事業者は，実際の工事の施工は下請業者が行っている場合であっても，発注者から直接工事を請け負った元請業者である。

〈p.270～p.272の解答〉**正解**　**4**(4)，**5**(3)，**6**(1)，**7**(2)

ワンポイントアドバイス　8・6　産業廃棄物

建築廃棄物の具体例

廃棄物
- 一般廃棄物
- 産業廃棄物

①　一般廃棄物
家庭の日常生活による廃棄物（ごみ，生ごみ等），現場事務所での作業，作業員の飲食等に伴う廃棄物（図面，雑誌，飲料空缶，弁当殻，生ごみ等）

②　特別管理一般廃棄物
日常生活により生じたもので，ポリ塩化ビフェニルを含む部品（廃エアコンディショナー，廃テレビジョン受信機，廃電子レンジ）

③　安定型産業廃棄物	
がれき類	工作物の新築・改築及び除去に伴って生じたコンクリートがら，アスファルト・コンクリートがら，その他がれき類
ガラスくず，コンクリートくず及び陶磁器くず	カラスくず，コンクリートくず（工作物の新築・改築及び除去に伴って生じたものを除く。），タイル衛生陶磁器くず，耐火れんがくず，瓦，グラスウール
廃プラスチック類	廃発泡スチロール・廃ビニル，合成ゴムくず，廃タイヤ，硬質塩ビパイプ，タイルカーペット，ブルーシート，PP バンド，こん包ビニル，電線被覆くず，発泡ウレタン，ポリスチレンフォーム
金属くず	鉄骨・鉄筋くず，金属加工くず，足場パイプ，保安へいくず，金属型1枠，スチールサッシ，配管くず，電線類，ボンベ類，廃缶類（塗料缶，シール缶，スプレー缶，ドラム缶等）
ゴムくず	天然ゴムくず

④　安定型処分場で処分できない産業廃棄物	
汚泥	含水率が高く粒子の微細な泥状の掘削物
ガラスくず，コンクリートくず及び陶磁器くず	廃せっこうボード，廃ブラウン管（側面部），有機性のものが付着・混入した廃容器・包装機材
金属くず	鉛蓄電池の電極，鉛管・鉛板
廃プラスチック類	有機性のものが付着・混入した廃容器・包装，廃プリント配線盤（鉛・はんだ使用）
木くず	建築物の新築・改築に伴って生じたもの，解体木くず（木造建屋解体材，内装撤去材，新築木くず（型枠，足場板材等，内装・建具工事等の残材）伐採材，抜根材
紙くず	建築物の新築・改築に伴って生じたもの，包装材，段ボール，壁紙くず，障子，マスキングテープ類
繊維くず	建築物の新築・改築に伴って生じたもの，廃ウエス，縄，ロープ類，畳，じゅうたん
廃油	防水アスファルト等（タールピッチ類），アスファルト乳剤等，重油等
燃えがら	焼却残渣物

⑤　特別管理産業廃棄物	
廃石綿等	飛散性アスベスト廃棄物（吹付け石綿・石綿含有保温材・石綿含有耐火被覆板を除去したもの，石綿が付着したシート，防じんマスク，作業衣等）
廃 PCB 等	PCB を含有したトランス，コンデンサ，蛍光灯安定器，シーリング材，PCB 付着がら
廃酸 (pH 2.0 以下)	硫酸等（排水中和剤）（弱酸性なら産業廃棄物）
廃アルカリ (pH 12 5 以上)	六価クロム含有臭化リチウム（吸収冷凍機吸収液）
引火性廃油 (引火点 70℃ 以下)	揮発油類，灯油類，軽油類
感染性産廃	感染性病原体が含まれるか，付着している又はおそれのあるもの（血液の付着した注射針，採血管）

8・7 建設工事に係る資源の再資源化等に関する法律

1

分別解体等に関する記述のうち，「建設工事に係る資材の再資源化等に関する法律」上，**誤っているもの**はどれか。

(1) 対象建設工事の請負契約の当事者は，分別解体等の方法，解体工事に要する費用その他の事項について書面に記載し，相互に交付しなければならない。

(2) 建築設備を単独で受注した請負金額が１億円以上の設備改修工事は，修繕・模様替等工事とみなされ対象建設工事となる。

(3) 対象建設工事受注者は，その請け負った建設工事の全部又は一部を他の建設業を営む者に請け負わせようとするときは，当該他の建設業を営む者に対し，当該対象建設工事について届け出られた分別解体等の計画等の事項を告げなければならない。

(4) 「建設業法」上の管工事業の許可を受けた者が解体工事業を営もうとする場合は，当該業を行おうとする区域を管轄する都道府県知事の登録は不要である。

《R4-B20》

2

分別解体等に関する記述のうち，「建設工事に係る資材の再資源化等に関する法律」上，**誤っているもの**はどれか。

(1) 特定建設資材を使用する床面積の合計が 500 m 以上の建築物の新築工事の受注者は，原則として，当該工事に伴い副次的に生ずる建設資材廃棄物をその種類ごとに分別しつつ当該工事を施工しなければならない。

(2) 対象建設工事の受注者は，工事着手の時期及び工程の概要，分別解体等の計画等の事項を，工事に着手する日の７日前までに，都道府県知事に届け出なければならない。

(3) 分別解体等に伴って生じた特定建設資材廃棄物である木材については，工事現場から 50 km 以内に再資源化をするための施設がない場合，再資源化に代えて縮減をすれば足りる。

(4) 対象建設工事の元請業者は，当該工事に係る特定建設資材廃棄物の再資源化等が完了したときは，再資源化等に要した費用等について，発注者に書面により報告しなければならない。

《R3-B20》

3

□
□
□

分別解体等に関する記述のうち，「建設工事に係る資材の再資源化等に関する法律」上，**誤っているもの**はどれか。

(1)　対象建設工事受注者は，解体する建築物等の構造，工事着手の時期及び工程の概要，分別解体等の計画等の事項を都道府県知事に届け出なければならない。

(2)　対象建設工事受注者は，分別解体等に伴って生じた特定建設資材廃棄物である木材は，再資源化施設が工事現場から 50 km 以内にない場合は，再資源化に代えて縮減をすれば足りる。

(3)「建設業法」上の管工事業のみの許可を受けた者が解体工事業を営もうとする場合は，当該業を行うとする区域を管轄する都道府県知事の登録を受けなければならない。

(4)　対象建設工事受注者は，その請け負った建設工事の全部又は一部を他の建設業を営む者に請け負わせようとするときは，当該他の建設業を営む者に対し，当該対象建設工事について届け出られた分別解体等の計画等の事項を告げなければならない。

《R1-B28》

▶解説

1　(4)　解体工事業を営もうとする者（建設業法上の土木工事業，建築工事業又は解体工事業に係る同法第三条第 1 項の許可を受けた者を除く。）は，当該業を行おうとする区域を管轄する都道府県知事の登録を受けなければならない（法第二十一条（解体工事業者の登録)。すなわち，管工事業の場合は適用が除外されないので，登録を受けなければならない。誤っている。

間違いやすい選択肢▶ (2) 建築設備を単独で受注した請負金額が 1 億円以上の設備改修工事は，修繕・模様替等工事とみなされ対象建設工事となる。

2　(2)　対象建設工事の発注者又は自主施工者は，工事に着手する日の 7 日前までに，解体する建築物等の構造，工事着手の時期，分別解体等の計画等の必要事項を都道府県知事に届け出なければならない（法第十条)。誤っている。

間違いやすい選択肢▶ (1) 特定建設資材を使用する床面積の合計が 500 m 以上の建築物の新築工事の受注者は，原則として，当該工事に伴い副次的に生ずる建設資材廃棄物をその種類ごとに分別しつつ当該工事を施工しなければならない。

3　(1)　対象建設工事の発注者又は自主施工者は，工事に着手する日の 7 日前までに，解体する建築物等の構造，工事着手の時期，分別解体等の計画等の必要事項を都道府県知事に届け出なければならない（法第十条)。誤っている。

間違いやすい選択肢▶ (3)「建設業法」上の管工事業のみの許可を受けた者が解体工事業を営もうとする場合は，当該業を行うとする区域を管轄する都道府県知事の登録を受けなければならない。

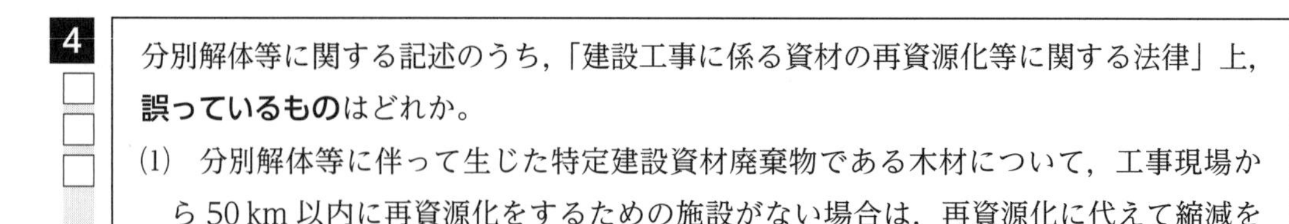

4

分別解体等に関する記述のうち，「建設工事に係る資材の再資源化等に関する法律」上，**誤っているもの**はどれか。

(1)　分別解体等に伴って生じた特定建設資材廃棄物である木材について，工事現場から 50 km 以内に再資源化をするための施設がない場合は，再資源化に代えて縮減をすれば足りる。

(2)　特定建設資材を用いた建築物の解体工事で，当該解体工事に係る部分の床面積の合計が 100 m^2 以下の場合は，分別解体をしなくてもよい。

(3)　対象建設工事の元請業者は，当該工事に係る特定建設資材廃棄物の再資源化等が完了したときは，その旨を当該工事の発注者に書面で報告するとともに，当該再資源化等の実施状況に関する記録を作成し，これを保存しなければならない。

(4)　対象建設工事の請負契約の当事者は，分別解体等の方法，解体工事に要する費用その他の事項を書面に記載し，相互に交付しなければならない。

《基本問題》

5

分別解体等に関する記述のうち，「建設工事に係る資材の再資源化等に関する法律」上，**誤っているもの**はどれか。

(1)　対象建設工事の元請業者は，工事着手の時期及び工程の概要，分別解体等の計画等の事項を都道府県知事に届け出なければならない。

(2)　対象建設工事受注者は，分別解体等に伴って生じた特定建設資材廃棄物に該当するコンクリートは，再資源化をしなければならない。

(3)　「建設業法」上の管工事業のみの許可を受けた者が解体工事業を営もうとする場合は，当該業を行おうとする区域を管轄する都道府県知事の登録を受けなければならない。

(4)　対象建設工事（他の者から請け負ったものを除く。）を発注しようとする者から直接当該工事を請け負おうとする建設業を営む者は，当該発注しようとする者に対し，分別解体等の計画等の事項を記載した書面を交付して説明しなければならない。

《基本問題》

▶解説

4　(2)　建築物に係る解体工事については，当該建築物の床面積の合計が 80 m^2 以上のもの（対象建設工事）の受注者又はこれを請負契約によらないで自ら施工する者は，正当な理由がある場合を除き，分別解体等をしなければならない（法第九条）。誤っている。

間違いやすい選択肢▶ (1) 分別解体等に伴って生じた特定建設資材廃棄物である木材について，工事現場から 50 km 以内に再資源化をするための施設がない場合は，再資源化に代えて縮減すれば足りる。

5　(1)　対象建設工事の発注者又は自主施工者は，工事に着手する日の 7 日前までに，解体する建築物等の構造，工事着手の時期，分別解体等の計画等の必要事項を都道府県知事に届け出なければならない（法第十条）。誤っている。

〈p.274~p.275 の解答〉 **正解**　**1** (4)，**2** (2)，**3** (1)

間違いやすい選択肢 ▶ (4) 対象建設工事（他の者から請け負ったものを除く。）を発注しようとする者から直接当該工事を請け負おうとする建設業を営む者は，当該発注しようとする者に対し，分別解体等の計画等の事項を記載した書面を交付して説明しなければならない。

ワンポイントアドバイス　8・7　建設工事に係る資源の再資源化等に関する法律

❶ 特定建設資材廃棄物

①特定建設資材が廃棄物になったものをいう。特定建設資材は，コンクリート，コンクリート及び鉄からなる建設資材，木材，アスファルト・コンクリート等である。

②対象建設工事現場で用いるリースの木製コンクリート型枠は，使用後，リース会社により引き取られる場合は，建設資材廃棄物とはならない。

❷ 分別解体等実施義務の対象

①建築物の解体工事では，床面積の合計が 80 m^2 以上

②建築物の新築又は増築の場合では，床面積が 500 m^2 以上

③建築物の修繕・模様替え等で請負代金の額が 1 億円以上

④建築物以外で解体工事又は新築工事では，請負代金の額が 500 万円以上

❸ 解体工事業

①建設業法上の管工事業のみの許可を受けた者が解体工事業を営もうとする場合は，当該業を行おうとする区域を管轄する都道府県知事の登録を受けなければならない。

②技術管理者　解体工事業者は，工事現場における解体工事の施工の技術上の管理をつかさどる者を選任しなければならない。

❹ 請負契約

対象建設工事の請負契約の当事者は，分別解体等の方法，解体工事に要する費用その他事項を書面に記載し，署名又は記名押印をして相互に交付しなければならない。

❺ 関係者

(1) 対象建設工事の発注者は又は自主施工者

対象建設工事の発注者は又は自主施工者は，工事に着手する前に，解体する建築物等の構造，工事着手の時期，分別解体等の計画等の必要事項について，都道府県知事に届け出なければならない。

一　分別解体等の計画　　二　工事着手の時期及び工程の概要

三　新築工事等である場合においては，使用する特定建設資材の種類

(2) 対象建設工事受注者

①対象建設工事を発注者から直接請け負おうとする者は，少なくとも分別解体等の計画等について，書面を交付して発注者に説明しなければならない。

②対象建設工事受注者は，その請負った建設工事の全部又は一部を他の建設業を営む者に請負わせようとするときは，当該他の建設業を営む者に対し，当該対象建設工事について都道府県知事等に届け出られた事項を告げなければならない。

③対象建設工事受注者は，分別解体等に伴って生じた特定建設資材廃棄物について，再資源化をしなければならない。

④対象建設工事の受注者は，分別解体等に伴って生じた，特定建設資材である木材は，再資源化施設が工事現場から 50 km 以内にない場合には，再資源化に代えて縮減をすれば足りる。

(3) 対象建設工事の元請業者

対象建設工事の元請業者は，再資源化等が完了したときは，その旨を当該工事の発注者に書面で報告するとともに，当該再資源化等の実施状況に関する記録を作成し，これを保存しなければならない。

8・8 騒音規制法

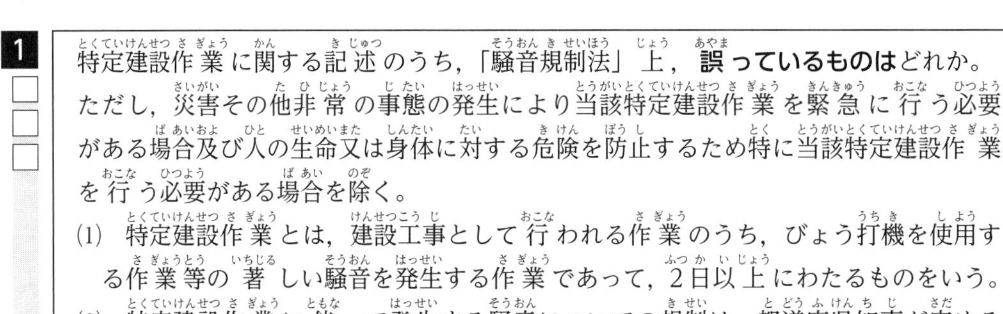

1

特定建設作業に関する記述のうち，「騒音規制法」上，**誤っているもの**はどれか。
ただし，災害その他非常の事態の発生により当該特定建設作業を緊急に行う必要がある場合及び人の生命又は身体に対する危険を防止するため特に当該特定建設作業を行う必要がある場合を除く。

(1) 特定建設作業とは，建設工事として行われる作業のうち，びょう打機を使用する作業等の著しい騒音を発生する作業であって，2日以上にわたるものをいう。

(2) 特定建設作業に伴って発生する騒音についての規制は，都道府県知事が定める指定地域内においてのみ行われる。

(3) 指定地域内において，特定建設作業の騒音は，当該特定建設作業の場所において連続して5日を超えて行われる特定建設作業に伴って発生するものであってはならない。

(4) 指定地域内において，特定建設作業の騒音は，特定建設作業の場所の敷地の境界線において，85デシベルを超えてはならない。 《R3-B21》

2

指定地域内における特定建設作業に関する記述のうち，「騒音規制法」上，**誤っているもの**はどれか。

ただし，災害その他非常の事態の発生により当該特定建設作業を緊急に行う必要がある場合を除く。

(1) 特定建設作業とは，建設工事として行われる作業のうち，著しい騒音を発生する作業であって，びょう打機を使用する作業等をいう。

(2) 建設作業として行われる作業のうち，著しい騒音を発生する作業は，当該作業がその作業を開始した日に終わるものであっても，特定建設作業に該当する場合がある。

(3) 特定建設作業の実施の届け出は，当該特定建設作業の開始の日の7日前までに行わなければならない。

(4) 特定建設作業を伴う建設工事を施工しようとする者は，特定建設作業の場所及び実施の期間等の事項を市町村長に届け出なければならない。 《R2-B27》

3

指定地域内における特定建設作業に関する記述のうち，「騒音規制法」上，**誤っているもの**はどれか。

ただし，災害その他非常の事態の発生により当該特定建設作業を緊急に行う必要がある場合及び人の生命又は身体に対する危険を防止するため特に当該特定建設作業を行う必要がある場合を除く。

設備関連法規

〈p.276 の解答〉 **正解** **4** (2)，**5** (1)

(1) 特定建設作業を伴う建設工事を施工しようとする者は，特定建設作業の場所及び実施の期間等の事項を都道府県知事に届け出なければならない。
(2) 特定建設作業の実施の届け出は，当該特定建設作業の開始の日の7日前までに行わなければならない。
(3) 建設工事として行われる作業のうち，著しい騒音を発生する作業であっても，その作業を開始した日に終わるものは，特定建設作業に該当しない。
(4) 特定建設作業の騒音は，当該特定建設作業の場所において連続して6日を超えて行われる特定建設作業に伴って発生するものであってはならない。 《基本問題》

▶解説

1 (3) 指定地域内において，**特定建設作業の騒音**は，当該特定建設作業の場所において連続して6日を超えて行われる特定建設作業に伴って発生するものであってはならない（特定建設作業に伴って発生する騒音の規制に関する基準）。

特定建設作業に伴って発生する騒音の規制に関する基準

一 特定建設作業の騒音が，特定建設作業の場所の敷地の境界線において，85デシベルを超える大きさのものでないこと。災害その他非常の事態の発生時でも規制あり。

二 特定建設作業の騒音が，午後7時から翌日の午前7時までの時間内，午後10時から翌日の午前6時までの時間内において行われる特定建設作業に伴って発生するものでないこと。

三 特定建設作業の騒音が，当該特定建設作業の場所において，1日10時間，1日14時間（を超えて行われる特定建設作業に伴って発生するものでないこと。

間違いやすい選択肢▶(2)特定建設作業に伴って発生する騒音についての規制は，都道府県知事が定める指定地域内においてのみ行われる。

2 (2) 特定建設作業によると，法第二条第3項の政令で定める作業は，別表第二に掲げる作業とする。ただし，当該作業がその作業を開始した日に終わるものを除く（令第二条）。誤っている。

間違いやすい選択肢▶(4)特定建設作業を伴う建設工事を施工しようとする者は，特定建設作業の場所及び実施の期間等の事項を市町村長に届け出なければならない。

3 (1) 指定区域内において，特定建設作業を伴う建設工事を施工しようとする者は，当該特定建設作業の開始の日の7日前までに，次の事項を市町村長に届け出なければならない（法第十四条）。誤っている。

間違いやすい選択肢▶(3)建設工事として行われる作業のうち，著しい騒音を発生する作業であっても，その作業を開始した日に終わるものは，特定建設作業に該当しない。

8・9　その他の法令

●8・9・1　建築物における衛生的環境の確保に関する法律

1

「建築物における衛生的環境の確保に関する法律」の特定建築物の維持管理に関して，空気調和設備を設けている場合の空気環境における「管理項目」とおおむね適合すべきとされる「管理基準」の組合せとして，**誤っているもの**はどれか。

［管理項目］　　　　　　［管理基準］
(1)　一酸化炭素の含有率 ―――― 100 万分の 6 以下
(2)　ホルムアルデヒドの量 ―――― 1.0 mg/m³ 以下
(3)　浮遊粉じんの量 ―――― 0.15 mg/m³ 以下
(4)　相対湿度 ―――― 40% 以上 70% 以下

《R5-B20》

2

建築物の用途，及び，その用途に供される部分の延べ面積の組合せのうち，「建築物における衛生的環境の確保に関する法律」上，特定建築物に**該当しないもの**はどれか。

（用途）　　（延べ面積［m²］）
(1)　事務所 ―――― 3,000
(2)　百貨店 ―――― 3,000
(3)　中学校 ―――― 8,000
(4)　共同住宅 ―――― 8,000

《R2-B28》

3

「建築物における衛生的環境の確保に関する法律」の特定建築物の維持管理に関して，空気調和設備を設けている場合の空気環境における管理項目とおおむね適合すべきとされる管理基準の組合せとして，**誤っているもの**はどれか。

（管理項目）　　　　　　（管理基準）
(1)　一酸化炭素の含有率 ―――― 6 ppm 以下
(2)　相対湿度 ―――― 40% 以上 70% 以下
(3)　気流 ―――― 0.5 m/s 以下
(4)　ホルムアルデヒドの量 ―――― 1.0 mg/m³ 以下

《R1-B27》

［備考］令和 4 年 4 月の法改正に伴い，一酸化炭素の含有率の管理基準の数値を修正した。

〈p.278～p.279 の解答〉 **正解**　**1** (3)，**2** (2)，**3** (1)

▶解説

1 (2) 建築物環境衛生管理基準によると，法第四条第１項の政令で定める基準は，次のとおりとする（令第二条）。ホルムアルデヒドの量は，空気 $1\,m^3$ につき 0.1 mg 以下である。誤っている。

室内環境基準（令和４年４月１日）

No	項目	基準
(1)	浮遊粉じんの量	空気 $1\,m^3$ につき 0.15 mg 以下
(2)	一酸化炭素の含有率	6／1,000,000 以下
(3)	炭酸ガスの含有率	1,000／1,000,000 以下
(4)	温度	18℃ 以上 28℃ 以下（外気の温度より低くする場合は，その差を著しくしないこと）
(5)	相対湿度	40% 以上 70% 以下
(6)	気流	1 秒間につき 0.5 m 以下
(7)	ホルムアルデヒドの量	空気 $1\,m^3$ につき 0.1 mg 以下

間違いやすい選択肢▶ (1) 一酸化炭素の含有率 ― 100 万分の 6 以下（令和４年４月１日に改正があり，100 万分の 10 以下→ 100 万分の 6 以下となった）

2 (4) **特定建築物**とは，興行場，百貨店，店舗，事務所，学校，共同住宅等の用に供される相当程度の規模を有する建築物で，多数の者が使用し，又は利用し，かつ，その維持管理について環境衛生上特に配慮が必要なものとして政令で定めるものをいう（法第二条）。

また，第二条第１項の政令で定める建築物は，次に掲げる用途に供される部分の延べ面積が $3,000\,m^2$ 以上の建築物（第一号～第四号）及び専ら学校教育法第一条に規定する学校又は就学前の子どもに関する教育，保育等の総合的な提供の推進に関する法律第二条第７項に規定する幼保連携型認定こども園の用途に供される建築物で延べ面積が $8,000\,m^2$ 以上のものとする（令第一条）。

一 興行場，百貨店，集会場，図書館，博物館，美術館又は遊技場

二 店舗又は事務所

三 第一条学校等以外の学校（研修所を含む。）

四 旅館

共同住宅は，個人住宅の集合で個人の責任において維持管理が行われる性格のものであり，令第一条では特定施設から除外されている。したがって，共同住宅は特定建築物に該当しない。したがって，(4) が該当しない。

間違いやすい選択肢▶ (1) 事務所は，$3,000\,m^2$ で正しい。

3 (4) 建築物環境衛生管理基準によると，法第四条第１項の政令で定める基準は，前述のとおりとする（令第二条）。ホルムアルデヒドの量は，空気 $1\,m^3$ につき 0.1 mg 以下である。誤っている。

間違いやすい選択肢▶ (2) 相対湿度は，40% 以上 70% 以下である。

●8・9・2　高齢者，障害者等の移動等の円滑化の促進に関する法律

4

「高齢者，障害者等の移動等の円滑化の促進に関する法律」に関する文中，［　　］内に当てはまる数値と用語の組合せとして，**正しいもの**はどれか。

建築主等は，床面積の合計が［ A ］m² 以上の特別特定建築物に該当する図書館の建築をしようとするときは，当該建築物を，［ B ］に適合させなければならない。

	(A)	(B)
(1)	1,000	建築物移動等円滑化基準
(2)	1,000	建築物移動等円滑化誘導基準
(3)	2,000	建築物移動等円滑化基準
(4)	2,000	建築物移動等円滑化誘導基準

《基本問題》

5

高齢者等の移動等の円滑化に関する文中，［　　］内に当てはまる数値と建築物の組合せとして，「高齢者，障害者等の移動等の円滑化の促進に関する法律」上，**正しいもの**はどれか。

建築主等は，床面積が［ A ］m² 以上の特別特定建築物と定められている［ B ］の建築をしようとするときは，当該特別特定建築物を，円滑化のために必要な建築物特定施設の構造及び配置に関する政令で定める基準に適合させなければならない。

	(A)	(B)		(A)	(B)
(1)	500	工場	(2)	1.000	美術館
(3)	2.000	税務署	(4)	3.000	共同住宅

《基本問題》

▶解説

4　(3)　建築主等は，床面積の合計が 2,000 m² 以上の**特別特定建築物**（令第九条）に該当する図書館の建築をしようとするときは，当該建築物を，建築物移動等円滑化基準に適合させなければならない（法第十四条）。したがって，(3) は正しい。

間違いやすい選択肢▶ (4) 建築物移動等円滑化誘導基準は，容積率の特例を受ける時の規定の用語である。

5　(3)　建築主等は，床面積が 2,000 m² 以上の特別特定建築物（令第九条）と定められている税務署（令第五条）の建築をしようとするときは，当該特別特定建築物を，円滑化のために必要な建築物特定施設の構造及び配置に関する政令で定める基準に適合させなければならない（法第十四条）。したがって，(3) は正しい。

間違いやすい選択肢▶ (4) 共同住宅は該当しない。

〈p.280 の解答〉 **正解**　**1** (2)，**2** (4)，**3** (4)

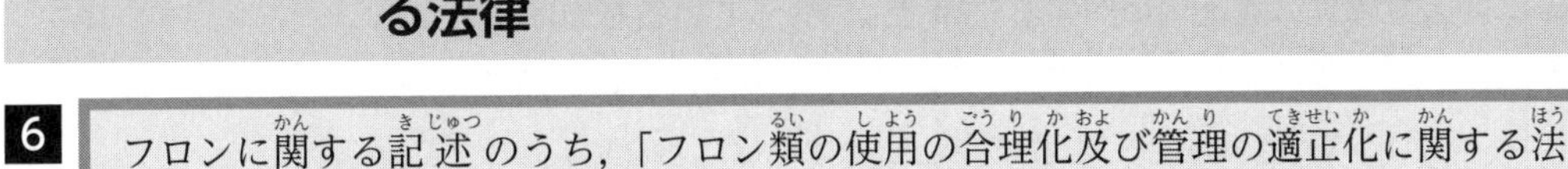

●8・9・3　フロン類の使用の合理化及び管理の適正化に関する法律

6

フロンに関する記述のうち,「フロン類の使用の合理化及び管理の適正化に関する法律」上,**誤っているもの**はどれか。

(1)　第一種特定製品とは,エアコンディショナー並びに冷蔵機器及び冷凍機器のうち,業務用の機器であって,冷媒としてフロン類が充塡されているもの(第二種特定製品を除く。)をいう。

(2)　第二種特定製品とは,自動車(「使用済自動車の再資源化等に関する法律」の対象のものに限る。)に搭載されているエアコンディショナー(車両のうち乗車のために設備された場所の冷房の用に供するものに限る。)であって,冷媒としてフロン類が充塡されているものをいう。

(3)　第一種フロン類充塡回収業者とは,第一種特定製品に,冷媒としてフロン類を充塡することや回収することを業とし行う者として,都道府県知事の登録を受けた者をいう。

(4)　フロン類破壊業者とは,特定製品に冷媒として充塡されているフロン類の破壊を業とし行う者として,都道府県知事の許可を受けた者をいう。　《R5-B21》

▶解説

6　(4)　フロン類破壊業を行おうとする者は,その業務を行う事業所ごとに,主務大臣(経済産業大臣及び環境大臣)の許可を受けなければならない(法第六十三条(フロン類破壊業者の許可))。誤っている。

間違いやすい選択肢▶(3) 第一種フロン類充塡回収業とは,第一種特定製品に,冷媒としてフロン類を充てんすることや回収することを業として行う者として,都道府県知事の登録を受けた者をいう(法第二十七条(第一種フロン類充塡回収業者の登録))。

7

業務用冷凍空調機器の整備及び撤去等に関する記述のうち，フロン類の使用の合理化及び管理の適正化に関する法律上，**誤っているもの**はどれか。

(1)　第一種特定製品整備者は，第一種特定製品にフロン類を充塡するときは，第一種フロン類充塡回収業者に委託しなければならない。

(2)　第一種フロン類充塡回収業を行おうとする者は，環境大臣の登録を受けなければならない。

(3)　第一種フロン類充塡回収業者が委託を受けてフロン類の回収を行ったときは，整備を発注した第一種特定製品の管理者に回収証明書を交付しなければならない。

(4)　フロン類破壊業者がフロン類を破壊したときは，当該フロン類を引き取った第一種フロン類充塡回収業者に破壊証明書を送付しなければならない。　《R4-B21》

7　(2)　第一種フロン類充塡回収業を行おうとする者は，その業務を行おうとする区域を管轄する都道府県知事の登録を受けなければならない（法第二十七条（第一種フロン類充塡回収業者の登録））。誤っている。

間違いやすい選択肢▶ (4) フロン類破壊業者がフロン類を破壊したときは，当該フロン類を引き取った第一種フロン類充塡回収業者に破壊証明書を送付しなければならない。

ワンポイントアドバイス　8・9・3　フロン類の使用の合理化・管理

❶ **定義**　第一種特定製品とは，業務用の機器（一般消費者が通常生活の用に供する機器以外の機器をいう。）であって，冷媒としてフロン類が充塡されている次の機器をいう

一　業務用エアコンディショナー

二　業務用冷蔵機器及び冷凍機器（冷蔵又は冷凍の機能を有する自動販売機を含む。）

❷ **第一種特定製品の管理者の判断の基準となるべき事項**

第一　管理第一種特定製品の設置及び使用する環境の維持保全に関する事項

1　第一種特定製品の管理者は，次の事項に留意して管理第一種特定製品を設置すること。

2　第一種特定製品の管理者は，次の事項に留意して管理第一種特定製品を使用し，かつ，使用する環境の維持保全を図ること。

第二　管理第一種特定製品の点検に関する事項

第一種特定製品の管理者は，管理第一種特定製品からの漏えい又は漏えいを現に生じさせている蓋然性が高い故障又はその徴候を早期に発見するため，次により，定期的に管理第一種特定製品の点検を行うこと。

第三　管理第一種特定製品からのフロン類の漏えい時の措置

第四　管理第一種特定製品の点検及び整備に係る記録等に関する事項

〈p.282 の解答〉 **正解**　**4** (3)，**5** (3)

〈p.283 の解答〉 **正解**　**6** (4)

〈p.284 の解答〉 **正解**　**7** (2)

第９章 施工管理法（応用能力）

令和５年度の出題について

- 問題ＢのNo.23～No.29の７問は，令和４年度と同様に「施工管理法（応用能力）」を問う問題で構成されており，必須問題となっている。
- 令和３年度から採用された「施工管理法（応用能力）」を問う問題では，５問以上の正解が求めらる。
- 設問は，四肢二択であり，二択の正解が必須なので，注意が必要である。
- 第７章の「施工管理法（知識）」と併せて，ワンポイントアドバイスも参照し，関連する事項の理解を深める必要がある。
- 頻出する引用文献の略期は，次による（いずれも令和４年版）。

公共：建築工事標準仕様書（機械設備工事編）：標準仕様書（機械）
公共：建築設備工事標準図（機械設備工事編）：標準図（機械）
（公社）空気調和・衛生工学会規格：SHASE-S
（公社）空気調和・衛生工学会：学会便覧

●過去3年間の出題内容と出題箇所●

出題内容・出題数 ＼ 年度（和暦）		令和 5	令和 4	令和 3	計
9・1　施工計画・工程管理	1. 公共工事における施工計画	1	1	1	3
	2. 工程管理（各種工程表と用語）	1	1	1	3
9・2　建設工事における品質管理と安全管理	1. 品質管理の統計的手法	1	1	1	3
	2. 建設工事の安全管理	1	1	1	3
9・9　機器・配管・ダクトの施工	1. 機器の据付けと基礎	1	1	1	3
	2. 配管及び配管付属品の施工	1	1	1	3
	3. ダクト及びダクト付属品の施工	1	1	1	3

年度	No	出題内容（キーワード）
令和5	23	公共工事の施工計画：現場代理人の権限，仮設他の工事における請負者の責任，工事に係わる諸官庁への届出，申請書，提出先など。
	24	工程管理：ネットワーク工程表での工程遅延対応，クリティカルパス，フォローアップと，工期短縮に係わるマンパワースケジュール，経済速度と最適工期など
	25	検査：全数検査と抜取検査の適用について。
	26	建設工事の安全管理：労働災害の休業日数と通勤災害の定義，安全管理としての5S活動の内容と要求性能墜落制止器具の点検などについて。
	27	機器の据付け：あと施工アンカーの選択，送風機の設置確認，防振装置の設置基準と気密の確認など。
	28	配管及び配管付属品の施工：Uボルトの使用方法，ポンプ逆止弁の仕様，空調機コイルと冷温水配管の接続方法，単式伸縮管継手の取付けについて。
	29	ダクト及びダクト付属品の施工：横走りスパイラルダクトの支持間隔，共板フランジ工法でのフランジ押さえ間隔，排煙ダクトの板厚仕様，定風量装置と接続ダクトサイズについて。

施工管理法（知識）と施工管理法（応用能力）の出題対照表（令和5年度）は，第7章を参照。

●出題傾向分析●

令和5年度も令和4年度同様に，施工管理法（応用能力）の出題箇所は，施工管理法（知識）の出題箇所と同一であり，知識と応用能力を併せて，内容を理解する必要がある。

9・1・1　公共工事における施工計画

① 公共工事標準請負契約約款に定める，発注者と受注者，現場代理人の基本的な権限と責任に関する出題や，設計図書を基に，記載の有無も含め関わる承認，品質を問う出題が多く，過去には試運転調整に関わる内容も出題されているのが特徴といえる。

② 令和5年度は，公共工事標準請負契約約款に定める，現場代理人の契約の履行に関し，行使できる権限や受注者の仮設を含む施工方法等の決定に係わる責任の範囲などについて出題され，併せて，道路使用許可書やばい煙発生装置施設の届出書など，諸官庁への届出・申請に係わる内容が設問として採用されている。

9・1・2　工程管理（各種工程表と用語）

① 令和5年度は，ネットワーク工程表での，作成上の注意点や工程遅延に伴う影響度の検

討項目，クリティカルパスの再検討上の注意点，フローとの定義と影響ならびに，マンパワースケジューリングや最適工期の定義に係わる内容が出題された。

② 関連用語として，トータルフロート，フリーフロート，最早開始時刻，最遅完了時刻などを覚えるとよい。

③ 統計的手法としての，曲線式工程表（バナナ曲線），S予定進度曲線（S字カーブ），配員計画（マンパワースケジューリング）を理解する必要がある。

9・2・1 品質管理の統計的手法

① 令和５年度は，全数検査と抜取検査の定義と適用を問う問題が出題された。

② 品質管理に用いる代表的なツール（散布図，パレート図，ヒストグラム，管理図，PDCA）の内容は，理解しておく必要がある。

9・2・2 建設工事の安全管理

① 令和５年度は，労働災害に関わる休業日数，通勤災害の定義，安全管理としての５S活動の内容と，要求性能墜落制止器具の点検などについて出題された。

② 令和３年度に設問に使用された公衆災害，年千人率，度数率などは，重要なキーワードであり内容・定義を理解しておく必要がある。

9・3・1 機器の据付けと基礎

① 令和５年度は，機器の劣化を防ぐための真空または窒素封入による気密性能の確認，施工部位によるあと施工アンカーの選定，送風機設置時のVベルトの調整，基礎での防振装置に関する問題がされた。

② あと施工アンカーに関しては，令和３年度も設問に使用されており，アンカーの種類と特徴，施工上の注意点は，理解しておく必要がある。

9・3・2 配管及び配管付属品の施工

① 令和５年度は，Uボルトの使用上の注意点，ポンプ回りの逆止弁の仕様，空調機コイルと冷温水配管の接続方法，単式伸縮管継手の固定方法などについて出題された。

② 自動空気抜き弁の設置個所（正圧）と膨張管のバルブ設置の可否（禁止）については，よく設問に採用されているので，理解しておくこと。

③ 配管の変位吸収のための伸縮継手の支持方法については設問によく採用されており，単式と複式での支持方法の違いを理解しておく必要がある。

④ 空調機コイルに取付ける三方弁について，分流型と混合型の取付け箇所の違いを理解しておく必要がある。

⑤ ステンレス鋼管の溶接では，溶接時の酸素濃度を下げる必要があるので，管内に不活性ガス（アルゴン，窒素）を封入することを理解しておく。

⑥ 腐食については，異種金属接触腐食の対策（絶縁工法の採用）や，開放系と密閉系での腐食進行速度の違いは覚える必要がある。

9・3・3 ダクト及びダクト付属品の施工

① 令和５年度は，横走りスパイラルダクトの支持間隔，共板フランジ工法でのフランジ押さえ間隔，長方形排煙ダクトの板厚仕様，定風量装置入口に接続する長方形ダクトの直管長さなどについて出題された。

② ダクトの変形角度や，長方形ダクトのハゼの種類と施工方法は，理解しておく必要がある。

③ スパイラルダクトの仕様は，知識でも問題に採用されており，理解しておく必要がある。

④ ダンパや消音エルボの設置に係わる注意点や設置個所は，理解しておく必要がある。

9・1　施工計画・工程管理

●9・1・1　公共工事における施工計画

1

公共工事における施工計画等に関する記述のうち，**適当でないものはどれか。適当でないものは二つあるので，二つとも答えなさい。**

(1)　現場代理人は，工事現場に常駐し，その運営，取締りを行うほか，請負代金額の変更，請負代金の請求及び受領に関する権限もある。

(2)　仮設，施工方法等その他工事目的物を完成するために必要な一切の手段は，特に定めがない場合，受注者がその責任において定める。

(3)　道路を使用した機器搬入の計画があるときは，道路使用許可申請書を，工事着工前に警察署長に提出する。

(4)　ボイラー等の設置工事で，ばい煙発生施設設置届が必要な場合は，工事着工60日前までに消防署長に提出する。

《R5-B23》

2

公共工事の施工計画等に関する記述のうち，**適当でないものはどれか。適当でないものは二つあるので，二つとも答えなさい。**

(1)　工事の受注者は，設計図書に基づく請負代金内訳書及び実行予算書を，発注者に提出しなければならない。

(2)　総合施工計画書は受注者の責任において作成されるが，設計図書に特記された事項については監督員の承諾を受ける。

(3)　工事に使用する材料は，設計図書にその品質が明示されていない場合にあっては，最低限の品質を有するものとする。

(4)　総合工程表は，現場の仮設工事から，完成時における試運転調整，後片付け，清掃までの全工程の予定を表すものである。

《R4-B23》

▶解説

1

(1)　公共工事標準請負契約約款の第十条第2項にて「現場代理人は，この契約の履行に関し，工事現場に常駐し，その運営，取締りを行うほか，請負代金額の変更，請負代金の請求及び受領，第十二条第1項の請求の受理，同条第3項の決定及び通知並びにこの契約の解除に係る権限を除き，この契約に基づく受注者の一切の権限を行使することができる。」とあり，権限の範囲が異なっている。したがって，適当でない。

(4)　ボイラー等の設置工事に伴うばい煙発生施設設置届出書は，都道府県知事に提出しなければならない。したがって，適当でない。

間違いやすい選択肢▶ 道路使用許可申請書は警察署長に提出し，道路占用許可申請書は道路管理者に提出するので，十分に理解しておくこと。

2 (1) 発注者への提出内容は，請負代金内訳書及び工程表とされている。したがって，実行予算書は適当でない。

(3) 設計図書にその品質が明示されていない場合は，中等の品質を有するものとする。したがって，最低限の品質は適当でない。

間違いやすい選択肢▶ 公共工事標準請負契約約款からの設問であり，工程表と総合工程表の違いや，承諾者などについては覚えてくこと。

ワンポイントアドバイス　9・1　施工計画・工程管理

各種工程表の特徴

名　称	概　　要	メリット	デメリット
ネットワーク工程表	大規模な工事に向いており，各作業の相互関係を図式化して表現	▷各作業の数値的把握が可能 ▷重点作業の管理ができる ▷変更による全体への影響を把握しやすい ▷フォローアップにより信頼度向上	▷作成が難しく熟練を要する ▷工程全体に精通している必要がある
バーチャート工程表	縦軸に工種・作業名・施工手順，横軸に工期を記入	▷各作業の時期・所要日数が明快 ▷単純工事の管理に最適 ▷出来高予測累計から工事予定進度曲線（S字カーブ）が描ける	▷全体進捗の把握困難 ▷重点管理作業が不明確 ▷大規模工事に不向き
ガントチャート工程表	縦軸に作業名，横軸に達成度を記入	▷作成が簡単 ▷現時点の各作業達成度が明確	▷変更に弱い ▷問題点の明確化が困難 ▷各作業の相互関係・重点管理作業が不明確 ▷工事総所要時間の明示が困難
タクト工程表	縦軸に建物階数，横軸に工期（暦日）を記入し，各階作業をバーチャートで示す	▷高層ビルなどの積層工法において全体工程の把握がしやすい ▷ネットワーク工程表より作成が容易 ▷バーチャートより他作業との関連が把握しやすい	▷低層建物への適用は困難 ▷作業項目ごとの工程管理ができない

工程管理用語

フォローアップ	全体のスケジューリングを行うときに設計変更・天候・その他予期できない要因で工事の進捗が遅延する。進行過程で計画と実績を比較し，その都度計画を修正して遅延に即応できる手続きをとることをいう。
特急作業時間（クラッシュタイム）	費用をかけても作業時間の短縮には限度があり，その限界の作業時間を示す，ネットワーク工程管理手法の用語で，技術者・労務者を経済的・合理的に各作業の作業時刻・人数など割振ることをいう。
配員計画	具体的には人員，資材，機材などを平準化すること。マンパワースケジューリングともいう。
山積み（図）	配員計画で各作業に必要な人員・資機材などを合計し柱状に図示したもの。
山　崩　し	山積み図の凹凸をならし，毎日の作業を平均化すること。工期全体を調整する。
インターフェアリングフロート	トータルフロートのうちフリーフロート以外の部分をいう。使わずにとっておけば後続する他の工程でその分を使用することのできるフロートを意味する。

3

公共工事における施工計画等に関する記述のうち，**適当でないもの**はどれか。**適当でないものは二つあるので，二つとも答えなさい。**

(1)　仮設，施工方法等は，工事の受注者がその責任において定めるものであり，発注者が設計図書において特別に定めることはできない。

(2)　工事材料の品質は設計図書で定められたものとするが，設計図書にその品質が明示されていない場合は，均衡を得た中等の品質を有するものとする。

(3)　工事原価は共通仮設費と直接工事費を合わせた費用であり，現場従業員の給料，諸手当等の現場管理費は直接工事費に含まれる。

(4)　総合試運転調整では，各機器単体の試運転を行うとともに，配管系，ダクト系に異常がないことを確認した後，システム全体の調整が行われる。

《R3-B23》

〈p.288 の解答〉 **正解**　**1** (1), (4),　**2** (1), (3)

3 ⑴　中央建設審議会による「建設工事請負契約書」第一条の三に「仮設，施工方法等については，この約款及び設計図書に特別の定めがある場合を除き，受注者がその責任において定める。」とある。適当でない。

⑶　現場管理費は，下記の“工事費の構成”に示すように，工事原価は純工事費（直接工事費＋共通仮設費）及び現場管理費で構成されている。適当でない。

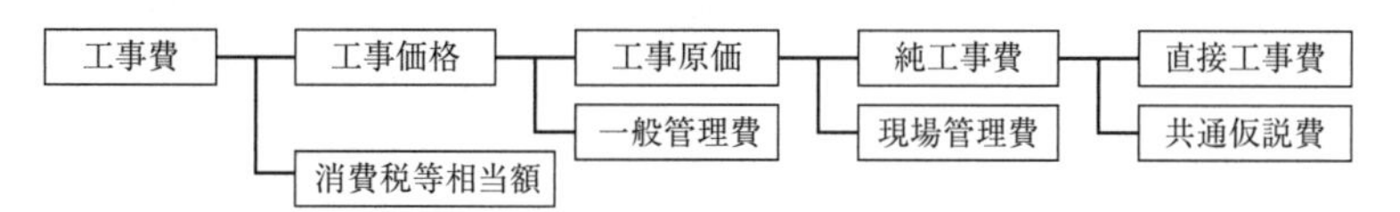

工事費の構成（出典：公共建築工事共通費積算基準 H19）

間違いやすい選択肢▶ ⑷公共工事標準請負契約約款第 13 条第 1 項の通り。単体の機器や制御等の動作確認を終えないと実施できない。

●9・1・2　工程管理（各種工程表と用語）

4
□
□
□

工程管理に関する記述のうち，**適当でないもの**はどれか。**適当でないものは二つある**

ので，二つとも答えなさい。

(1)　ネットワーク工程表のクリティカルパス以外の作業は，フロートを消化してもクリティカルパスになることはない。

(2)　ネットワーク工程表で，点線の矢印で示したものをダミーというが，この経路はクリティカルパスになることはない。

(3)　配員計画とは，経済的かつ合理的となるよう各作業の作業人数を調整し，人員の平準化を図ることで，マンパワースケジューリングともいう。

(4)　労務費，材料費，仮設費等の直接費と間接費を合わせた総工事費が最小となる経済的な施工速度を経済速度といい，このときの工期を最適工期という。

《R5-B24》

5
□
□
□

工程管理に関する記述のうち，**適当でないもの**はどれか。**適当でないものは二つある**

ので，二つとも答えなさい。

(1)　工程表作成時に注意すべき項目は，作業の順序と作業時間，休日や夜間の作業制限，諸官庁への申請・届出，試運転調整，検査時期，季節の天候等がある。

(2)　ネットワーク工程表には，前作業が遅れた場合の後続作業への影響度が把握しにくいという短所がある。

(3)　ネットワーク工程表で全体工程の短縮を検討する場合は，当初のクリティカルパス上の作業についてのみ日程短縮を検討すればよい。

(4)　工期の途中で工程計画をチェックし，現実の推移を入れて調整することをフォローアップという。

《R4-B24》

6
□
□
□

工程管理に関する記述のうち，**適当でないもの**はどれか。**適当でないものは二つある**

ので，二つとも答えなさい。

(1)　ネットワーク工程表において，作業の出発結合点の最早開始時刻から到着結合点の最遅完了時刻までの時間から，当該作業の所要時間を引いた余裕時間をトータルフロートという。

(2)　バーチャート工程表は，各作業の着手日と終了日の間を横線で結ぶもので，各作業の所要日数と施工日程が分かりやすい。

〈p.290の解答〉 **正解**　**3** (1), (3)

(3)　ネットワーク工程表において，後続作業の最早開始時刻に影響を及ぼすことなく使用できる余裕時間をインターフェアリングフロートという。
(4)　総工事費が最少となる最も経済的な工期を最適工期といい，このときの施工速度を採算速度という。

《R3-B24》

▶解説

4 (1)　トータルフロートを全て使ってしまうとその経路がクリティスルパスになることから，フロートは影響を及ぼす。したがって，適当でない。

(2)　ダミーは擬似作業を意味し，ダミーを経由した作業日数をチェックすることで，クリティカルパスが生じることはある。したがって，適当でない。

間違いやすい選択肢▶(4)経済速度と最適工期を検討する際には，単に直接費（労務費他）にて検討するのではなく，間接費も含んだ総工事費にて検討することを覚えておくこと。

5 (2)　トータルフロートやフリーフロートを検討し，進捗状況に応じてフォローアップを行うことで，各工程の遅延による影響を速やかに検討できる。影響度を把握しにくいは，適当でない。

(3)　ネットワーク工程表上のそれぞれのルートにおける最長所要日数を検討し，日程短縮を検討しなければならない。当初のクリティカルパスのみの検討は，適当でない。

間違いやすい選択肢▶ネットワーク工程表の他の用語も使い間違えることが多いので，インターフェアリング，最早開始時刻，最遅完了時刻等の用語の意味を覚えてくこと。

※インターフェアリング：作業で使用しなければ，次の作業に持ち越せるフロート。

※最早開始時刻：作業を最も早く開始できる日時。

※最遅完了時刻：作業を終了させなければならない日時。

6 (3)　インターフェアリングフロートは後続作業のトータルフロートに影響を及ぼすようなフロートのことであり，出題の“影響を及ぼすことなく使用できる余裕時間”のことではない。

(4)　採算速度は総工事費の損益がプラスになる速度のことであり，最少となる速度（＝経済速度）ではない。

間違いやすい選択肢▶(2)バーチャート工程表のメリットとデメリットをまとめておく。(3)(4)のネットワーク工程表で使われる用語は，よく試験に出るので覚えておいてほしい。

9・2 建設工事における品質管理と安全管理

●9・2・1　品質管理の統計的手法

1

検査に関する記述のうち，**適当でないもの**はどれか。**適当でないものは二つあるので，二つとも答えなさい。**

(1)　検査とは，品質を確認し適否を判定するもので，全数検査と抜取検査がある。

(2)　品物を破壊しなければ検査の目的を達しないもの，あるいは，試験を行ったら商品価値がなくなるものは，全数検査を適用する。

(3)　多数の製品や材料等の中から確実に良品のみを選別する場合，抜取検査を適用する。

(4)　取外し困難な機器の試験，配管の水圧試験等には，全数検査を適用する。《R5-B25》

2

品質管理に関する記述のうち，**適当でないもの**はどれか。**適当でないものは二つあるので，二つとも答えなさい。**

(1)　品質管理は，設計図書で要求された品質を実現するため，品質計画に基づき施工を実施し品質保証を確立することにある。

(2)　品質管理として行う行為には，搬入材料の検査，配管の水圧試験，風量調整の確認等がある。

(3)　品質管理のメリットは品質の向上や均一化であり，デメリットは工事費の増加である。

(4)　PDCA サイクルは，計画→改善→チェック→実施→計画のサイクルを繰り返すことであり，品質の改善に有効である。《R4-B25》

3

品質管理で用いられる統計的手法に関する記述のうち，**適当でないもの**はどれか。**適当でないものは二つあるので，二つとも答えなさい。**

(1)　散布図では，対応する２つのデータの関係の有無が分かる。

(2)　管理図では，問題としている特性とその要因の関係が体系的に分かる。

(3)　パレート図では，各不良項目の発生件数の順位が分かる。

(4)　ヒストグラムでは，データの時間的変化が分かる。《R3-B25》

▶解説

1　(2)　全数検査は，検査によって破壊・消費されない製品や人名に係わる製品に適用するもので，破壊などで商品価値を失ったりする製品には抜き取り検査を適用する。したがって，適当でない。

〈p.292～p.293 の解答〉**正解**　**4** (1), (2),　**5** (2), (3),　**6** (3), (4)

(3)　抜き取り検査とは，ランダムに製品のロットから一部の試料を抜き取って検査し当該ロットの適否を判定する検査で，確実に良品のみを選別するものではない。したがって，適当でない。

間違いやすい選択肢▶ (4)配管の水圧検査にて，自然流下の排水設備では，満水試験（保持時間最小 30 分，水圧 0.3 MPa を加える）が適用されている。

2　(3)　品質管理のメリットは品質の向上や均一化（標準化）であり，その結果，手戻り工事が減少するなど工事費の増加を抑制できる。デメリットの工事費の増加は，したがって，適当でない。

(4)　PDCA サイクルは，Plan(計画) ⇒ Do(実施) ⇒ Check(確認) ⇒ Action(改善) ⇒ Plan(計画) を繰り返すことである。実施と改善が逆であり，したがって，適当でない。

間違いやすい選択肢▶ 建設工事での品質管理には，一品生産に適用される全数検査（材質証明確認他）や，試運転調整項目でもある水圧試験なども含まれることを覚えておくこと。

併せて，7・3・1 の問題3の解説を確認すること。

3　(2)　管理図はデータの時間的変化や異常なばらつきを示すものであり，出題の記述は特性要因図の特徴である。したがって，適当でない。

(4)　ヒストグラムはデータの全体分布やばらつきの状況を示すものであり，出題の記述は管理図の特徴である。適当でない。

間違いやすい選択肢▶ (1)散布図は二つのデータの相関関係の検出に用いられる。適当である。(3)パレート図はある事象が起きる要因の原因分析などに用いられ，頻度の多いものから順に左から並べる。したがって，適当である。

ワンポイントアドバイス　9・2・1　品質管理のツールとそのイメージ

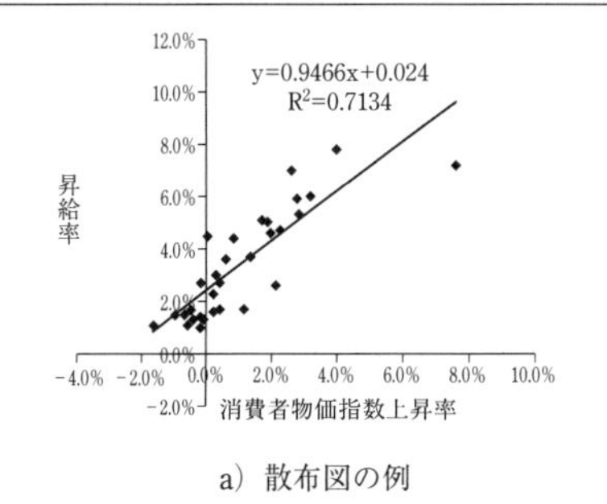

a）散布図の例

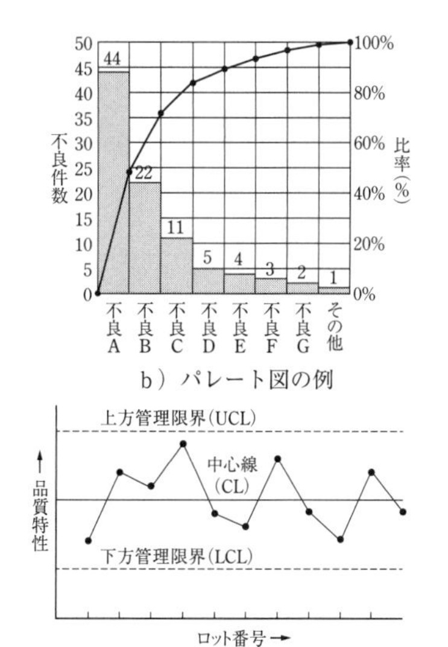

b）パレート図の例

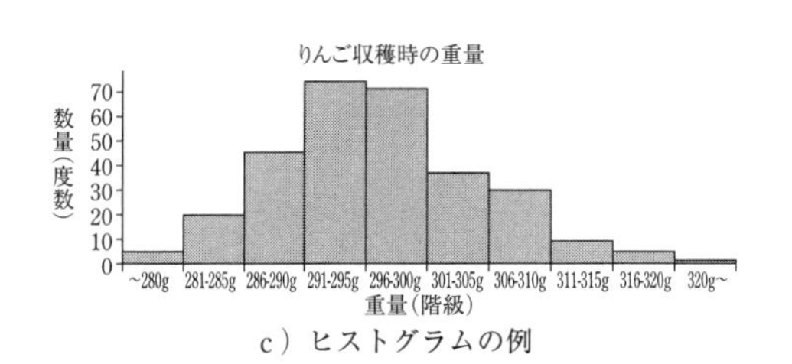

c）ヒストグラムの例

d）管理図の例

●9・2・2　建設工事における安全管理

4

建設工事における安全管理に関する記述のうち，**適当でないもの**はどれか。**適当でないものは二つあるので，二つとも答えなさい。**

(1)　労働災害により休業した場合の休業日数の数え方は，休業事由が発生した翌日から数え，休業期間内に休日等が含まれる場合は，これを除いた暦日数が休業日数となる。

(2)　5S活動とは，安全で健康な職場づくりと生産性の向上を目指す活動のことで，「整理，整頓，清掃，清潔，しつけの５つをいう。

(3)　要求性能墜落制止用器具は，定期点検を１年に１回行う必要があり，点検で異常がない場合でも材質の劣化を考慮してハーネス（ベルト）は定期的に交換することが推奨されている。

(4)　一つ目の就業場所での勤務が終了した後に，二つ目の就業場所へ向かう途中で負傷した場合は通勤災害である。

《R5-B26》

5

建設工事における安全管理に関する記述のうち，**適当でないもの**はどれか。**適当でないものは二つあるので，二つとも答えなさい。**

(1)　特定元方事業者は，労働災害を防止するために，作業場所を週に少なくとも１回巡視しなければならない。

(2)　安全施工サイクルとは，安全朝礼から始まり，安全ミーティング，安全巡回，安全工程打合せ，後片付け，終業時確認までの作業日ごとの安全活動サイクルのことである。

(3)　災害の発生によって，事業者は，刑事責任，民事責任，行政責任及び社会的責任を負う。

(4)　重大災害とは，一時に３人以上の労働者が業務上死亡した災害をいい，労働者が負傷又はり病した災害は含まない。

《R4-B26》

6

建設工事における安全管理に関する記述のうち，**適当でないもの**はどれか。**適当でないものは二つあるので，二つとも答えなさい。**

(1)　建設工事に伴う公衆災害とは，工事関係者及び第三者の生命，身体及び財産に関する危害並びに迷惑をいう。

(2)　年千人率は，重大災害発生の頻度を示すもので，労働者1,000人当たりの１年間に発生した死者数である。

〈p.294の解答〉 **正解**　**1** (2),(3),　**2** (3),(4),　**3** (2),(4)

(3)　建設業労働安全衛生マネジメントシステム（COHSMS）は，組織的かつ継続的に安全衛生管理を実施するための仕組みである。
(4)　災害の発生頻度を示す度数率は，延べ実労働時間100万時間当たりの労働災害による死傷者数である。

《R3-B26》

▶解説

4　(1)　労働災害で休業日数を数える場合，休業事由が発生した災害の翌日から数え，休業を要する期間内に休日等が含まれる場合はこれを含めた暦日数が休業日数とされている。したがって，適当でない。

(3)　要求性能墜落制止用器具の点検は，毎回使用前の点検と半年を超えない間隔での定期検査を行わなければならない。したがって，適当でない。

間違いやすい選択肢▶ (4)通勤とは，(a) 住居と就業場所との間の往復，(b) 就業場所から他の就業場所への移動，(c) 住居と就業場所との間の往復に先行し，または後続する住居間の移動が適用されるので，この3項目は覚えておくこと。

5　(1)　労働安全衛生規則（昭和47年労働省令第三十二号）にて，「特定元方事業者は，法第三十条第1項第三号の規定による巡視については，毎作業日に少なくとも1回，これを行なわなければならない」とされている。週1回の巡視は，したがって，適当でない。

(4)　建設工事における重大災害とは、一時に3人以上の労働者が死傷又はり病した災害をいう。労働者が負傷又はり病した災害は含まないは，したがって，適当でない。

間違いやすい選択肢▶ 事業者は，職場における労働者の安全と健康を確保するために，①　安全衛生管理体制を確立，②　労働災害を防止するための具体的措置を実施する義務を負うことも，覚えておくこと。

6　(1)　建設工事公衆災害防止対策要綱によると公衆災害には工事関係者は含まない。したがって，適当でない。

(2)　年千人率には死者数ではなく死傷者数の指標である（ワンポイントアドバイス　7・4・2　安全管理参照）。したがって，適当でない。

間違いやすい選択肢▶ (3) COHSMS（コスモス）は経営管理の一環として組織的・体系的に行う安全衛生管理システムである。適当である。(4)第7章7・4・2のワンポイントアドバイスの労働災害の発生状況の指標の表の記述を参照されたい。適当である。

ワンポイントアドバイス　9・2・2　建設工事における安全管理

建設工事における安全管理に関する用語・キーワード

・ZD（ゼロ・ディフェクト）運動 ・不安全行動 ・4S活動 ・指差呼称	・ツールボックスミーティング ・TBM-KY ・暑さ指数（WBGT（湿球黒球温度） ：WetBulbGlobeTemperature）

施工管理法(応用能力)

9・3　機器・配管・ダクトの施工

●9・3・1　機器の据付けと基礎

1

□
□
□

機器の据付けに関する記述のうち，**適当でないもの**はどれか。**適当でないものは二つあるので，二つとも答えなさい。**

(1)　真空又は窒素加圧の状態で搬入された冷凍機は，据付け時に気密保持されていることを確認する。

(2)　天井スラブの下面において，あと施工アンカーを上向きで施工する場合，接着系アンカーを使用する。

(3)　Vベルト駆動の送風機は，Vベルトが上側引張りとなるように設置する。

(4)　チリングユニットは，電動機の回転による振動が発生するため，基礎と本体の間には防振材を設置する。

《R5-B27》

2

□
□
□

機器の据付けに関する記述のうち，**適当でないもの**はどれか。**適当でないものは二つあるので，二つとも答えなさい。**

(1)　あと施工のメカニカルアンカーボルトは，めねじ形よりおねじ形の方が許容引抜き力が大きい。

(2)　屋上設置の飲料用タンクのコンクリート基礎は，鋼製架台も含めた高さを400 mmとする。

(3)　冷却塔のボールタップを作動させるため，補給水口の高さは，高置タンクの低水位より1 mの落差が確保できる位置とする。

(4)　冷却塔は，排出された空気が再び冷却塔に吸い込まれないよう外壁等とのスペースを十分にとるとともに風通しのよい場所に据え付ける。

《R4-B27》

3

□
□
□

機器の据付けに関する記述のうち，**適当でないもの**はどれか。**適当でないものは二つあるので，二つとも答えなさい。**

(1)　防振基礎に設ける耐震ストッパーは，地震時における機器の横移動の自由度を確保するため，機器本体との間の隙間を極力大きくとって取り付ける。

(2)　天井スラブの下面において，あと施工アンカーを上向きで施工する場合，接着系アンカーは使用しない。

(3)　軸封部がメカニカルシール方式の冷却水ポンプをコンクリート基礎上に設置する場合，コンクリート基礎上面に排水目皿及び当該目皿からの排水管を設けないこととしてよい。

(4)　機器を吊り上げる場合，ワイヤーロープの吊り角度を大きくすると，ワイヤーロープに掛かる張力は小さくなる。

《R3-B27》

〈p.296～p.297の解答〉 **正解**　**4** (1), (3),　**5** (1), (4),　**6** (1), (2)

▶解説

1　(2)　天井スラブ下面で上向き施工するあと施工アンカーは，金属系アンカーを採用する。したがって，適当でない。

(3)　Vベルト駆動の送風機は，Vベルトの張り側は下側とし，上側がゆるみ側になるように設置する。張り側を上側とした場合，下側がゆるみ最悪ベルトカバーに接触するおそれがある。したがって，適当でない。

間違いやすい選択肢▶ (4)基礎と本体だけでなく，機器と配管との接続箇所や配管の支持箇所にも防振材（防振フレキ，防振吊り金具など）を設置し，振動伝達による騒音（固体音）の低減を図る必要があることを理解すること。

2　(2)　飲料用タンクでは六面点検の規定より，屋上スラブとタンク下面の垂直距離が600 mm以上となるよう，コンクリート基礎と鋼製架台を含めた高さを検討する。400 mmは，適当でない。

(3)　冷却塔の補給水口の高さは，高置タンクのボールタップが作動するように，高置水槽の低水位より3 mの落差が確保できる位置とする。落差1 mは，適当でない。

間違いやすい選択肢▶ (1)のアンカーボルトの許容引抜き力は，おねじアンカーがめねじアンカーよりも大きく，金属系アンカーと接着系アンカーの打設箇所の違い（接着系アンカーは，下向き以外は使用不可）などは理解しておく必要がある。第7章のワンポイントアドバイス　7・5・2　機器の据付けと基礎を参照。

3　(1)　耐震ストッパーは，防振架台上の機器が地震時に必要以上に水平方向の移動阻止が目的である。したがって，適当でない。

(4)　ワイヤーロープの吊り角度が大きいほど掛かる水平方向の張力が大きくなる。鉛直方向の張力は同じなので，これらの合力であるワイヤーロープの張力は大きくなる。したがって，適当でない。

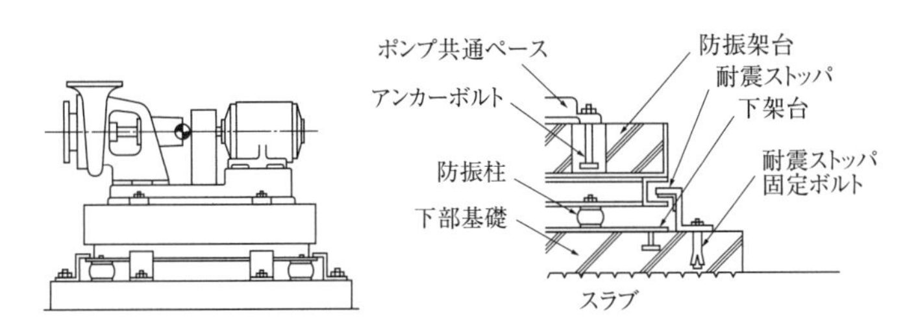

ポンプの防振架台と耐震ストッパーの例

間違いやすい選択肢▶ (2)建築設備では金属拡張アンカーと接着系アンカーが使われるが，後者は下向き以外の使用は禁止されている。抜け破壊形状の違い（第7章のワンポイントアドバイス　7・5・2　機器の据付けと基礎解説図参照）による。(3)メカニカルシールは軸封から漏れる水量がグランドパッキンと違いごく僅かなので，正常なときは蒸発してしまうため，基礎上の排水は必要ない。

●9・3・2　配管及び配管付属品の施工

4 □□□

配管及び配管附属品の施工に関する記述のうち，**適当でないもの**はどれか。**適当でないものは二つあるので，二つとも答えなさい。**

(1)　Uボルトは，配管軸方向の滑りに対する拘束力が小さいため，配管の固定支持には使用しない。

(2)　ポンプ回りの逆止め弁で，全揚程が 30 m を超える場合は，衝撃吸収式とする。

(3)　空気調和機に接続する冷温水配管は，コイル上部から流入し，コイル下部に流出するよう接続する。

(4)　単式伸縮管継手を設ける場合は，継手本体を固定して，継手両側の近傍に配管ガイドを設ける。

《R5-B28》

5 □□□

配管及び配管附属品の施工に関する記述のうち，**適当でないもの**はどれか。**適当でないものは二つあるので，二つとも答えなさい。**

(1)　冷温水配管に自動空気抜き弁を設ける場合は，管内が負圧になる箇所に設ける。

(2)　冷温水配管からの膨張管を開放形膨張タンクに接続する際は，接続口の直近にメンテナンス用バルブを設ける。

(3)　ステンレス鋼管の溶接接合は，管内にアルゴンガス又は窒素ガスを充満させてから，TIG 溶接により行う。

(4)　揚水管の試験圧力は，揚水ポンプの全揚程の 2 倍とするが，0.75 MPa に満たない場合は 0.75 MPa とする。

《R4-B28》

6 □□□

配管及び配管附属品の施工に関する記述のうち，**適当でないもの**はどれか。**適当でないものは二つあるので，二つとも答えなさい。**

(1)　複式伸縮管継手を使用する場合は，当該伸縮管継手が伸縮を吸収する配管の両端を固定し，伸縮管継手本体は固定しない。

(2)　水道用硬質塩化ビニルライニング鋼管の切断には，パイプカッターや，高速砥石切断機は使用しない。

(3)　空気調和機への冷温水量を調整する混合型電動三方弁は，一般的に，空調機コイルへの往き管に設ける。

(4)　開放系の冷温水配管において，鋼管とステンレス鋼管を接合する場合は，絶縁継手を介して接合する。

《R3-B28》

〈p.298 の解答〉 **正解**　**1** (2), (3),　**2** (2), (3),　**3** (1), (4)

▶解説

4　(3)　空気調和機に接続する冷温水配管は，コイル内部に空気溜まりが生じないように，コイルの下部から流入させコイル上部より流出するよう接続する。したがって，適当でない。

(4)　単式伸縮管継手を設ける場合は，片側の継手近傍の配管を固定し，伸縮させる側の配管にガイドを設ける。（ワンポイントアドバイス　9・3・2参照）したがって，適当でない。

間違いやすい選択肢▶(2)標準仕様書（機械）にて，揚水ポンプ，消火ポンプ，冷却水ポンプ，冷温水ポンプの逆止弁は，全揚程30 m を超える場合は衝撃吸収式とし，呼び径65以上はバイパス弁内蔵形とするとされている。

5　(1)　自動空気抜き弁の設置個所は，管内に空気が流入しないよう，正圧になる個所に設置する。負圧は，適当でない。

(2)　圧力上昇を防ぐための膨張管には，バルブは設けてはならない。したがって，適当でない。

間違いやすい選択肢▶(3)のステンレス鋼管の溶接時に不活性ガス（アルゴン，窒素）を充満させるのは，溶接個所の焼き付けを防止するためで，焼き付けが発生するとその箇所ではクロムが析出し金属組織に変化が生じ，早期に孔食が発生し漏水に至ることを覚えておくこと。

6　(1)　複式伸縮継手を堅固に固定し，かつ両端の配管は固定して，この間の配管の伸縮吸収させる。したがって，適当でない。

(3)　混合型三方弁は，空調機コイルの還り側に取付ける。したがって，適当でない。

ワンポイントアドバイス　9・3・1　機器の据付けと基礎

(1)　水槽の六面点検については，7・5・1　各機器の据付と点検スペースに解説と図が示されている。

(2)　屋上設置の高置タンクのコンクリート基礎の高さは500 mm とする。［標準図（機械施工25)］

ワンポイントアドバイス　9・3・2　伸縮継手の支持方法

複式伸縮継手は図(b) に示す通りに継手本体を鋼材などに堅固に固定し，継手両側の配管にはガイドを設け，管の伸縮が継手軸方向からずれないように支持して，力が継手にかかるようにする。

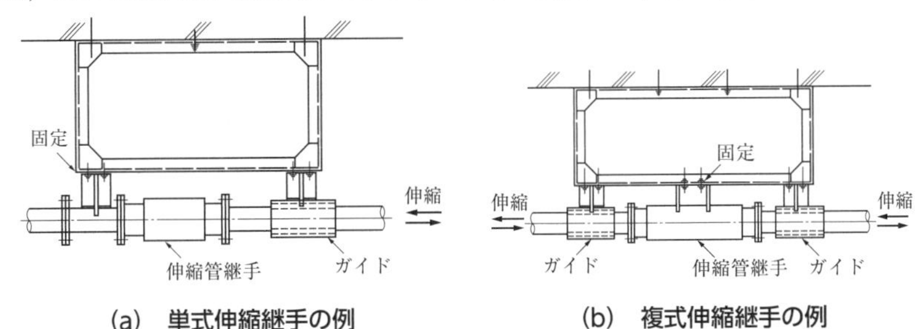

(a)　単式伸縮継手の例　　(b)　複式伸縮継手の例

伸縮継手の取付け例

●9・3・3　ダクト及びダクト付属品の施工

7

ダクト及びダクト附属品の施工に関する記述のうち，**適当でないもの**はどれか。**適当でないものは二つあるので，二つとも答えなさい。**

(1)　スパイラルダクトの横走りダクトの吊り間隔は，4,000 mm 以下とする。
(2)　共板フランジ工法のフランジ押さえ金具は，ダクト寸法にかかわらずフランジ辺の中央に 1 箇所取付ける。
(3)　排煙ダクトに使用する亜鉛鉄板製の長方形ダクトは，高圧ダクトの板厚とする。
(4)　変風量（VAV）ユニットは，ユニット入口側ダクト長辺の寸法と同じ長さの直管を上流側に設け取付ける。《R5-B29》

8

ダクト及びダクト附属品の施工に関する記述のうち，**適当でないもの**はどれか。**適当でないものは二つあるので，二つとも答えなさい。**

(1)　送風機の吐出し口直後に曲り部を設ける場合は，吐出し口から曲り部までの距離を送風機の羽根径と同じ寸法とする。
(2)　長辺が 450 mm を超える亜鉛鉄板製ダクトは，保温を施さない部分に補強リブによる補強を行う。
(3)　送風機とダクトを接続するたわみ継手は，たわみ部が負圧となる場合，補強用のピアノ線が挿入されたものを使用する。
(4)　横走り主ダクトに設ける耐震支持は，25 m 以内に 1 箇所，形鋼振止め支持とする。《R4-B29》

9

ダクト及びダクト附属品の施工に関する記述のうち，**適当でないもの**はどれか。**適当でないものは二つあるので，二つとも答えなさい。**

(1)　送風機吐出し口とダクトを接続する場合，吐出し口断面からダクト断面への変形における拡大角は 15° 以下とする。
(2)　排煙ダクトを亜鉛鉄板製長方形ダクトとする場合，かどの継目にピッツバーグはぜを用いてはならない。
(3)　横走りする主ダクトには，振れを防止するため，形鋼振れ止め支持を 15 m 以下の間隔で設ける。
(4)　給気ダクトに消音エルボを使用する場合，風量調整ダンパーの取付け位置は，消音エルボの上流側とする。《R3-B29》

▶解説

7　(2)　標準図（機械）で示された共板フランジ工法では，ダクト端部から押さえ金具までの距離は 150 mm 以内で，その他の個所は 200 mm 以内とされている。したがって，適当でない。

〈p.300 の解答〉**正解**　**4** (3), (4),　**5** (1), (2),　**6** (1), (3)

(4)　標準仕様書（機械）では，変風量（VAV）ユニットは，ユニット入口側ダクト長辺の最低4倍程度の直管をユニット上流側に設け取り付けるとされている。したがって，適当でない。

間違いやすい選択肢▶ (1)標準仕様書（機械）では，横走りダクトの支持間隔として，スパイラルダクトでは4,000 mm以下，円形ダクトでは3,640 mm以下とされている。

8　(1)　送風機の吐出し口直後に曲り部を設ける場合は，吐出し口から曲り部までの距離を，送風機羽根径（D）の1.5倍以上とする（学会便覧）。羽根径と同じは，適当でない。

(4)　横走り主ダクトは，12 m以下ごとに，標準図（施工17　ダクトの吊り金物・形鋼振れ止め支持要領）による形鋼振れ止め支持を行うものとする［標準仕様書（機械）より］。25 m以内は，適当でない。

間違いやすい選択肢▶ (3)の送風機とダクトを接続する箇所で，たわみ部が負圧になる個所としては，送風機のサクション側であり，その箇所に用いるたわみ継手には，補強用ピアノ線が挿入されたものを使用することを覚えておくこと。

9　(2)　H31公共建築工事標準仕様書（機械設備編）2.2.5 排煙ダクト(1)(ア)においてピッツバーグはぜを用いると記されている。したがって，適当でない。

(3)　同仕様書2.2.2.5 ダクトの吊り及び支持(ウ)では，ダクトの振れ止間隔は12 m以内とある。15 m以内は適当でない。

間違いやすい選択肢▶ (4)風量調整ダンパー（VD）は風切り音が吹出口から出ないように消音エルボの上流側への取付けが妥当である（図A参照）。

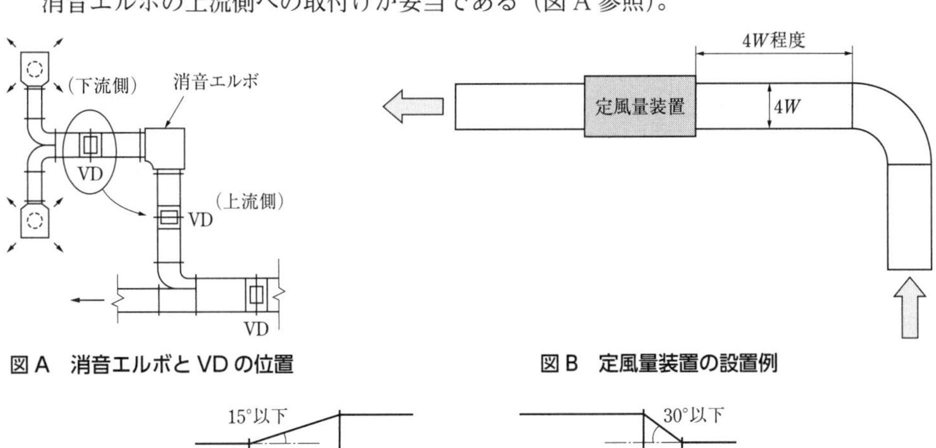

図A　消音エルボとVDの位置

図B　定風量装置の設置例

図C　ダクトの拡大・縮小角

〈p.302の解答〉 **正解**　**7** (2),(4),　**8** (1),(4),　**9** (2),(3)

［執筆者］ 横手幸伸 Yukinobu Yokote
1972年 関西大学 工学部機械工学科卒業
現在 ㈱建物診断センター シニアアドバイザー
（元 清水建設）

伊藤宏之 Hiroyuki Ito
1983年 工学院大学工学部 建築学科卒業後，
同大学修士課程建築学専攻修了
現在 ㈱T-VIS代表

松島俊久 Toshihisa Matsushima
1975年 日本大学 理工学部電気工学科卒業，修士課程修了
現在 ティ・エム研究所 代表（元 鹿島建設）

中村勉 Tsutomu Nakamura
1975年 大阪府立工業高等専門学校 機械工学科卒業
現在 須賀工業㈱

大塚雅之 Masayuki Otsuka
1988年 東京理科大学大学院理工学研究科
建築学専攻博士後期課程修了
現在 関東学院大学 建築・環境学部長・教授

木村彩芳 Ayaka Kimura
2023年 関東学院大学大学院工学研究科
建築学専攻博士前期課程修了
現在 東京電力エナジーパートナー㈱

令和6年度版 **第一次検定**
1級管工事施工管理技士 **出題分類別問題集**

2024年3月22日 初版印刷
2024年3月29日 初版発行

執筆者 横手幸伸
（ほか上記5名）

発行者 澤崎明治

（印刷）中央印刷 （製本）プロケード
（装丁）加藤三喜 （トレース）丸山図芸社

発行所 株式会社 市ヶ谷出版社
東京都千代田区五番町5
電話 03－3265－3711㈹
FAX 03－3265－4008
http://www.ichigayashuppan.co.jp

ISBN 978-4-86797-352-3